reinhardt

Otto Speck

Hirnforschung und Erziehung

Eine pädagogische Auseinandersetzung mit neurobiologischen Erkenntnissen

2., durchgesehene Auflage

Ernst Reinhardt Verlag München Basel

Prof. em. Dr. phil. *Otto Speck*, Ludwig-Maximilians-Universität München
Pfarrer-Grimm-Str. 42, 80999 München

Weitere Werke von Otto Speck im Ernst Reinhart Verlag (eine Auswahl):

- Chaos und Autonomie in der Erziehung. 2. Aufl. 1997.
- Die Ökonomisierung sozialer Qualität. Zur Qualitätsdiskussion in Behindertenhilfe und Sozialer Arbeit. 1999.
- System Heilpädagogik. Eine ökologisch reflexive Grundlegung. 6. Aufl. 2008.
- Soll der Mensch biotechnisch machbar werden? Eugenik, Behinderung und Pädagogik. 2005.
- Menschen mit geistiger Behinderung. Ein Lehrbuch zur Erziehung und Bildung. 10. Aufl. 2005.

Cover: ZERO München, unter Verwendung des Gemäldes
„Die Hülsenbeckschen Kinder“ von Philipp Otto Runge

Bibliografische Information der Deutschen Nationalbibliothek

Die Deutsche Nationalbibliothek verzeichnet diese Publikation
in der Deutschen Nationalbibliografie; detaillierte bibliografische Daten
sind im Internet über <http://dnb.d-nb.de> abrufbar.
ISBN 978-3-497-02081-2

Printed in Germany
Reihenkonzeption Umschlag: Oliver Linke, Augsburg
Satz: Softwin
Druck und Bindung: Friedrich Pustet, Regensburg

Ernst Reinhardt Verlag, Kemnatenstr. 46, D-80639 München
Net: www.reinhardt-verlag.de
E-Mail: info@reinhardt-verlag.de

Inhalt

Vorwort

> „Wie immer, wenn eine junge, übermütige Disziplin auf den Plan tritt, die ihren Vorgängern den Vogel zeigt, dürfen wir von ihren Vertretern neue Erkenntnisse und neue Irrtümer erhoffen."
>
> Hans Magnus Enzensberger (2007, 50)

Die z.T. revolutionären Befunde der Hirnforschung hinterlassen für Pädagogen ein ambivalentes Bild: Die einen sehen die anthropologischen Grundlagen der Erziehung erschüttert, die anderen hoffen auf Chancen für eine reale Verbesserung des Lernens. Die Hirnforschung selber misst der Erziehung eine hohe Bedeutung bei. Ihre Thesen erwecken pädagogisches Interesse u.a. deshalb, weil mit ihnen der Anspruch verbunden wird, effektivere Methoden zum Aufbau und zur Veränderung von Verhalten anbieten zu können. Sie beteiligt sich sogar am Entwerfen einer neuen Pädagogik, einer Pädagogik, die sich primär am Gehirn, unserem zentralen Steuerungsorgan, bzw. an der Interaktion zwischen Gehirn und erfahrener Umwelt orientiert. Das Gehirn wird sogar als „Produkt der Erziehung" angesehen. Als Pädagoge kann man die neurowissenschaftlichen Erkenntnisse insofern begrüßen, als sie vieles von dem bestätigen, was man bisher schon durch pädagogische Beobachtung und Erfahrung wusste. Im Vordergrund steht dabei die weithin neuronal determinierende Wirkung psycho-sozialer Einflüsse in der Frühphase der menschlichen Entwicklung.

Das Neue geht aber auch über bloße neurobiologische Erklärungszusammenhänge hinaus. Es kündigt sich ein naturalistischer Zug an, wenn pädagogisch zentrale Begriffe wie „Selbst" und „freier Wille" auf physikalische Prozesse reduziert und damit in Frage gestellt werden. Damit erhält das Thema Hirnforschung und Erziehung eine fundamentale Spannung. Die konsequent biologistische Sicht könnte auf eine Veränderung des Menschenbildes hindeuten. Im Sinne der Bedeutsamkeit der neurowissenschaftlichen Erkenntnisse auch für die Pädagogik soll hier versucht werden zu klären, wie weit pädagogisch inakzeptable Thesen bzw. Missverständnisse und wirkliche Chancen vorliegen.

Otto Speck

Einleitung: Zeitalter der Hirnforschung

1 Neue Aspekte und pädagogische Verunsicherungen

In einem Interview wurde Wolf Singer, einem der führenden Hirnforscher in Deutschland, von Klaus-Jürgen Grün folgende Frage gestellt:

„Viele Menschen haben Angst vor den ungeheuren Möglichkeiten, die sich in manipulativer Hinsicht aus den Neurowissenschaften eröffnen. Könnte vermehrtes Wissen über Hirnfunktionen Manipulationsmöglichkeiten erschließen, die unsere Fähigkeiten zum verantwortungsvollen Umgang mit Wissen übersteigen?"

> *Singers Antwort*: „Hier sind, und das gilt für alle Wissensbereiche gleichermaßen, unsere Erziehungssysteme gefordert. Sind sie in der Lage, uns die moralischen Kategorien und Handlungsmaximen an die Hand zu geben, die wir brauchen, um der Zunahme des Machbaren gewachsen zu sein? Es wird immer das Verhalten, und damit auch Verhaltensstörungen, einschließlich solcher, die von der Gesellschaft als kriminelle Verhaltensweisen klassifiziert werden, wesentlich durch die funktionelle Architektur des Gehirns bestimmt werden. In Gesprächen über Hirnforschung wird immer wieder die Befürchtung geäußert, sie banalisiere unser Menschenbild, zerstöre metaphysische Dimensionen und degradiere Tier und Mensch zu Maschinen unterschiedlicher Komplexität. Sie erzeuge eine Weltsicht, in der für Freiheit, Intentionalität, Moral und Religion kein Platz mehr sei.
>
> Innertheoretische Reduktionen führen aber lediglich zu neuen Beschreibungen, die als Brücken zwischen bereits bestehenden Beschreibungen aufgebaut werden. Sie heben jedoch nicht die in den jeweiligen Systemen dargestellten Inhalte auf. Somit bleibt es uns Menschen belassen, an den erfahrenen Wirklichkeiten festzuhalten" (in: Roth / Grün 2006, 84).

Die Erziehungswissenschaft, im Speziellen auch die Heilpädagogik, ist von den neuen naturwissenschaftlichen Erkenntnissen in verschiedener Hinsicht tangiert. Es geht um eine Erweiterung ihrer anthropologischen Grundlagen, zumal sogar eine Veränderung des Menschenbildes angekündigt wird. Von pädagogischem Interesse ist eine nähere wissenschaftliche Erforschung der *natürlichen Grundlagen* des Lernens. Damit rückt die

Natur als eine möglicherweise stabilisierende, verlässlichere, zugleich aber auch technologisch beherrschbare Größe mehr in den Vordergrund pädagogischer Reflexion. Wie das obige Zitat zeigt, wird diese durch einige der neuen Thesen sogar im Kern ihres Selbstverständnisses herausgefordert. Könnte es sein, dass das neue Wissen das Menschenbild derart verändert, dass der Mensch seiner personalen Mitte verlustig geht und sich stattdessen ganz seinem unbewusst agierenden Gehirn ausgeliefert sieht? Könnte das neue Wissen über die Natur seines neuronalen Zentralsystems auch zur Einseitigkeit eines *naturalistischen Erziehungsverständnisses* führen? Immerhin steht – jedenfalls begrifflich – nicht mehr *der Mensch als Person* im Mittelpunkt des neuen Wissens, sondern sein Gehirn. Nach bisherigem Verständnis war das Verhältnis ein umgekehrtes: Das Gehirn galt als das wichtigste *Organ* des sich selbst bestimmenden Menschen, als *sein* Gehirn. Die neue Perspektive könnte lauten: *Das Gehirn und sein Ich* – nicht „*ich bin*“ und „*ich denke*“, sondern es ist das Gehirn, das denkt und wertet.

Wenn von neurophysiologischer Seite zugleich zum Ausdruck gebracht wird, dass als Konsequenz dieser neuen Sicht den Institutionen der Erziehung eine besondere Bedeutung in der Zukunft zukomme, so ist man als Pädagoge zunächst überrascht und fragt sich, ob dies eine Neugewichtung der Erziehung in Richtung *Biologie* bedeuten könnte, und zwar als Gegengewicht zur bisherigen sozialwissenschaftlichen Ausrichtung. Immerhin hat die gesellschaftliche Entwicklung zu einem allgemeinen Verlust an Erziehungskompetenz und zu einer kritischen Überforderung der Pädagogik geführt. Ein biologistischer Trend dürfte in Deutschland auf einige Skepsis stoßen, da es noch nicht lange her ist, dass hier ein einseitig *biologisch*, genauer gesagt, (sozial)darwinistisch geprägtes Welt- und Menschenbild zu verheerenden Folgen geführt und dabei auch die Erziehung in diesem Lande korrumpiert hatte. Als Konsequenz hatte sich die Pädagogik, auch die Heilpädagogik, bewusst von der Biologie zugunsten einer primär *sozialwissenschaftlichen* Orientierung abgewandt.

Inzwischen scheinen die als revolutionierend dargestellten Fortschritte der Neurowissenschaften in eine umgekehrte Richtung zu weisen: Die *Biologie* ist auf dem Weg, zur führenden „Lebenswissenschaft“ zu avancieren. Manche meinen gar, sie sei bereits zur *Leitwissenschaft* schlechthin geworden. Ihre Forschungsbefunde, vor allem die der *Neurobiologie*, eröffnen auf jeden Fall neue *Perspektiven und Chancen* für die Weiterentwicklung des Menschen. Es liegt deshalb nahe, dass sich auch die Pädagogik am Gespräch mit der Neurobiologie beteiligt und Möglichkeiten und Risiken auslotet bzw. an einem möglichen Brückenbau zwischen diesen beiden Disziplinen mitwirkt.

Die bisherige Reaktion der *Erziehungswissenschaft* auf die neurowissenschaftlichen Erkenntnisse hält sich in Grenzen und ist geteilt. Sie stoßen am ehesten im Bereich des *Lernens* und der *Schulbildung* auf Interesse

(Scheunpflug/Wulf 2006; Becker 2006). Dies dürfte vor allem mit möglichen Aussichten auf eine Steigerung der Lernleistungen zusammenhängen. Vereinzelt werden diesbezüglich überschwängliche Erwartungen geäußert. Von einer „Neurodidaktik" ist die Rede (Herrmann 2004), ebenso von einer „NeuroPädagogik", bezogen auf die ästhetische Erziehung (Meier 2004). Hirnforscher werden bevorzugt zur Fortbildung der Lehrer eingeladen. Dabei zeigt die bisherige Resonanz vielfach, dass die neuen Untersuchungsergebnisse im Wesentlichen bisherige Erfahrungen bestätigen, z.B. die Bedeutung des stetigen *Übens* für die Weiterentwicklung des Lernens.

Viele psychologisch-pädagogische Erkenntnisse, die bisher nur durch Beobachtungen an Kindern und Jugendlichen gewonnen werden konnten, können nun objektiviert und besser verstanden werden. Bisher konnten wir lediglich auf Grund pädagogischer Erfahrungen sagen, dass diese oder jene sozialen Einflüsse, wie z.B. emotionale Deprivationen, denen ein Kind ausgesetzt ist, bestimmte nachhaltige Wirkungen auf sein Verhalten haben können. Nun lässt sich direkt, nämlich durch bildgebende Verfahren (Neuroimaging), zeigen, dass diese negativen Entwicklungsbedingungen bestimmte Prägungen im Gehirn hinterlassen.

In dieser Abhandlung soll es bewusst primär um den *Erziehungsaspekt* gehen, in dessen Zentrum die Persönlichkeitsbildung steht, mit der immer auch die normative Erziehung verbunden ist. Auch wenn das Wort *Moral* in Deutschland, im Besonderen auch in der Erziehungswissenschaft, nach wie vor weithin vermieden wird, so kann doch Erziehung nicht auf die ethische Reflexion und das Erlernen moralischer Normen verzichten; denn damit verbunden ist das Zentrum unseres Menschenbildes, bei dem es um anthropologisch grundlegende Orientierungen geht: Wer sind wir als Menschen (im Unterschied zum Tier)? Wonach richten wir unser Handeln? Wie weit bin ich für andere verantwortlich? Welchen Sinn kann ich im menschlichen Leben sehen? In diesem Zusammenhang wird auf das pädagogisch grundlegend wichtige Verhältnis von *Natur und Moral* näher einzugehen sein.

Im Speziellen sollen auch *heilpädagogische* Fragen und Konsequenzen angesprochen werden, also auch Phänomene, die sich aus *Störungen der neuronalen Systeme,* z.B. bei Menschen mit Behinderungen, ergeben können. Für den Bereich der Erziehung *behinderter* Kinder und Jugendlicher lag bisher eine allgemeine Einführung in die neurowissenschaftlichen Grundlagen aus dem Jahre 1990 vor (Jantzen). Die Heil- oder Behindertenpädagogik ist im Besonderen an einer näheren Klärung dessen interessiert, was bisher mehr allgemein unter der Kategorie „Hirnschädigungen" (Cerebralschäden) subsumiert wurde, und zwar bezogen auf motorische, sensorische, sprachliche, kommunikative, emotionale und mentale Funktionen. Sie erhofft sich von differenzierteren hirnorganischen Befunden mehr diagnostische Aussagekraft und dadurch ein besseres Verstehen dieser Kinder, z.B. bei dem immer häufiger beobachteten Aufmerksamkeits- und Hyperaktivitätssyndrom (AHDS) oder bei Kindern mit Autismus.

Seit diesen Fortschritten bei der Erforschung der hirnorganischen Bedingungen des Verhaltens und Erlebens lässt sich im Übrigen auch eine Themenverlagerung im Bereich der *pädiatrischen* und der *kinder- und jugendpsychiatrischen* Fachdiskussion und damit eine Annäherung an sozialwissenschaftliche Kategorien ausmachen. Es werden hier vermehrt Themen diskutiert, die bisher mehr im psychologisch-heilpädagogischen Bereich angesiedelt waren, wie z.B. die therapeutische Bedeutung des emotionalen Umfeldes. Diese im Sinne der interdisziplinären Zusammenarbeit wichtige Annäherung ist der *empirischen* Bestätigung an sich schon länger bekannter Erfahrungswerte zu verdanken.

2 Faszinosum Gehirn

Die enormen Fortschritte, die die Hirnforschung seit zwei Jahrzehnten zu verzeichnen hat, erlauben Einblicke in die neuronalen Prozesse im menschlichen Gehirn, die man bis dahin kaum für möglich gehalten hatte. Auf dem Bildschirm werden spezifische Areale und Schaltungen sichtbar, so dass kausale Zusammenhänge beobachtet werden können und zwar sowohl solche, die sich auf das Geschehen im eigenen Organismus beziehen, als auch solche, die aus Interaktionen mit der Umwelt hervorgehen.

Wenn wir früher mehr allgemein vom *Kinde* und seinen Entwicklungseigentümlichkeiten sprachen, vielleicht auch von seinen nicht näher bestimmbaren „Hirnschädigungen“, oder wenn das Kind nach einer heilpädagogischen oder therapeutischen Einwirkung sein Verhalten änderte, so können wir heute derartige Veränderungen in seinem Zentralorgan gewissermaßen materialisieren. Wie sehr der neue Focus „Gehirn“ zum Gegenstand der Fachdiskussionen geworden ist, lässt sich u.a. daran erkennen, dass nicht mehr „das Kind“ als solches oder als ganzes „Gegenstand“ der Diskussion ist, sondern „das Gehirn“.

Die Pädagogik hat allen Grund, sich für das Zentralorgan des Menschen, für sein Gehirn, zu interessieren, laufen doch hier die Prozesse ab, die allem Lernen physiologisch zu Grunde liegen. Diese abzuklären, bedeutet für einen Pädagogen nicht, sich das ganze Wissen über die Differenziertheit und Komplexität dieses Organs anzueignen oder gar ein Mini-Neurobiologe zu werden. Vielmehr bedeutet es, sich darüber klar zu werden, worin Lernstörungen und -schwächen begründet sein könnten, und wo Chancen für das Lernen liegen bzw. wie diese umgesetzt werden könnten. Dazu wären Fortbildung und Literaturstudium nötig. Bislang hält sich das Interesse an einer solchen Neuorientierung allerdings in Grenzen.

Hirnforschung

Als Hauptvertreter der Neurophysiologie in Deutschland gelten *Wolf Singer*, Neurophysiologe und Direktor am Max-Planck-Institut für Hirnforschung in Frankfurt a.M., und *Gerhard Roth*, Verhaltensphysiologe an der Universität Bremen. Als Psychologe beteiligt sich im Besonderen *Wolfgang Prinz*, Direktor des Max-Planck-Instituts für Kognitions- und Neurowissenschaften in Leipzig, an der gegenwärtigen neurowissenschaftlichen Diskussion. Für den Transfer des neuen Wissens vom Gehirn in den pädagogischen Raum engagieren sich vor allem der Ulmer Psychiater und Hirnforscher *Manfred Spitzer*, der Freiburger Psychiater und Neurobiologe *Joachim Bauer* und der Göttinger Neurobiologe *Gerald Hüther*.

Um ermessen zu können, welche enormen Fortschritte die Neurowissenschaften (Neuropathologie, Neurophysiologie/Neurochemie, Molekularbiologie und Verhaltens- und Kognitionswissenschaften) inzwischen erreicht haben, sei kurz deren geschichtliche Entwicklung aufgezeigt (Singer 2002).

Ursprünglich war die Hirnforschung eine Domäne der *Medizin*. Ihr bevorzugtes Forschungsfeld waren *Hirnläsionen* und *psychische Erkrankungen*, die mit Funktionsausfällen (Sehen, Hören, Sprechen, Motorik u.a.) verbunden waren. Dabei stellte sich immer wieder auch die Frage nach dem Verhältnis von Gehirn und Psyche („Seele"). Frühe Vermutungen, dass psychiatrische Krankheitsbilder auf materielle Bedingungen des Gehirns zurückgeführt werden könnten, hatten lange Zeit wenig Chancen, da dieser Zusammenhang nicht widerspruchsfrei belegbar war.

Die psychiatrische Praxis aber, getragen von der Überzeugung, dass das Gehirn Träger der seelischen Leistungen sei, setzte ihre diesbezüglichen systematischen Forschungen am Gehirn fort. Emil Kraepelin gründete 1917 die Deutsche Forschungsanstalt für Psychiatrie in München; diese wurde 1966 das *Max-Planck-Institut für Psychiatrie*. Es war ursprünglich zusammen mit dem größeren *Kaiser-Wilhelm-Institut für Hirnforschung* in Berlin das erste Hirnforschungsinstitut der Welt. Letzteres war durch die Teilnahme einiger Hirnforscher an den *Eugenik- und Euthanasie-Programmen* der Nazi-Regierung schwer belastet. Seine einzelnen Abteilungen wurden nach dem Zweiten Weltkrieg räumlich getrennt in den Westen verlegt. Einige Bereiche wurden später im Max-Planck-Institut für Hirnforschung in Frankfurt zusammengefasst.

Die *Forschungsmethoden* haben sich in dieser Zeit stark verändert. Bis in die Anfänge der fünfziger Jahre des vorigen Jahrhunderts beschränkten sie sich auf den Gebrauch von Seziermesser und Lichtmikroskop am toten Gehirn. Das änderte sich wesentlich durch die Erfindung des Elektroenzephalographen (EEG). Messungen der Hirnströme am lebenden Gehirn wurden möglich. Bisher bestand nur die Möglichkeit, die Herkunft solcher Hirnströme durch Experimente an narkotisierten Tieren näher zu klären.

Es konnte zwar nachgewiesen werden, dass neurologische Erkrankungen und auch einige psychische Störungen auf pathologische Vorgänge im Gehirn zurückzuführen sind, aber es fehlten die dafür nötigen Erklärungsmodelle und empirischen Belege. Der Durchbruch gelang der *biologischen Psychiatrie* erst in den sechziger Jahren, als ein Biochemiker am Münchener Institut eine relativ seltene Form *geistiger Behinderung* auf eine Stoffwechselpathologie zurückführen konnte.

In der Folgezeit ging man dazu über, statt sich nur dem *kranken* Gehirn nun im Sinne der Grundlagenforschung mehr dem *gesunden Gehirn* zuzuwenden. Diese Entwicklung wurde durch technologische Fortschritte begünstigt. Durch die Konstruktion von Elektroden war es in Tierversuchen möglich geworden, die elektrische Aktivität im Gehirn zu messen. Die grundlegenden Erkenntnisse der nun weitgehend experimentell arbeitenden Hirnforschung konnten z.T. auch für die *Therapie* nutzbar gemacht werden, so im Falle der *Epilepsie*, in dem man die Ursachen (krampfartige, elektrische Erregungen der Nervenzellen) erkennen und für daraus zu entwickelnde medikamentöse und operative Behandlungsmethoden nutzbar machen konnte.

Die Weiterentwicklung ist durch *fachübergreifende Kooperationen* gekennzeichnet. So entstand etwa als Fusion von klassischer *Pharmakologie* und *Biochemie* die *molekulare Neurobiologie* als neues wissenschaftliches Fach. Einen wichtigen Beitrag erbrachte die Zusammenarbeit mit der *Verhaltensforschung*. So konnte nachgewiesen werden, dass Gehirne nicht etwa bloße Reizbeantwortungsmaschinen sind, sondern selbstorganisierte Produzenten von Verhalten.

Ihren faszinierenden gegenwärtigen wissenschaftlichen Stand verdankt die Hirnforschung vor allem den biotechnologischen Weiterentwicklungen ihrer Methoden, so vor allem der Positronenemissionstomographie (PET) und der funktionellen Magnetresonanztomographie (fMRT) sowie der neueren Magnetenzephalographie (MEG), mit denen sich die Änderung von Magnetfeldern um elektrisch aktive Neuronenverbände millisekundengenau sichtbar machen lässt. Diese Methoden und Apparate, die vor allem für die kognitiven Neurowissenschaften wichtig sind, erforderten die Bereitstellung gewaltiger Rechnerkapazitäten. Bei all diesen Fortschritten muss aber festgestellt werden, dass noch große Erklärungslücken bestehen. So ist es nach wie vor nicht erklärbar, wie aus neuronalen Wechselwirkungen spezifisches Verhalten entsteht.

Das Hirnsystem

Was die anatomische und physiologische *Grundstruktur des menschlichen Gehirns* betrifft, so ist diese die gleiche wie die der Gehirne von Säugetieren. Es unterscheidet sich von ihnen vor allem durch sein Volumen. Die

Gesamtzahl der Nervenzellen (Neuronen) wird auf etwa 10^{11} geschätzt, die Gesamtzahl der synaptischen Verbindungen auf etwa 10^{14}. Ein Kubikmillimeter Großhirnrinde umfasst allein etwa 40.000 Nervenzellen. Jede von ihnen bildet synaptische Verbindungen mit etwa 4.000 bis 10.000 anderen Neuronen und erhält von ebenso vielen Nervenzellen erregende und hemmende synaptische Eingänge (Singer 2002, 123). Die Nervenfasern, die die Nervenzellen miteinander verbinden, die *Axone*, sind nicht wie Stromkabel fest miteinander verknüpft, sondern enden in kleinen Verdickungen, den *synaptischen Endknöpfchen*, wo der Austausch mit der Oberfläche der nächsten Zelle oder an deren verzweigten Fortsätzen, den *Dendriten*, erfolgt. Durch chemische *Botenstoffe* (*Neurotransmitter*) werden die elektrischen Nervenimpulse über den *synaptischen Spalt* auf andere Nervenzellen übertragen.

Das menschliche Gehirn, das zusammen mit dem Rückenmark das *Zentralnervensystem* bildet, teilt sich in zwei *Hemisphären*, die linke und die rechte Hirnhälfte, die beide durch den „Balken" verbunden werden. Jede Hirnhälfte hat teilweise spezifische funktionelle Schwerpunkte, die sich komplementär ergänzen. Von vorne nach hinten gliedert sich das Gehirn in das Endhirn oder *Großhirn* (cortex) mit subcortikalen Anteilen, das *Zwischenhirn*, das *Mittelhirn*, die *Brücke*, das *Kleinhirn* und das *Verlängerte Mark*. In jedem Teilhirn befinden sich gewissermaßen bestimmte neuronale Zuständigkeiten für spezifische Funktionen, so z.B. im Verlängerten Mark diejenigen für motorische und sensorische Funktionen; im Bereich der Brücke und des vorderen Mittelhirns diejenigen für lebenswichtige Körperfunktionen, wie Schlafen, Wachen, Blutkreislauf, Atmung sowie Aufmerksamkeits- und Bewusstheitszustände; im Mittelhirn u.a. Areale, die für visuell und auditiv ausgelöste Blick- und Kopfbewegungen wichtig sind; im Kleinhirn Areale für die Willkürmotorik und das motorische Lernen; im Großhirn für Aufmerksamkeit, emotionale Bewertung und Verhaltenssteuerung, um nur ganz wenige anzudeuten. Die *Großhirnrinde* (Isocortex) gilt als Hauptsitz *kognitiver* Fähigkeiten. Sie ist nur 2 bis 5 Millimeter dick und enthält, grob geschätzt, 50 Milliarden Nervenzellen. Sie gliedert sich wiederum in verschiedene Areale, denen jeweils bestimmte Aufgaben zufallen.

Diese hirntypische Teilung der Funktionen und Prozesse und deren *systemische Koordinierung* lässt sich am Beispiel der *Intelligenz* verdeutlichen. Diese ist nicht auf ein eigenes Intelligenzzentrum zurückzuführen, sondern setzt sich aus verschiedenen Teilfähigkeiten zusammen, für die relativ weit verteilte Cortexareale im Gehirn netzförmig zuständig sind. Unterschiedlichkeiten können sich daraus ergeben, dass diese Teilfähigkeiten in ihrer Funktionstüchtigkeit verschieden ausgebildet sind und sich verschieden schnell aktivieren lassen bzw. sich dadurch unterscheiden, dass sie verschieden schnell und treffend die in den entsprechenden Hirnarealen vorhandenen Informationen auslesen und zusammensetzen können. Man könnte sagen, Intelligenz sei eine *Systemeigenschaft* des Gehirns. Roth (2003a, 189) spricht von einer *globalen Fähigkeit*.

Die verschiedenen Hirnregionen oder Areale üben je spezifische Funktionen aus. Die Verarbeitung einer Information oder eines Reizes erfolgt aber wegen ihrer komplexen Struktur nicht allein durch ein bestimmtes Hirnzentrum, z.B. durch ein *Sprachzentrum* oder *Schreib-Lese-Zentrum*, sondern es sind stets mehrere Areale beteiligt und bilden miteinander *Schaltnetze*. Beispielsweise werden bei einer einfachen Fingerbewegung mehr als fünfzig Prozent der Hirnrinde aktiviert. Die einzelnen Areale haben im Übrigen keine festen Grenzen. Sie sind auch individuell verschieden lokalisiert. Über bildgebende Verfahren kann man optisch erkennen, welche Areale zusammengehören, um einen bestimmten Reiz oder eine Information zu verarbeiten. Entsprechende elektrische Entladungen können zu gleicher Zeit in den verschiedensten Teilen des Gehirns beobachtet werden.

Die unermessliche Aufgaben- und Prozessvielfalt, die hier nur unzulänglich angedeutet werden kann (Näheres u.a. in Roth 2003a; Herschkowitz 2007), ist nur durch *Dezentralisierung* zu bewältigen. Diese *systemische* Struktur des neuronalen Apparats hat u.a. Vorteile bei eventuellen Schädigungen des Gehirns. Bei einem punktuellen Ausfall in einem bestimmten Areal, z.B. durch ein Schädel-Hirn-Trauma nach einem Verkehrsunfall, kann dieser durch neue Verschaltungen mehr oder weniger kompensiert werden.

Von einem Extrembeispiel dafür, dass trotz eines außergewöhnlichen, krankheitsbedingten Verlustes an Hirnmasse der betroffene Mensch doch noch ein relativ unauffälliges Leben führen kann, wurde von Neurologen der Universität Marseille berichtet (SPIEGEL online Wissenschaft v. 20.07.2007). Bei der Computertomographie eines 44-Jährigen Patienten wurde festgestellt, dass dieser nur noch über etwa 10% seiner Hirnmasse verfügt. Der übrige Hirnraum (Ventrikel) war mit Hirnwasser gefüllt; das restliche Gehirn befand sich lediglich an die Innenflächen des Schädels gedrückt. Ursache war ein drohender Hydrozephalus (Wasserkopf) gewesen, den man im Babyalter entdeckt und durch Ableitung von Hirnflüssigkeit (Liquor) verhindert hatte. Das Erstaunliche ist, dass ein Mensch trotz so erheblichen Hirnmasseverlustes ein relativ normales Leben führen kann: Er ist verheiratet, hat zwei Kinder und arbeitet als Beamter an einer Steuerbehörde. Sein IQ beläuft sich auf 75, der verbale IQ auf 84. Es ist dies ein Beleg dafür, dass nicht allein die Größe und Struktur des Gehirns für die kognitive Leistungsfähigkeit ausschlaggebend ist (Lancet v. 20.07.2007).

Die *Koordinierung* der vielen Hirnteile und Verschaltungen und damit die Verhaltenssteuerung erfolgt also nicht von einem übergeordneten eigenen Assoziationszentrum aus sondern durch *parallele Schaltungen*. Das Gehirn funktioniert als ein sich *selbst organisierendes System*. Es ist ein „extrem distributiv organisiertes System, in dem zahllose Teilaspekte der einlaufenden Signale parzelliert und parallel abgearbeitet werden“ (Singer

2002, 31). Entscheidungen entstehen im Gehirn als Resultat von *Selbstorganisationsprozessen.* Dabei ist es nach wie vor völlig unklar, d.h. ein faszinierendes Rätsel, wie bei dieser ungeheuren Komplexität der Aufgaben und Prozesse das Bild einer kohärenten Wahrnehmungswelt und entsprechend zielgerichtetes Verhalten im Einzelnen zustande kommen kann, z.B. das Bild einer bunten Blume oder der Klang eines Musikstücks. Im Gehirn bewegen sich nur Moleküle und elektrische Signale.

Das Gehirn als offenes System – Plastizität

In Gang gebracht wird die Selbstorganisation des Gehirns durch seine *Interaktion mit der Umwelt.* Diese *Umweltabhängigkeit* macht das Gehirn zu einem interaktiven oder *sozialen Organ.* Man spricht auch vom „sozialen Gehirn". Es ist also nicht durch die *Gene* in der Weise festgelegt, dass deren Programme nur abzuspulen wären; erblich vorgegeben sind nur Grundverschaltungen des Gehirns. Sie enthalten bereits einiges *Vorwissen* über die Welt, das sich im Laufe der Evolution in den Genen abgespeichert hat. Das junge Gehirn beginnt aber dann schon sehr früh, gegenüber seiner Umwelt *aktiv* zu werden und sich durch Erfahrungen aufzubauen. Durch Eigenaktivität wird Zug für Zug im Gehirn Welt *konstruiert*, nicht passiv abgebildet. Durch einen ständigen Austausch zwischen Genen und erfahrener Umwelt kommt es, zumal in der frühen und besonders sensiblen Entwicklungsperiode, zur *epigenetischen* Prägung immer komplexerer und sich stabilisierender neuronaler Strukturen und Muster, je nachdem in welchem Maße die vorhandenen Gene aktiviert, d.h. durch Erfahrungen *gebraucht* werden.

Zum Zeitpunkt der Geburt sind nahezu alle Nervenzellen angelegt, aber noch nicht überall im Gehirn miteinander verbunden. Der weitere Aufbau der Nervenverbindungen ist davon abhängig, wie viele Sinnesreize in jeweils gleicher Form empfangen werden. Ein großer Teil der angelegten Nervenzellen geht unwiederbringlich verloren, wenn diese nicht in Anspruch genommen werden: „Use it or lose it!" Nur etwa ein Drittel der angelegten Nervenverbindungen bleibt erhalten. Damit wird die große Bedeutung der *frühen Entwicklungsanreize* deutlich.

Ein *Beispiel* dafür waren früher Neugeborene, die durch eine Infektion eine Trübung der Augenlinse erlitten hatten und nahezu *erblindet* waren. Sie blieben auch nach einer Operation, durch die sie die Sehfähigkeit wieder erlangt hatten, blind. Die entsprechenden Nervenzellen waren abgestorben. Ein anderes Beispiel sind Japaner, die von Geburt an in ihrer Umgebung keinen akustischen Unterschied zwischen den Lauten „r" und „l" zu hören bekommen. Sie können diesen auch später nicht erlernen, im Unterschied zu japanischen Kindern, die von frühauf in einer sprachlichen Umwelt aufwachsen, in der zwischen diesen beiden Lauten unterschieden wird.

Die Bedeutung der *frühen Prägung* des neuronalen Aufbaus bezieht sich auf verschiedene Funktionen, z.B. auf die sprachliche Entwicklung (Erlernen einer Fremdsprache), auf die kognitiven Funktionen oder auf das Erlernen eines Instruments. Frühe *sensorische Deprivation* kann zu bleibenden kognitiven Ausfällen führen. Analoges gilt für das Ausbleiben *sozialer Erfahrungen und Beziehungen*. Die sozialen Kompetenzen können beeinträchtigt werden. Die besondere Bedeutung früher Prägungen bedeutet aber nicht, dass die weitere Hirnentwicklung weniger wichtig wäre bzw. manches nicht nachgelernt werden könnte. Die *Plastizität* (Formbarkeit) des Gehirns reicht nicht nur bis zum Abschluss der Pubertät sondern, wie man heute weiß, auch bis in das spätere Leben hinein. Noch im fortgeschrittenen Alter können sich neue Verschaltungen bilden und zusätzliche Hirnregionen für bestimmte Aufgaben rekrutiert werden, z.B. für das Erlernen von Fremdsprachen, wenn auch nur in sehr begrenztem Umfang und nur für relativ kurze Zeit.

Relativ spät, d.h. erst ab dem zweiten oder dritten Lebensjahr, entwickeln sich die hochdifferenzierten *kognitiven* Leistungen der Großhirnrinde, wie u.a. die Orientierung in der Zeit und damit das Aufschieben-Können von Handlungen und die Einordnung in soziale Regeln, aber auch die Entwicklung eines *Ich-Konzeptes*, so dass sich das Kind als *autonomer Agent* erfahren kann. Wenn die entsprechenden Hirnregionen geschädigt werden, fallen die jeweiligen kognitiven Leistungen irreversibel aus. Ähnliches kann auch bei früher sozialer Deprivation geschehen. Umgekehrt können durch Training (Übung) einzelne Leistungen verbessert werden.

Da kein Kind dem anderen gleicht und auch die jeweiligen Umwelteinflüsse verschiedene sind, ist es für die Hirnentwicklung sehr wichtig, dass dem Kind diejenigen Lernangebote gemacht werden, die seinen individuellen Interessen entsprechen. *Individualisierung* ist pädagogisch ebenso gefragt wie eine gewisse Vielseitigkeit (Lernen mit allen Sinnen). *Überangebote* sind jedoch ebenso unergiebig wie aufgezwungene Lernzumutungen. Dagegen wehrt sich das eigene Bewertungssystem des kindlichen Gehirns.

Entscheidend für die Weiterentwicklung des Gehirns ist die *Aktivität* des Kindes. An sich ist es eine pädagogische Binsenweisheit, dass bloßes Hinschauen und Zuhören, ohne aktiv zu werden und auch mit einem Gegenstand zu hantieren, wenig Lernerfolge bewirken, und dass vor allem durch ständiges Ausprobieren, durch „learning by doing" oder *Versuch und Irrtum*, neue und nachhaltige Verschaltungen zustande kommen, vorausgesetzt, die Versuche führen auch zu Erfolgen. Angesichts der Fülle der verschiedenen externen Einflüsse nimmt das Gehirn eine Selektion der einwirkenden Signale oder Informationen vor, indem es vor allem solche Signale (Inhalte) aussucht, aufnimmt und verarbeitet, die den bereits vorhandenen Schaltmustern entsprechen. Allzu große Vielfalt und zu häufiger Wechsel der einwirkenden Reize behindern die neuronale Entwicklung und damit das Lernen.

Das Gehirn ist *ständig in Funktion*, d.h. es reagiert nicht erst auf Reize aus der Außenwelt, sondern ist auch ständig mit dem eigenen Körper bzw. mit sich selbst beschäftigt. Es bildet Gedanken aus sich heraus, ohne aktuelle Sinnesreize, im Schlaf auch Träume. Es ist initiativ in der Weise, dass es – weithin unbewusst – unablässig Hypothesen zu seiner Situation und deren Bewältigung bildet. Es *konstruiert seine Wirklichkeit* (wie wir es schon von J. Piaget wissen), auch wenn dem Einzelnen nur ein Teil dieser Prozesse und Ergebnisse bewusst wird. Es kann sich vor allem dann weiterentwickeln, wenn seine Umwelt nicht eine eintönige, sondern eine hinreichend differenzierte ist. Dies heißt aber nicht, sie sollte sich ständig verändern. Die *Überflutung* mit verschiedenen, u.U. sich widersprechenden äußeren Informationen kann das Kind überfordern und verwirren. Eine gewisse Konstanz ist nötig, damit dem kindlichen Gehirn eindeutige Zuordnungen der erfahrenen Umwelt zu den bereits angelegten Hirnmustern (Gedächtnis) möglich werden.

Grenzen der Hirnforschung

Trotz ihrer enormen Fortschritte müssen die Hirnforscher in ihrem „Manifest über Gegenwart und Zukunft der Hirnforschung" (2004) ganz allgemein eingestehen, dass sie noch lange nicht so weit sind, dem Gehirn alle seine Geheimnisse entlocken zu können. Nicht einmal in Ansätzen sei klar, „nach welchen Regeln das Gehirn arbeitet, wie es die Welt so abbildet, dass unmittelbare Wahrnehmung und frühere Erfahrung miteinander verschmelzen, wie das innere Tun als ‚seine' Tätigkeit erlebt wird, und wie es zukünftige Aktionen plant." Man wisse überhaupt noch nicht, „wie man dies mit den heutigen Mitteln erforschen könne. In dieser Hinsicht befinden wir uns gewissermaßen noch auf dem Stand von Jägern und Sammlern" (32f). Beachtenswert ist eine Feststellung am Ende des Manifestes:

> „Aller Fortschritt wird aber nicht in einem Triumph des neuronalen Reduktionismus enden. Selbst wenn wir irgendwann einmal sämtliche neuronalen Vorgänge aufgeklärt haben sollten, die dem Mitgefühl beim Menschen, seinem Verliebtsein oder seiner moralischen Verantwortung zugrunde liegen, so bleibt die Eigenständigkeit dieser ‚Innenperspektive' dennoch erhalten. […] Die Hirnforschung wird klar unterscheiden müssen, was sie sagen kann, und was außerhalb ihres Zuständigkeitsbereichs liegt, so wie die Musikwissenschaft […] zu Bachs Fuge Einiges zu sagen hat, zur Erklärung ihrer einzigartigen Schönheit aber schweigen muss" (37).

Aus *pädagogischer Sicht* interessieren vor allem Fragen nach der Steuerung des Verhaltens und Erlebens: In welchem Zusammenhang stehen neuronale Prozesse einerseits und Bewusstsein und Ich-Erleben andererseits? Wie ist rationales und emotionales Handeln miteinander verknüpft? Wie ist das zu verstehen, was wir „freien Willen“ oder „Selbstbestimmung“ nennen? Derartige grundlegende und nach wie vor umstrittene Fragen werden sich nach Einschätzung des Psychologen und Kognitionswissenschaftlers Wolfgang Prinz, dessen Beitrag zwar innerhalb des „Manifestes“ abgedruckt ist, der sich aber ausdrücklich nicht als Hirnforscher versteht, in nächster Zeit nicht beantworten lassen. „Wir wissen viel, verstehen aber nur wenig“ (34). Geradezu hilflos sei man bei der Frage nach der Erklärung von *Subjektivität*. Wir wüssten weder, worin diese besteht, noch wie sie sich unter welchen Bedingungen entwickelt. Im Gegensatz zu den Autoren des Manifestes geht Prinz davon aus, dass die Hirnforschung nicht in der Lage sein wird, die Natur von Subjektivität und Bewusstsein hinreichend zu erklären, da bzw. soweit sie sich auf die Klärung der natürlichen Funktionsgrundlagen konzentriere und beschränke. Unklar blieben dabei die sozialen und kulturellen Grundlagen von Subjektivität und Bewusstsein, da es sich hier um eine Klärungsebene handele, die den Horizont der Hirnforschung überschreite (35).

I Hirnforschung und Selbstbestimmung – Herausforderungen

Die neuen Thesen der Hirnphysiologie bzw. Neurobiologie provozieren vor allem durch die darin zum Ausdruck kommende *Naturalisierung* menschlichen Verhaltens. Dieses werde nicht durch ein *Ich* oder ein *Selbst* gesteuert, sondern durch neuronale Prozesse im Gehirn. Das Naturale wird profiliert, das „Geistige" tritt zurück oder wird entzaubert. Das, was bisher als „freier Wille" verstanden wurde, wird zur „Illusion". Derartig herausfordernde Formulierungen befremden und irritieren. Bevor näher auf sie eingegangen wird, sei vorab angemerkt, dass wir es mit *Thesen* zu tun haben, die aus rein *naturwissenschaftlichen* Befunden abgeleitet werden, also letztlich auch nur naturwissenschaftlich zu verstehen sind, d.h. sie drücken nicht alles aus, was den Menschen und sein Leben ausmacht. Es geht vielmehr darum zu verstehen, was die Naturwissenschaftler uns erklären können, und aufzuzeigen, wo Chancen und Grenzen des naturwissenschaftlichen Erklärens, speziell im Hinblick auf pädagogische Folgerungen, liegen.

1 Das Gehirn und sein Ich?

Ich oder Selbst sind pädagogisch zentral wichtige Größen. Das Ich drückt die Differenz zum anderen, zum Du oder zur kollektiven Bestimmtheit unseres Denkens und Handelns aus. In der Erziehung sind Ich oder Selbst unverzichtbar, wenn es darum geht, das einzelne Kind in seiner Identität und seinem Selbstwert zu stärken, seine Selbsttätigkeit oder Eigenaktivität anzuregen oder an seine Eigenverantwortlichkeit für sein Lernen zu appellieren. Die *Ich-Du-Beziehung* ist zentrale Grundlage für das erzieherische Verhältnis. In ihr treten zwei *Personen* in ihrer psycho-physischen Ganzheitlichkeit in eine bindende Begegnung miteinander, nicht zwei Gehirne! Ich-Schwäche gilt als Entstehungsgrund für *Erziehungsschwierigkeiten*. Die Förderung des Selbstgefühls bzw. des Gefühls für den eigenen Wert (Selbstwertgefühl) ist zentral wichtig für jegliche Erziehungshilfe. Menschen mit *Behinderungen*, also in relativ großer physischer und psychischer Abhängigkeit, legen betont Wert darauf bzw. kämpfen darum, auch *selbstbestimmt* oder *autonom* handeln zu können. „Selbstbestimmung" ist in den letzten zwei Jahrzehnten zu einem zentralen Thema auch für Menschen mit *geistiger Behinderung* geworden. Sie waren früher als total unselbständig angesehen worden.

Wenn das kleine Kind „ich" zu sagen beginnt, kündigt sich die werdende eigene Persönlichkeit an. Im „Selber-machen-wollen" gibt das Kind zu verstehen, dass es eigene Erfahrungen machen will (und muss), um lernen zu können. Von einem schwachen Ich kann man gegebenenfalls auf psychische Hemmungen schließen.

Das – womöglich substantivierte – „Ich" wird nun von der Hirnforschung in seinem bisherigen Verständnis verworfen. Ein eigenes Ich-Zentrum sei im Gehirn nicht auszumachen. Es sei auch gar nicht ein Ich, das unser Verhalten steuert, sondern das eigene Gehirn. Damit steht eine Behauptung im Raum, die auf pädagogischer Seite kaum akzeptabel erscheint. Da das Anzweifeln eines „Ich" die *philosophische Anthropologie* zentral tangiert, soll zunächst auf den philosophisch-geschichtlichen Hintergrund dieses Themas kurz eingegangen werden.

1.1 Philosophische Vorgeschichte

„*Ich denke, also bin ich*" (cogito ergo sum). Kaum ein anderer Satz hat die für das abendländische Denken so zentrale Bedeutung des Ich oder Selbst so einprägsam ausgedrückt wie dieser von René Descartes, dem französischen Philosophen (1596 – 1650). Er nannte ihn „das erste Prinzip der Philosophie". Er wollte damit ausdrücken, dass es zwar keine (objektive) Gewissheit der Erkenntnis und des Wissens gebe, jeder aber seiner eigenen Existenz völlig sicher sein könne. Auch wenn ich zweifele, könne ich meiner Selbst sicher sein. Indem Descartes im Gegensatz zur mittelalterlichen Metaphysik den Ort der Gewissheit auf den Menschen selbst verlagerte, begründete er das neuzeitliche Denken, das den Menschen *auf sich selbst* stellt und ihm die *Autonomie des Ich* zuspricht (Descartes 1989).

Dieses Verdienst von Descartes wird von der Hirnforschung heute kaum beachtet. Er wird vielmehr ständig als Prototyp des überholten *Dualismus von Körper und Geist* als zweier getrennter *Substanzen* dargestellt. Dabei wird übersehen, dass er dieses seiner selbst bewusste Ich als ein „denkendes Ding" ansah, das über Eigenschaften verfügt, wie sie auch bei den Dingen der physischen Welt gegeben sind. Mit ihm erfolgt also eigentlich, wenn man so will, der Einstieg in ein Denken, das die *naturhaften Bedingungen* des Denkens und damit des Gehirns aufzudecken versuchte.

Baruch de Spinoza (1632 – 1677) verwarf in seiner 1677 erschienenen „Ethik" den *Dualismus der Substanzen* bei Descartes. *Res cogitans*, das Denken, und *res extensa*, das Körperliche, seien zwar zu unterscheiden, seien aber nur Attribute ein und derselben Substanz, nämlich der *Natur*. Von ihr unterschied er als zweite Substanz *Gott*. Demnach waren Geist und Körper als verschiedene *Aspekte* oder Manifestationen einer in sich untrennbaren Einheit (der Natur) anzusehen. Man könnte von einem Dualismus der Aspekte reden (Spinoza 1994).

Immanuel Kant (1724 – 1804) hat sich mit dem Begriff „Geist" nicht eigens befasst. In seiner „Anthropologie" sieht er den Menschen durch sein Ich unendlich weit über alle anderen lebenden Wesen hinaus gehoben. Dieses wird als eine immaterielle und denkende *Substanz* verstanden, durch die der Mensch zur *Person* werde. Kant lässt aber auch die Schwierigkeiten erkennen, die mit diesem Begriff verbunden sind, wenn man ihn mit der Aussage „Ich denke" koppelt. Damit werde alles Denken und damit alles, was zum Bewusstsein gehört, mit Ich gleichgesetzt (Bd. IV, „Kritik der reinen Vernunft"). Der „Gedanke" oder „Ausdruck Ich" begleite zwar alle Begriffe und alles Denken, sei Vehikel aller Kategorien, selbst aber eine inhaltlich gänzlich leere Vorstellung, ein *transzendentales* Subjekt der Gedanken, jenseits aller Erfahrung.

Kant spricht aber auch von einem *empirischen* Ich, das er „innere Wahrnehmung" von sich selbst nennt. Dabei verweist er darauf, dass dieses Ich sich beim Kinde (sprachlich) erst relativ spät einstelle. Vorher *fühle* es nur sich selbst und spreche von sich in der dritten Person. Danach aber kehre der Mensch nie mehr in die Sprechart der dritten Person zurück, wenn er von sich selbst redet. Kant bemerkte dazu, es dürfte den Anthropologen schwer fallen, dieses Phänomen zu erklären.

Generell hat sich die philosophische Auffassung vom Ich als einem substanziell eigenen Dreh- und Angelpunkt aller psychischen und geistigen Akte bis in die jüngere Gegenwart gehalten, was nicht heißt, dass diese Verstehensweise nicht auch wiederholt bestritten worden wäre. Noch 1977 erschien ein Buch des Philosophen Karl Popper und des Nobelpreisträgers und Hirnforschers John C. Eccles, das den Titel „The Self and Its Brain" trug (1977; dt. „Das Ich und sein Gehirn", 1984). Vertreten wurde hier ein interaktionistischer *Dualismus* von Geist und Gehirn. Der *selbst-bewusste Geist*, also auch das Ich, wurde als eine *unabhängige Entität* angesehen, die aktiv damit beschäftigt sei, die „Aktivitäten der Neuronenmaschinerie" zu deuten und in bewusste Erfahrung umzusetzen, zugleich aber auch auf diese Maschinerie zurückzuwirken (Eccles 1982, 222f). Wie allerdings diese Wechselwirkung tatsächlich zustande kommt, bleibe „rätselhaft". Abgelehnt wurde jedenfalls ein reiner *Physikalismus*, nach welchem das Subjekt *völlig* durch neuronale Bedingungen determiniert sei.

Für eine Überwindung von Dualismus und reduktionistischem Materialismus hatte sich ein anderer bedeutender Hirnforscher, Roger Sperry, Neurophysiologe und Nobelpreisträger, eingesetzt. Als Summe seiner neurobiologischen Erkenntnisse schlug er 1985 ein *einheitsstiftendes* Erklärungsmodell vor. Er nannte es ein *mentalistisches*. Darin wurden, im Gegensatz zum vorausgegangenen behavioristischen Materialismus und Reduktionismus, *Geist* und *Bewusstsein* als *reale Faktoren* eingestuft, denen in der kausalen Kette von Kontrollmechanismen innerhalb der Gehirntätigkeit ein herausragender Platz zukomme. „Sie geben die Befehle und stoßen und zerren die physiologischen, physikalischen und chemischen Prozesse genauso herum, wie diese sie dirigieren, wenn nicht noch mehr." In diesem System werde „der Geist in gewissem Sinne wieder über die Materie gestellt", und Ideen und Ideale würden höher als die physikalisch-chemischen Wechselwirkungen im Gehirn eingeschätzt (48). In diesem mentalistischen Modell habe auch der *freie Wille* seinen Platz; er sei *keine Illusion* sondern steuere ganz *real* unser Handeln im Sinne von Selbstbestimmung gegenüber äußeren und inneren Kräften und Einflüssen, freilich im unausweichlichen und mit-determinierenden Zusammenwirken mit den eigenen Gedanken und Impulsen, Gefühlen, Überzeugungen, Idealen und Hoffnungen auf der Basis der erblichen Ausstattung sowie der Lebenserfahrungen (58).

Es hat nicht an weiteren Versuchen gefehlt, durch verbindende Erklärungsmodelle den strikten Dualismus von Natur und Geist zu überwinden, und die Welt sowohl aus der einen, der naturgesetzlichen, als auch aus der anderen, der phänomenologischen und geistigen Perspektive, gleichzeitig zu betrachten. So haben Oeser und Seitelberger (1988) eine interdisziplinär öffnende und zugleich verbindende Position vertreten, die sie als *Neuroepistemologie* bezeichneten. Darin wurden ein „objektivierbarer neurophysiologischer und ein nicht objektivierbarer *neuroepistemologischer* Anteil des Gehirns an der Einheit der dort repräsentierten Phänomenschichten" unterschieden, die miteinander in „Intraaktion" treten. Das Selbstbewusstsein oder „das Ich an sich" spiele dabei eine zentrale Rolle. Auch wenn uns die Einzelheiten letztlich unbekannt blieben, seien sie in der kognitiven Erscheinungswelt doch „die einzige zweifelsfreie Realität" (131).

Lange bevor die genannten Einzelheiten durch die neue Hirnforschung deutlicher sichtbar wurden, war das bislang geltende Bild vom autonomen und rationalen Ich durch die *Psychoanalyse Sigmund Freuds* erschüttert worden. Seine Thesen waren besonders in psychotherapeutischer und heilpädagogischer Hinsicht von Bedeutung. Freud hatte im Unterschied zur bis dahin herrschenden Auffassung aufgezeigt, dass es im Bereich des Psychischen neben dem Bewussten auch das *Vorbewusste* und vor allem das *Unbewusste* gäbe, und dass letzteres sich früher entwickele und lebenslang dominiere. Später hatte Freud die Schichtung von *Ich, Es* und *Über-Ich* eingeführt. Dem Ich komme dabei eine vermittelnde bzw. kontrollierende Funktion zwischen den (naturhaften) Trieben des Es und den Forderungen der Umwelt bzw. des Über-Ich (Gewissen) zu. Wenn dabei auch dem Ich eine Steuerungsfunktion zugesprochen wurde, ohne nähere Erkenntnis darüber, wie diese im Einzelnen zu verstehen sei, so gelten viele Grundthesen Freuds heute als mit der Neurobiologie vereinbar, z.B. die Annahme unbewusster Ich-Zustände (Roth 2003a, 440; Birbaumer 2004).

1.2 Ich-Bewusstsein – eine Illusion?

Aus pädagogischer Sicht ist das Bewusstsein Bedingung der Möglichkeit, selbstbestimmt zu handeln. Selbstbestimmung zu erlernen, ist Ziel der Erziehung. Ich oder Selbst haben nur einen Sinn, wenn sich der Mensch seiner selbst auch bewusst sein kann. Ich oder Selbst sind selbstverständliche Begriffe menschlicher Kommunikation. Sie drücken das aus, was wir als personale *Identität*, als eigene *Urheberschaft* von Handlungen oder als individuelle *Kompetenz* verstehen.

Der Sprachgebrauch vom „selbstbestimmten" oder „autonomen" Handeln ist jedem geläufig und in diesem Sinne *real*. Bei näherem Nachdenken weiß natürlich jeder auch, dass diese Autonomie keine totale ist, dass er auch in Bindungen und physischen Abhängigkeiten lebt, und dass dieses Selbst oder Ich nicht klar abgrenzbar ist von anderen Bestimmungsgrößen für unser Denken, Fühlen und Handeln, nämlich von neuronalen oder von sozialen Bedingungen. Damit wird aber diese Autonomie oder Selbstbestimmung nicht aufgehoben. Allerdings kann unter dem Einfluss immer mehr vernetzter Abhängigkeiten das *Subjekt* an Bedeutung verlieren. So stellte N. Luhmann fest, dass die Systemtheorie für den Subjektbegriff heute keine Verwendung mehr habe (1987, 51). Soziales könne nicht auf Bewusstseinsleistungen eines monadischen Subjekts zurückgeführt werden (120). – Muss es „monadisch" sein?

Diese Reduktion des Selbst- oder Subjektbegriffes wird nun von den Neurowissenschaften verstärkt und zwar auf naturwissenschaftlicher Basis. Es wird der allgemein vertretenen Auffassung von einem Ich als Zentrale geistiger und emotionaler Zustände ebenso widersprochen wie der bisherigen Grundannahme, dass das Ich auf das eigene Handeln einwirke (Roth 2003a, 379). Das Ich sei ein „kulturelles Artefakt", zustande gekommen durch gesellschaftliche Attributionsprozesse (Prinz 1996, 464). Es sei ganz einfach eine *Illusion*!

Die *naturwissenschaftlichen Befunde* belegten, dass es eine *ontologisch* eigene und unabhängige *Substanz*, die als Ich oder Selbst im Sinne einer *Steuerungszentrale* den neuronalen Prozessen *vorgeschaltet* sei, nicht geben könne. Die empirischen Befunde zeigten vielmehr, dass es umgekehrt sei: Dem bewussten Erleben der eigenen Impulse gingen unbewusste und determinierende Schaltungen im Gehirn *voraus*. Es sei nur unser *Empfinden*, dass unser Ich *kausal* und entscheidend auf die neuronalen Schaltungen einwirke und sie bestimme. Diese unsere Empfindungen, dass wir frei, d.h. nach bewussten Normen und Motiven argumentieren und entscheiden, unsere Stimmungen beherrschen und uns über derartige Handlungsdeterminanten hinwegsetzen, seien mit den in der dinglichen Welt wirkenden deterministischen Gesetzen nicht kompatibel (Singer 2004, 36). Naturwissenschaftlich gesehen sei es vielmehr so, dass es das Gehirn sei, das unser Fühlen, Denken und Handeln steuert und determiniert (Roth 2003a). Das *Ich-Bewusstsein* sei wie das Bewusstsein an sich eine *physikalische und abhängige Größe*, also ohne eigene verursachende Wirkung. Das, was gemeinhin als ein eigenes Selbst oder Ich verstanden wird, sei eine *Fiktion*.

Dass eine solche Behauptung auch wissenschaftlich mit Fragezeichen zu versehen ist, zeigen u.a. neuropsychologische Versuche, wonach bestimmte Hirnareale durchaus auch vom Bewusstsein beeinflusst werden können. So konnte am Tübinger Institut für Medizinische Psychologie (Leitung: Niels Birbaumer) mit Hilfe der Magnet-Resonanz-Tomographie nachgewiesen werden, dass sich bestimmte emotionale Zustände, wie Schmerz oder Angst, dadurch mildern lassen, dass die Patienten (psychisch Kranke), während sie in der Röhre des Tomographen liegen und ihr Gehirn auf dem Bildschirm beobachten, entgegengesetzte Bilder und Gedanken erzeugen, also andere Hirnareale aktivieren, um die belastenden Emotionen verdrängen oder abschwächen zu können. Bei Menschen mit psychopathisch unterentwickeltem Furchtempfinden (vor Strafe) gelang es, das Furchtsystem zu aktivieren. Die Forscher gehen davon aus, dass sich auf diese Weise auch eine erhöhte Gewaltbereitschaft reduzieren ließe (Südd. Zeitung v. 28.12.2006, 20). Was bedeutet dies anderes, als dass sich *physikalische* Prozesse im Gehirn auch durch *bewusste* Aktionen steuern und regulieren lassen!

Offensichtlich sind die neurophysiologischen Thesen nicht so apodiktisch zu verstehen, wie sie formuliert bzw. verstanden werden. Sie gelten am ehesten im rein naturwissenschaftlichen Begriffsverständnis, so vor allem in dem Sinne, dass im Gehirn *kein Zentrum* zu finden sei, das diese Selbststeuerung bewirken könnte. Die irrige Vorstellung von einer solchen Selbst-Zentrale sei u.a. durch die üblich gewordene substantivische Ausdrucksweise eines Selbst oder eines Ich bedingt. *Hirnpathologische* Befunde zeigten, dass es eine eigene und einheitliche Entität von Selbst oder Ich nicht geben könne. Dies bedeute aber *keineswegs eine völlige Negierung* dessen, was jeder von uns als „ich" *erlebt* und in der ersten Person *ausdrückt*. Wirksam in diesem Sinne seien vielmehr unterschiedliche „Ich-Zustände", die aus bestimmten neuronalen Prozessen hervorgingen bzw. diese begleiteten. Nach Roth (2003a, 379ff) lassen sich in diesem Sinne für unser *Empfinden* mehrere „Iche" ausdifferenzieren:

- ein *Körper-Ich* als das Gefühl, dass ich in diesem, meinem Körper stecke,
- ein *Verortungs-Ich* als das Bewusstsein, dass ich mich an diesem und keinem anderen Ort befinde,
- ein *perspektivisches Ich* als der Eindruck, dass ich mich als Mittelpunkt meiner Wirklichkeit verstehe,
- ein *Ich als Erlebnis-Subjekt* als das Gefühl, dass ich es bin (und kein anderer), der die Wahrnehmungen, Gefühle und Ideen hat, die ich erlebe,
- ein *Autorschaft- und Kontroll-Ich* als das Gefühl, dass ich es bin, der meine Gedanken und Handlungen verursacht und kontrolliert,
- ein *autobiographisches Ich* als die Überzeugung, dass ich in den verschiedenen Situationen, Zeiten und Empfindungen in Kontinuität derselbe bin,
- ein *selbstreflexives Ich*, das die Möglichkeit hat, über sich selbst nachzudenken und sich dabei vor allem der Sprache bedienen kann, und
- ein *ethisches Ich (Gewissen)*, verstanden als Gefühl, dass es in mir eine Instanz gibt, die mir sagt und befiehlt, was ich tun und was ich lassen soll.

Die hier unterschiedenen „Ich-Zustände" sind u.a. auch aus Beobachtungen diverser *Erkrankungen oder Läsionen des Gehirns* abgeleitet, bei denen sich gezeigt hatte, dass jeweils bestimmte Areale und demnach die eine oder andere Ich-Funktion ausfallen bzw. gestört sein können. Ist aber damit eine Reduktion des Ganzen auf rein Physikalisches abgesichert?

Bei dieser Ausdifferenzierung mehrerer „Iche" stellen sich verschiedene Verständnisprobleme: Wie ist dann Identität zu verstehen? Was bedeuten so vage Begriffe, wie „Erleben", „Gefühl", „Überzeugung" oder auch „Bewusstsein"? Sie sind in physikalischen Zusammenhängen nicht üblich und decken sich auch nicht mit dem allgemeinen Verständnis der hier gemeinten Begriffsinhalte. Außerdem widerspricht es dem üblichen Sprachgebrauch, „ich" in der Mehrzahl zu verwenden, so als gäbe es das ganzheitliche Ich der einzelnen Person nicht. Aufgehoben würde damit das nur in der Einzahl zu verstehende Ich, von dem Philosophen sagen, es sei *das einzig Reale*.

Roths Erklärung ist eine *naturwissenschaftliche*: Obwohl es sich um verschiedene Ich-Zustände und um fließende Übergänge von einem zum anderen „Zustand" oder „Gefühl" handelt, *erlebten* wir diese doch als ein einheitliches Ich. Wenn Roth in diesem Zusammenhang von einer *„Erlebniskomponente"* redet und diese als einen *„unabtrennbaren Teil"* (kurs. i. Orig.) bestimmter kognitiver und verhaltenssteuernder Prozesse im Gehirn bezeichnet (1997, 295), so bleibt die Physikalität dieser „Komponente" ebenso unklar. So muss auch Roth eingestehen, dass es *rätselhaft* bleibe, wie das Zusammenbinden verschiedener Ich-Erlebnisse zu einem einzigen Ich zustande komme.

Das, was wir als Ich bezeichnen, sei Ergebnis der menschlichen *Entwicklung*, und diese beginne noch vor der Geburt: Emotional-affektive Informationen wirkten über die Mutter in das fötale Gehirn ein. Dessen limbisches System als Bewertungssystem sei bereits in Funktion. Der Fötus erlerne z.B. schon, die Stimme der Mutter zu erkennen.

Das Kleinkind entwickele sein Ich in fünf Phasen (nach S. Pauen, in: Roth 1997, 382):

- Die primäre Unterscheidung von Ich und Nicht-Ich in körperlicher Hinsicht,
- die Entwicklung des Bewusstseins, Autor eigener Handlungen zu sein,
- die Entwicklung des Selbst in der Kommunikation und Ausbildung intentionaler Zustände,
- die Entwicklung des sprachlich-sozialen Ich (das Kind sagt „ich" und „mein") und
- die geistige oder mentale Entwicklung, die nach neueren Untersuchungen viel früher, als noch von J. Piaget angenommen, einsetze, etwa die Kategorisierung senso-motorisch wahrgenommener Dinge und Regelhaftigkeiten in der Umwelt des Kindes.

Vom sechsten Lebensjahr an seien erste bewusste „Vernunftsleistungen" und erste klare Ansätze einer willentlichen Kontrolle des eigenen Verhaltens zu beobachten.

Diese Ich-Entwicklung ist an die neurobiologische *Entwicklung des kindlichen Gehirns* gekoppelt. Die entsprechenden Veränderungen der Hirnstrukturen lassen sich am Gehirn selber beobachten. Zum Zeitpunkt der Geburt ist bereits der volle Satz von Nervenzellen ausgebildet (Singer 2002, 91ff). Unablässig wachsen neue Nervenverbindungen. Die Dynamik und die Stabilisierung dieser Entwicklung neuronaler Verschaltungen seien sowohl von erblichen Bedingungen als auch in hohem Maße von selbstgemachten *Erfahrungen* abhängig, also von Interaktionen mit der Umwelt. Man spricht von der „epigenetischen" Lernphase. Diese Erfahrungen können so stark sein, dass die entsprechenden neuronal-strukturellen Veränderungen sogar unter dem Mikroskop erkennbar seien. Sie können sich lebenslang erhalten. Daraus lässt sich folgern, dass die Stabilität der Ich-Entwicklung (Ich-Stärke – Ich-Schwäche) auch neurobiologisch gesehen von entsprechenden stabilen *Interaktionen mit der unmittelbaren Umwelt* abhängig ist.

Die neuen Erkenntnisse der Neurophysiologie bedeuten nicht nur, dass man sich von einem eigenständigen Ich als einer eigenen *Steuerungszentrale* zu verabschieden habe, sondern auch, dass die *Verhaltenssteuerung* nicht *hierarchisch strukturiert* erfolgt. Wenn es ein *Zentrum* wäre, in dem die ganze Fülle von Informationen oder Reizen, die für eine Bewertung oder Entscheidung wichtig sind, zusammenläuft und zielgerichtet koordiniert wird, so müsste dieser Verarbeitungsapparat riesige Ausmaße haben. Ein solches Areal ist aber im Gehirn nirgends auszumachen. Es hätte hier auch räumlich gar keinen Platz.

Identifizierbar jedoch sind – sehr vereinfacht ausgedrückt – synchron und komplex ablaufende neuronale Verschaltungen und zwar sowohl von hochspezifischen Neuronen für bestimmte Wahrnehmungsobjekte, z.B. für bestimmte Farbwahrnehmungen oder Schmerzempfindungen, als auch von dynamisch assoziierten Ensembles von Nervenzellen. Die Assoziation dieser neuronalen Schaltungen erfolge über einen „selbstorganisierenden Prozess" auf der Basis interner Wechselwirkungen (Singer 2002, 103). Wie dabei die Koordination der vernetzten Zentren im Einzelnen erfolgt, ist allerdings bisher nicht enträtselt. Man spricht vom „Bindungsproblem".

Hier stellt sich die Frage, ob mit *Selbstorganisation* alles gesagt ist. Diese kann sich eigentlich nur auf *Strukturelles* beziehen. Hier aber geht es um Semantik: *Inhaltliches*, um die Inhalte von Wahrnehmungen, Urteilen und Entscheidungen, um richtig oder falsch, um wahr oder nicht wahr, um schön oder abstoßend. Wenn es heißt, es handle sich nicht um ein substanziell eigenes Hirnareal sondern um ein „distributiv organisiertes, hochdynamisches System", das seine Funktionen nicht einer „zentralistischen Bewertungs- und Entscheidungsinstanz" zu unterwerfen hat (111), so kann nicht alles abgedeckt sein, was Wahrnehmen, Fühlen, Vorstellen und Handeln in der realen Erfahrung *inhaltlich* ausmachen. Was bedeutet es, wenn für all dies kein Ich-Selbst nötig sein soll, wenn allein dieses neuronal-molekulare Netzwerksystem aktiv ist, das „unentwegt Hypothesen über die es umgebende Welt formuliert“ und nicht erst auf Reize von irgendwo her reagiert, obwohl wir ein solches steuerndes Ich oder Selbst *real* erleben? Können Moleküle Hypothesen bilden? Welchen Sinn hat dann ein Ich-Bewusstsein, wie wir es real erfahren?

Nach allgemeinem Verständnis ist *Bewusstsein* ein „geistiges“ Phänomen. Der *selbstbewusste Geist* galt gemeinhin als das den Menschen vor allen anderen Lebewesen auszeichnende Merkmal. Dabei wurde dem *Geist* oder der *Seele* eine *eigene*, nicht materielle Qualität zugeschrieben, durch die sich der Mensch von den übrigen Lebewesen abhebt und sich als Spitze der Evolution versteht. Mit seiner Befähigung zu einer „geistigen“ Sicht und Weiterentwicklung des Lebens und damit der Evolution übersteige der Mensch das Tier in entscheidendem Maße. Es sei die Kultur, die nach bisherigem Verständnis klar über die Natur hinausreiche und von dieser zu unterscheiden sei.

Dem widerspricht die Neurophysiologie. Von ihrem naturwissenschaftlichen Ansatz her sei Bewusstsein ein *Begleitzustand neuronaler Prozesse*, also nichts „geistig“ Eigenes. „Geist“ ist in der Tat ein schwieriger Begriff. Auch Kant ging ihm aus dem Wege. In einem mehr marginären Sinne verstand er unter Geist ein „belebendes Prinzip“, das unsere Einbildungskraft hervorbringt, und das uns zu denken veranlasst, ohne dass es von der Sprache völlig erreicht werden könne. Es reiche über unsere empirische Natur hinaus, die es zwar benutze, jedoch zu etwas anderem mache, eben zu etwas, was die Natur übertreffe (Bd. X, „Kritik der Urteilskraft“, 250).

Wenn nun die neurowissenschaftliche Forschung versucht, „geistige“ oder „mentale“ Prozesse *naturwissenschaftlich* zu erklären, so begibt sie sich auf unsicheres Terrain, so dass der Vorwurf von Grenzüberschreitungen nicht ausbleibt. Es komme zu *Kategorienfehlern*, z.B. wenn sie versuche, Geistiges naturgesetzlich zu *vereinnahmen* und geistige Prozesse wie physische Prozesse zu behandeln. Ein solcher Kategorienfehler liege z.B. vor, wenn vom denkenden, fühlenden oder wahrnehmenden *Gehirn* gesprochen werde (Mayer 2004, 210). Das alte Leib-Seele-Problem lasse sich nicht einseitig naturalistisch lösen.

Dem könnte von naturwissenschaftlicher Seite her entgegengehalten werden, dass das, was wir „Bewusstsein“ nennen, auf jeden Fall auf naturgesetzlichen Substraten beruhen muss; denn dieses funktioniert nur, wenn auch die Physis funktioniere, und es ende mit dem physischen Tod. Bewusstes oder geistiges Leben ist ohne physisches Leben nicht möglich. Im Grunde wissen wir nur *intuitiv*, was mit Bewusstsein gemeint ist. Kompliziert wird es aber, wenn man es ausschließlich unter dem Aspekt physikalischer Prozesse zu erklären versuchte. An sich ist es durchaus legitim, wenn die Neurobiologie als Naturwissenschaft daran geht, das Beobachtbare dessen, was als Bewusstsein gilt, also die zu Grunde liegenden *neuronalen* Prozesse, zu erforschen, um nähere Aufschlüsse darüber zu gewinnen, wie ein so wichtiges Phänomen zu erklären ist.

Trotzdem gibt es Anlass zur *Skepsis*, Bewusstsein, so wie es im Allgemeinen verstanden wird, lediglich als einen neurophysiologischen Prozess zu erkennen. Jeder von uns erlebt sein Bewusstsein nur in der *ersten Person*. Diese entzieht sich aber einem naturwissenschaftlichen Zugriff.

Die Zeile „Die Gedanken sind frei. Wer kann sie erraten?" stammt zwar aus einem anderen historischen Kontext, vermag aber genau auf die offenen Frage der Hirnforschung zu zielen: Kann die Hirnforschung überhaupt Aussagen über die Semantik der beobachtbaren Hirnprozesse machen?

Auch wenn man am Bildschirm des Computertomographen das Feuern der Neuronen beobachtet, bekommt man nicht mit, was sie „sagen". „Wir sind gespalten zwischen dem, was wir aus der Erste-Person-Perspektive über uns wahrnehmen, und dem, was uns wissenschaftliche Analyse aus der Dritte-Person-Perspektive lehrt. Wir müssen in beiden Welten gleichzeitig existieren" (Singer 2003, 22). Beide Sichtweisen seien in jedem Menschen real nebeneinander gegeben (12).

Wichtige Belege für die neuronale Verankerung des Bewusstseins sind schon seit Längerem vor allem aus der Erforschung hirnpathologischer Störungen bekannt. Z.B. wird beim Ausfall bestimmter Hirnareale oder bei „split-brain-Patienten" (mit durchtrenntem Balken zwischen den beiden Gehirnhälften) das Bewusstsein in spezifischer Weise beeinträchtigt. Bei Schizophrenie-Patienten kann das Ich-Bewusstsein in der Weise ausfallen, dass der Einzelne sich u.U. nicht selbst als handelnde oder wahrnehmende Person erleben kann, sondern als ein Anderer neben sich oder gar als ein Gegenstand. Die Ich-Identität, auch die willentliche Kontrolle über das eigene Handeln, kann also klar erkennbar verloren gehen.

Diese Beobachtungen bedeuteten, dass durch eine Schädigung des Gehirns auch das Bewusstsein gestört wird und damit auch das Denken und Handeln, in welcher Weise und in welchem Ausmaß auch immer. Das Bewusstsein beruhe also eindeutig auf neuronalen Prozessen, könne also keine eigenständige, unabhängig von den neuronalen Prozessen fungierende Einheit für sich sein. Es handele sich beim Bewusstsein demnach nicht um einen von naturgesetzlichen Vorgängen abstrahierbaren Begriff.

Wichtig ist eine weitere neurophysiologische Einsicht: Nicht alle unsere körperlichen und hirnneuronalen Funktionen und nicht alle unsere Handlungen werden von Bewusstsein begleitet. So wissen wir überhaupt nicht, wie z.B. unsere Netzhaut visuelle Reize verarbeitet und das Gehirn Farben erzeugt; auch die Kontrolle über eingewöhnte Bewegungsabläufe, z.B. über unser Gehen oder Schreiben, verläuft weithin *unbewusst*. Diese Einsicht spricht für die umfassende oder fundierende Bedeutung der neuronalen Schaltprozesse: Sie laufen weithin *ohne Bewusstsein* ab.

Ich erlebe immer wieder, dass ich eine gedankliche Lösung einer fachlichen Frage oder die passende Formulierung einer Aussage, nach der ich längere Zeit vergeblich gesucht hatte, „plötzlich“ finde, nachdem ich mich einer anderen Tätigkeit zugewandt, das Gehirn also quasi „sich selber überlassen“ hatte. Auch der *Kreativität* liegen unbewusst ablaufende Prozesse im Gehirn zu Grunde. Im Träumen oder Tagträumen können neue Ideen (aus unbewusst ablaufenden neuronalen Prozessen) auftauchen. Hinter dem in der Schule verpönten „Dösen“ kann sich demnach durchaus eine produktive Hirntätigkeit vollziehen.

Für die Neurobiologie entsteht das Bewusstsein im Gehirn, genauer gesagt im Neocortex bzw. im assoziativen Cortex, wobei auch andere Subsysteme mitbeteiligt sind. Es werde vom Gehirn „produziert“ (Roth 1997, 228) und folge allein den Naturgesetzen. Was aber heißt das? Ist dann das, was wir als geistige oder mentale Vorgänge verstehen, naturgesetzlich determiniert und *nichts Anderes* als das Ergebnis eines spezifischen chemophysikalischen Zusammenspiels von Molekülen und Nervenzellen? Diese aber wären nicht mit der *Repräsentanz* der Inhalte oder Bilder gleichzusetzen, wie wir sie sehen, hören oder uns vorstellen.

Es ist bis heute unklar, *wie* und *warum* aus diesen physikalisch-chemischen Prozessen die *Inhalte* des Bewusstseins entstehen, z.B. die Bilder einer gegebenen Situation oder einer Vorstellung in der Zukunft. Dieser kritische Einwand zur unzulänglichen Repräsentanz der subjektiv wahrgenommenen Inhalte bezieht sich vor allem auf das *qualitative* Erleben des Einzelnen, auf die eigenen Stimmungen, auf die *subjektiven Empfindungen*, die sogenannten *Qualia*. Dieses *phänomenale* (nicht-objektivierbare) Erleben in der ersten Person entzieht sich einer naturwissenschaftlichen Objektivierung. Jeder erlebt Schmerz oder Freude, Angenehmes oder Unangenehmes, Motivationen oder Konsequenzen des eigenen Handelns etc. anders. Sein Erleben ist dem Anderen nicht voll zugänglich.

Der Streit um das Verhältnis von *neuronalen* und *mentalen* Prozessen erscheint – jedenfalls gegenwärtig – nicht lösbar. Eine *Unterscheidung* der beiden Phänomene entzieht sich einer eindeutigen Klärung ebenso wie deren *Gleichsetzung* oder *Austauschbarkeit*. Wenn von *Identitätstheorie* gesprochen wird, so erheben sich gewisse begriffliche Schwierigkeiten (siehe Kap. 4!). *Identität* bedeutet völlige Gleichheit; diese aber ist nicht gegeben, da es sich um Phänomene handelt, die real zu unterscheiden sind, weil sie einesteils von der *ersten Person*, also vom je einmaligen Subjekt her, gesehen werden, und andernteils von der dritten Person her, also von außen her. Wenn von neurobiologischer Seite her *Kompatibilität*, also die Vereinbarkeit verschiedener, nämlich neuronaler und geistiger Prozesse eingefordert wird, so bringt auch dieser Begriff keine hinreichende Klarheit, solange er rein naturalistisch verstanden wird und nicht klar ist, wie geistige Phänomene durch neuronale Prozesse hervorgebracht werden.

Dieses Vereinbarkeits- oder *Zwei-Aspekte-Modell* stößt jedoch auch naturwissenschaftlich auf kaum überwindliche Hindernisse, und zwar dann, wenn man erklären soll, *wie* bewusste, also mentale Akte auf das neuronale, d.h. naturgesetzlich funktionierende System (molekular) *einwirken*. Naturgesetzlich könne das Bewusstsein nur als „ein Aktivitätszustand bestimmter Hirnareale“ angesehen werden, nicht also als eine eigene *Substanz*, die als solche vom Gehirn produziert werde (Pauen 2007, 126). Umgekehrt aber könne nicht bestritten werden, dass Bewusstsein und eigene Impulse für uns *Realitäten* sind (118).

Das geisteswissenschaftlich Irritierende liegt darin, dass dem *Gehirn*, nicht also dem *Bewusstsein* als einem spezifischen Phänomen, Planungs- und Handlungspriorität zugeschrieben wird und damit *Geist* zu einer rein *abhängigen* Größe wird. Der Widerspruch zur herkömmlichen anthropologisch-dualistischen Grundthese von der Eigengröße des menschlichen Geistes gegenüber allem Materiellen ist evident. Soll damit das alte Leib-Seele-Problem als gelöst gelten, nämlich zugunsten eines Physikalismus, also eines Reduktionismus?

Pauen zeigt auf, zu welch abwegigen Konsequenzen die Reduzierung mentaler Prozesse auf rein naturwissenschaftliche führen würde, wenn also die Realität des Bewusstseins und der Status der Subjektivität bestritten würden (104). Selbst bei einer naturalistischen Erklärung neuronaler Prozesse könne und müsse die Realität des Bewusstseins unangetastet bleiben. Diese Phänomene seien ebenso wie die Selbstzuschreibung eigener Willensentscheidungen und eigener Verantwortung für die Folgen des eigenen Handelns *Kennzeichen spezifisch menschlicher Eigenheit* im Unterschied zu der anderer Lebewesen. Sie seien als solche unverzichtbar. Einen endgültigen Beweis für die Identität psychischer und physischer Prozesse werde es freilich niemals geben (2007, 122). Der Einzelne kann real feststellen: „Ich bin nicht das Verhalten meiner Neuronen“ (F. Crick, zit.b. Geyer 2004, 212). Für David J. Chalmers, Philosoph an der Universität Arizona/USA, bleibt, jedenfalls bislang, das bewusste Erleben nach wie vor ein *ungelöstes Rätsel*. Die bisherigen neurowissenschaftlichen Belege reichten nicht aus, um die Erklärungslücke zu schließen (2004). Das bewusste Erleben sei ein fundamentales und irreduzibles Phänomen.

Die erziehungswissenschaftliche Bedeutung dieser Frage liegt, ganz allgemein gesagt, darin, dass mit dem Phänomen des Bewusstseins das handlungs- und erziehungsbedeutsame Ich oder Selbst gekoppelt ist. Es ist für die Erziehung in praktischer Hinsicht nicht gleichgültig, ob ich als Erzieher es mit einem seiner selbst bewussten Kind oder Jugendlichen zu tun habe oder mit determinierenden chemo-physikalischen Prozessen in seinem Gehirn. Wie soll der heranwachsende Mensch moralische *Selbstachtung* gewinnen, wenn sein Bewusstsein ihm sagen müsste, sein Selbst sei nur eine Fiktion oder ein kulturelles Artefakt?

1.3 Determiniertes Handeln – Kein freier Wille?

Das Ich-Bewusstsein hat einen unmittelbaren Bezug zum Willen und zum Handeln. Die Frage nach dem „freien Willen“ hat Jahrhunderte lang die Geistesgeschichte bewegt. Sie ist nicht erst seit den neueren Befunden der Hirnforschung aktuell. Verwiesen sei u.a. auf die Argumentation von Arthur Schopenhauer, der die Unmöglichkeit eines „freien Willens“ behauptete. Diesmal aber fällt die Provokation besonders heftig aus, weil sie sich auf naturwissenschaftliche Forschungsergebnisse stützt, die bisher nicht zur Verfügung standen. Sie gipfeln in dem lapidaren und ontologisch totalisierenden Satz: „Der Mensch ist nicht frei“ (Prinz 2004a, 20). Er sei schlechthin durch sein *Gehirn determiniert.* Dieses treffe die Entscheidungen. Von ihm würden wir gesteuert. Ein „freier Wille“ sei mit den heutigen neurowissenschaftlichen Erkenntnissen nicht vereinbar. Für eine „Willensfreiheit“ sei demnach kein Platz mehr. Singer empfiehlt gar programmatisch: „Wir sollten aufhören, von Freiheit zu sprechen“ (2004, 30). Ein solcher Satz klingt so, als sollte nun das bisherige *Welt- und Menschenbild* aus den Angeln gehoben werden, das u.a. Friedrich Schiller mitgeprägt hatte: „Der Mensch ist frei geschaffen, ist frei und würd er in Ketten geboren!“ Dieser Satz stammt aus einem Gedicht mit dem Titel „Die Worte des Glaubens“, von denen der Dichter sagt, dem Menschen wäre „aller Wert geraubt,“ wenn er nicht mehr an diese *glaubt.*

Von einer solchen Provokation direkt betroffen werden Wissenschaften und kulturelle Lebenswelten, die sich direkt auf die Lebenspraxis des Menschen und seinen Sinn beziehen. Da dies vor allem die *Philosophie* betrifft, kommt von ihr der stärkste Widerspruch. Mit der Verneinung eines „freien Willens“ kann aber auch die *Erziehungswissenschaft* die tradierten Grundlagen von Erziehung in Frage gestellt sehen. Wenn sich die inzwischen ausgelöste Verwirrung und Diskussion bislang noch in (akademischen) Grenzen hält, so dürfte der Grund dafür zum großen Teil in der *unklaren Begrifflichkeit* und der ungewohnten *Semantik* liegen, die noch eher befremden. Es ist daher zunächst nötig zu klären, was unter Freiheit, speziell unter Willensfreiheit oder „freiem Willen“, zu verstehen ist.

Für Kant galt ein *freier Wille* als wichtigste Bestimmungsgröße für das Handeln nach dem *moralischen Gesetz.* Als solcher war dieser nicht von der Mitwirkung sinnlicher Antriebe bestimmt und wurde unabhängig von der Kausalität der Naturgesetze lediglich dem *intelligiblen* (dem nicht empirischen) Bereich zugeordnet. Das heißt, als seine Bestimmungsgröße galt allein die *Vernunft.* Diese Unabhängigkeit vom Naturgesetz nannte Kant *Freiheit* im strengsten, d.h. im transzendentalen Sinne (Bd. VII, „Kritik der praktischen Vernunft“, 138).

Kant sah Willenshandlungen also *nur der Idee* nach als frei an. Bei ihnen ging es um das Vermögen, „eine Reihe von sukzessiven Dingen oder

Zuständen von *selbst* anzufangen" (Bd. IV, „Kritik der reinen Vernunft", 430, kurs. i. Orig.). Er sah aber auch die begrenzte Gültigkeit einer solchen spekulativen, transzendentalen Idee der Freiheit und die Tatsache, dass der Begriff Freiheit auch *empirisch* zu fassen sein könnte. Er verwies dabei wiederholt und allgemein auf die Notwendigkeit, für alles Handeln stets die Kausalität der Naturgesetze vorauszusetzen. Er sah es aber als unmöglich an, diese in jedem Fall und im Einzelnen aufdecken zu können. Wir müssten uns deshalb an die *Erfahrung* halten. Aufschlussreich für eine gewisse Unsicherheit in diesem Punkt ist eine Bemerkung Kants in einer Rezension aus dem Jahre 1783 (zu „Schulz"), wo er feststellt, dass letztlich jeder so handele, „als ob er frei wäre" (Bd. XII, 777). Man kann diese Aussage so deuten, dass sich Kants Postulat einer Willensfreiheit im metaphysischen Sinne zwar nicht explizit auf das psychologisch empirische Handeln bezieht, dass aber das, was unter Willensfreiheit zu verstehen sei, in der Praxis durchaus auch unter dem kausalen Aspekt der Naturgesetze zu betrachten sei.

Die gegenwärtige Diskussion entzündet sich jedoch jenseits aller Metaphysik an *empirischen* Befunden. Es ist vor allem die lapidare Behauptung von Seiten der Neurophysiologen, es gäbe *keine Willensfreiheit*: Die sogenannten „Willenshandlungen" seien ausschließlich physikalisch bestimmt und dies, so wird versichert, wisse man ganz sicher aus den entsprechenden Experimenten.

1.4 Die Libet-Experimente: Das Gehirn entscheidet

Bevor auf die gerade erörterten Folgerungen und Thesen näher eingegangen wird, ist es nötig, sich den wissenschaftlichen Belegen zuzuwenden, auf die sich die ungewöhnlichen neuen Erkenntnisse stützen, und von denen immerhin gesagt wird, sie hätten eine *kopernikanische Wende* in der Anthropologie eingeleitet. Sie gehen im Wesentlichen auf *Experimente* zurück, die in den 80er Jahren des letzten Jahrhunderts in den USA von dem Neurobiologen Benjamin Libet durchgeführt worden sind (2004). Deren Ergebnisse wurden durch abgewandelte Versuche von P. Haggard und M. Eimer (1999) im Wesentlichen, aber nicht in allen Punkten, bestätigt. Einige Abweichungen gaben Anlass zu gewissen Zweifeln (Pauen 2007, 196). Auf diese Initialexperimente beziehen sich immer wieder die heute aktuellen Befunde und Thesen der Hirnforschung (Roth 2003a).

Die *Versuchsanordnung* bei B. Libet wirkt relativ einfach: Die Versuchspersonen sollten innerhalb eines gesetzten Zeitrahmens, je nach eigenem Wunsch oder Drang, einen Finger oder die ganze rechte Hand beugen, also das Handgelenk plötzlich schnippen. Sie waren mit Elektroden am Kopf an einen Computer angeschlossen. Der Beginn der Muskelaktivität wurde durch das Elektromyogramm registriert. Die Versuchspersonen hatten einen auf einer Oszilloskop-Uhr rotierenden Punkt zu beobachten (Umlaufzeit 2,56 Sekunden) und sich den Zeitpunkt zu merken, an dem sie sich (bewusst) entschlossen, eine Bewegung ihres Handgelenks auszuführen. Sie mussten jeweils in getrennten Serien einmal den *Zeitpunkt des bewusst werdenden Handlungswillens* (W), einmal den Zeitpunkt der *Empfindung der Bewegung* (EMG = Elekromyogramm, plötzlich aktivierter Muskel) und einmal den Zeitpunkt der Empfindung eines *somatosensorischen Reizes* (S = stimulus) angeben. Zugleich wurde jedes Mal über das Elektroenzephalogramm (EEG) das sogenannte *Bereitschaftspotential* (BP) gemessen, ein Indikator für den Beginn der neuronalen Aktivität im Gehirn in Bezug auf die zu vollziehende Bewegung (Abb. 1).

Das *Ergebnis*: Libet hatte, wie auch allgemein angenommen wurde, erwartet, dass der Zeitpunkt des Entschlusses, also des Willensaktes, *vor* der neuronalen Aktivierung des Bereitschaftspotentials liegen würde und so im EEG nicht sichtbar gewesen wäre. Tatsächlich aber ging der Beginn der neuronalen Aktivierung des Bereitschaftspotentials jeweils deutlich dem bewusst registrierten Willensentschluss *voraus*, und zwar im Durchschnitt von 550 – 350 ms (bei einem Minimum von 150 ms). Niemals *folgte* er ihm und niemals fiel er mit ihm zusammen. Bei den Nachuntersuchungen von Haggard und Eimer war übrigens bei zwei von den acht Versuchspersonen der Willensakt schon *vor* dem neuronalen Bereitschaftspotential aufgetreten (Pauen 2007, 196).

Aus der Beobachtung, dass nicht der Wille die neuronale Aktivierung einleitet, sondern umgekehrt diese Aktivierung unbewusst *vor* dem Willensakt

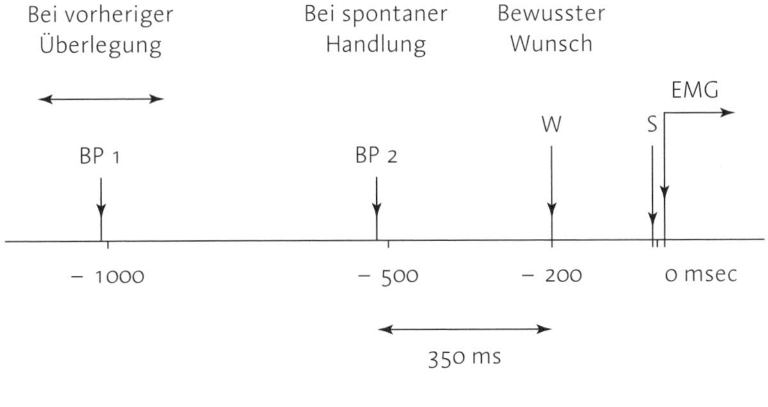

Abb. 1: Zeitschiene für selbst eingeleitete Handlungen (leicht verändert nach Libet 2004, 276)

stattfand, wurde nun geschlossen, dass die Initiative vom *Gehirn* ausgegangen sei, dass das Gehirn „entschieden" hätte. Der bewusste Willensakt trete also erst auf, *nachdem* das Gehirn entschieden hat, eine bestimmte Bewegung auszuführen, wobei der Prozess, der zu dieser „Entscheidung" führt, unbewusst abläuft. Zugleich aber, und das ist wichtig, hatte der Einzelne das klare „Gefühl", *eine freie Entscheidung* getroffen zu haben. Die Folgerung dieser Erkenntnisse in zugespitzter Form: „Wir tun nicht, was wir wollen, sondern wir wollen, was wir tun" (Prinz 2004, 22) oder „Wir sind determiniert" (Roth 2004a, 218).

Der „freie Wille" sei also eine *Illusion*. Alles Handeln sei über das Gehirn *determiniert*, also festgelegt. So wie das Bewusstsein seiner selbst sei auch die „Instanz eines Willens-Ich" Produkt neuronaler Prozesse. Heißt das, sie sind nichts anderes als Physik? Roth (2003a) beschreibt im Einzelnen, wie *Willensakte* (im genannten schwachen Sinne, z.B. einer willkürlichen Handbewegung) neurobiologisch zu verstehen seien und wie sie zustande kämen. Selbst die einfache Handlung, nach einer Tasse Kaffee zu greifen, „entscheide" das Gehirn und nicht ein „freier Wille". Zumindest sprachlich überraschend klingt *demgegenüber* an anderer Stelle die grundsätzliche Aussage: „An der Existenz des Willens gibt es keinen vernünftigen Zweifel" (512); jeder *erlebe*, dass er etwas *wolle*! Ein solcher Sprachgebrauch widerspricht der Realität und ist daher verwirrend, ebenso die Formulierung, Wille oder Wollen seien nur *Begleiterscheinungen* physikalisch-neuronaler Prozesse. Als solche ließen sich nach Weinert fünf verschiedene Qualitäten bzw. Funktionen des *Willens* erleben:

- das *energetisierende Wollen*,
- die *Richtungsfunktion* des Willens,
- dessen *Selbstinitiierungsfunktion,*
- dessen *Kontrollfunktion* und
- die *Bewusstseinsqualität* des Willens (Weinert, zit.n. Roth 2003a, 512).

Es handelt sich hier um Willensfunktionen, die aus *naturwissenschaftlicher* Sicht als nachgeordnet verstanden werden. In diesem Sinne ist „der Wille" natürlich nicht frei, d.h. er kann nicht außerhalb der Naturgesetze wirksam werden. Alle Prozesse im Gehirn seien deterministisch, und der unmittelbar vorangehende Gesamtzustand des Gehirns sei Ursache für die je folgende Handlung. Wenn wir nun im individuellen Leben unseren Willen als frei und real erfahren, so handele es sich um Erste-Person-Phänomene, um etwas, was nur ich selber erfahre. Diese aber existierten *naturwissenschaftlich* gesehen überhaupt nicht (Singer 2003, 25). Intentionales, also absichtsvolles Handeln, auch die Orientierung an Wertsystemen, seien nur *subjektiv* erfahrbar. Man habe es also mit zwei voneinander getrennten Erfahrungsbereichen zu tun, dem naturwissenschaftlichen mit der Dritte-

Person-Perspektive und dem soziokulturellen Bereich, in dem es um sinnhafte Zuschreibungen geht, die in der Erste-Person-Perspektive erfahrbar werden. Dass allerdings „die Inhalte des einen Bereichs aus den Prozessen des anderen hervorgehen, muss ein Neurobiologe als gegeben annehmen" (32). Diese Unterscheidung zweier getrennter Erfahrungsbereiche bedeutet, dass eine *pauschale* Behauptung, wie: „Der Wille ist nicht frei", unzulässig und deshalb irreführend ist, und dass wir andererseits nach wie vor von der realen Erfahrung ausgehen können, dass wir bei unseren individuellen Handlungen durchaus Entscheidungen *subjektiv frei* treffen können.

1.5 Bewusstsein und freier Wille – Epiphänomene oder nicht?

Durch die neurobiologischen Befunde bzw. genauer gesagt, durch deren Interpretation, ist eine verwirrende Situation entstanden. Auf der einen Seite werden Ich oder Selbst als „Illusionen" oder „Fiktionen" bezeichnet, auf der anderen Seite werden „Ich-Zustände" als durchaus existent und wirksam angesehen, und zwar als ein „Begleitzustand von Wahrnehmen, Erkennen, Vorstellen, Erinnern und Handeln" (Roth 1997, 213). „Begleitzustand" bedeute, dass die *eigentlichen* Prozesse im Gehirn ablaufen und durch das für uns in Erscheinung treten, was wir als Bewusstsein *erleben*. Nach dieser naturalistischen Deutung *ist* Bewusstsein ein *physischer* Prozess. Die entsprechenden neuronalen Prozesse ließen sich über bildgebende Verfahren sogar optisch beobachten.

Die Hirnforschung spricht zwar von „Begleitzuständen", wehrt sich jedoch entschieden gegen eine sträflich falsche Interpretation ihrer Befunde, die darin bestünde, dass das Ich als bloßes „Epiphänomen", d.h. als „wirkungsloses Nebenprodukt unbewusster Hirnprozesse" verstanden würde, „die allein das Sagen haben" (Roth 2003a, 395). Das Ich sei zwar nicht als „die oberste Kontrollinstanz von Denken, Planen und Handeln", als „der große Steuermann", anzusehen, gelte aber auch nicht als völlig nutzlos. Wenn sich schon das Gehirn die Mühe gemacht habe, ein „Ich" hervorzubringen, so müsse dieses auch seinen Sinn haben. Es könne auch deshalb kein belangloses Epiphänomen sein, weil es nachgewiesenermaßen Patienten mit schweren Ich-Störungen gebe, die massive Verhaltensstörungen nach sich zögen. Worin kann also besagter Sinn gesehen werden?

Nach Roth (2003a) kann das Ich als „das Zentrum einer *virtuellen Welt*" angesehen werden, „die wir als unsere Erlebniswelt erfahren, als *Wirklichkeit*" (kurs. i. Orig. 396). Diese sei über Jahre lange Erfahrungen vom Gehirn konstruiert worden und bestehe aus den Wahrnehmungen, Gedanken, Vorstellungen, Erinnerungen, Gefühlen, Wünschen und Plänen, „die unser Gehirn hat". Innerhalb dieser *virtuellen* Welt oder *Wirklichkeit*, die Roth von *Realität* unterscheidet, bilde sich allmählich „ein Ich aus, das sich zunehmend als vermeintliches Zentrum der Wirklichkeit erfährt." Es entwickele sich bei ihm „der Eindruck", als nähme es selber die Dinge wahr, als sei es selber Autor seiner Gedanken, Bewegungen und Handlungen. Selbstverständlich sei dies neurophysiologisch eine Illusion; denn derartige Wahrnehmungen, Intentionen und Akte seien bereits in der Entwicklung des Kindes lange bevor ein Ich entsteht, zu beobachten. Und wenn es ausgebildet sei, übernehme es „nicht die tatsächliche Kontrolle über diese Zustände".

Roth meint, es sei sogar eine Eigentümlichkeit des Ich, „die Existenz seines Produzenten, des Gehirns, hartnäckig" zu *leugnen*. Warum eigentlich? Das hinge damit zusammen, dass das bewusste Ich nicht in der Lage sei zu erkennen, dass ein Sinnesreiz seine Zeit brauche, nämlich eine Sekunde, um von der Umwelt in die spezifischen Areale des Gehirns zu gelangen und erst dann bewusst zu werden. Die Folge sei, dass sich das Ich daran gewöhne, sich selber und direkt Wahrnehmungen zuzuschreiben. Nur *erlebnismäßig* liege die Sehwelt vor unseren Augen. Tatsache aber sei, dass unser bewusstes Erleben im Gehirn entstehe, wovon wir aber wiederum keine Kenntnis hätten.

Drei Funktionen dieses *virtuellen Ich* benennt Roth:

- Die Funktion eines *Zuschreibungs-* oder *Identitäts-Ich* als eine vom Gehirn entwickelte und „von Bewusstsein begleitete Instanz", „über die es zu einer cortikalen *Erlebniseinheit*" werde, und wodurch *Identität* zustande komme (kurs. i. Orig.). Dieses Ich sei „von großem Vorteil", indem es von sich (nur) *meint*, „die unterschiedlichen Wahrnehmungen, Gedanken, Vorstellungen, Erinnerungen und Gefühle seien *eigene* Zustände", nicht also die eines anderen.
- Die Funktion eines *Handlungs-* bzw. *Willens-Ich,* die es ermögliche, sich selbst Intentionen, Absichten und Handlungsfähigkeit zuzuschreiben, wodurch es möglich werde, den Willen auf eine Handlungsabsicht zu fokussieren.
- Die Funktion eines *Interpretations-* und *Legitimations-Ich*, die dem bewussten sprachlichen Ich die Aufgabe zuweist, „die eigenen Handlungen vor sich selbst und insbesondere auch vor der sozialen Umwelt zu einer plausiblen Einheit zusammenzufügen und zu rechtfertigen, und zwar unabhängig davon, ob die gelieferten Erklärungen auch den Tatsachen entsprechen" (396).

Es ist sprachlich irritierend, von mehreren „Ichen" zu reden, wenn man doch nur *ein* Ich meint. Zudem sind solche Konstruktionen nicht überprüfbar und damit nicht überzeugend.

Bei diesen Beschreibungen fällt auf, dass das Ich oder Selbst zwar als eine quasi eigene „Instanz" beschrieben wird, diese aber vom Gehirn abhängig ist bzw. aus ihm „hervorgeht" – was auch immer das heißt – und die zugleich etwas beinhalten soll, was mit der Realität, wie sie der Mensch wahrnimmt, nicht übereinstimmt. Hier liegen Deutungen bzw. sprachliche Formulierungen vor, die sich nicht nur gegen die reale Erfahrung und ihr Verständnis sperren, sondern auch dazu angetan sind, das Selbstverständnis des aus Vernunftsgründen handelnden Menschen auszuhebeln. Sie wirken so, als ob Gehirn und Bewusstsein sich permanent etwas vormachten. Es klingt wenig überzeugend, wenn Roth geradezu beschwörend betont, wie entscheidend wichtig es sei, das Ich – als *virtuellen Akteur – nicht als Epiphänomen* zu verstehen. Was ist ein Epiphänomen sonst, wenn nicht lediglich eine Begleiterscheinung oder eine Nachwirkung von etwas, was die eigentlich primäre causa ist? Habermas (2005) spricht in Bezug auf das bloße „Erlebnis eigenen Entscheidens“ von einem „leer laufenden Rad“ (155).

Was ist ein *virtueller* Akteur? Ein Akteur, der nicht wirklich agiert? Roths Erklärung:

> „Ohne die Möglichkeit zu virtueller Wahrnehmung und zu virtuellem Handeln könnte das Gehirn nicht diejenigen komplexen Leistungen vollbringen, die es vollbringt. Die Wirklichkeit und ihr Ich sind Konstruktionen, welche das Gehirn in die Lage versetzen, komplexe Informationen, neue, unbekannte Situationen zu meistern und langfristige Handlungsplanung zu betreiben“ (397).

Hier wäre einzuwenden, dass wir alle, auch die Hirnforscher *konstruieren*. Das Widerstreitende liegt weiterhin im Begriff „virtuell“, der eben auch „scheinbar“ bedeutet. Die Vorstellung von einem bewussten Ich-Selbst oder von Geist als nur vermeintlichen Größen stiftet jedenfalls sprachlich mehr Verwirrung als Verständnis.

Was ist auch von einer „Instanz“ zu halten, die nur scheinbar „Akteur“ ist, während die eigentliche Regie vom unbewusst agierenden mikrobiologischen Apparat geführt wird? Wäre dann das bewusste Ich nicht eine Art *Neuro-Marionette*? Es entsteht der Eindruck, das Gehirn bediene sich nur einer fiktiven Instanz, die real sein eigenes Produkt und gewissermaßen sein Ableger sei.

Das Verhältnis von Gehirn und Geist (Bewusstsein, Selbstbewusstsein) lässt sich durchaus auch umgekehrt sehen: Aus der Sicht des amerikanischen Psychologen, Psychiaters und Pädagogen Daniel J. Siegel, der eine interpersonelle Neurobiologie vertritt, ist es der „Geist“, der *Teile des Gehirns benutzt*, um sich selbst zu verwirklichen. Es sei eine „irrige Idee“ zu sagen, der „Geist“ (als Energie- und Informationsfluss) werde nur durch das Gehirn hervorgebracht. Er sei durchaus keine bloße Hirnaktivität. Sonst wäre er nur Beifahrer der Hirnfunktionen (2007, 77). Er müsse sich vielmehr das Gehirn zunutze machen, um existieren zu können. Gehirnfunktion und geistiges Leben seien nicht identisch. Unbekannt sei freilich, *wie* „Geist" und Gehirn aufeinander einwirken. Gegen die These, das Gehirn *erzeuge* den „Geist", sprächen die Belege dafür, dass dieser auch seinerseits das Gehirn aktivieren könne.

So berichtet u.a. Singer in seinem Dialog mit dem Neurobiologen und buddhistischen Mönch M. Ricard, dass mentales Training (Meditieren) oder intensives Lernen, also konzentriertes Bewusstsein (Aufmerksamkeit), zu einer Umprogrammierung der Gehirne mit nachweisbaren Veränderungen der Hirnfunktionen und einer Zunahme des Hirnvolumens samt Vergrößerung der Synapsen führen können (Singer/Ricard 2008, 65, 121). Er betont auch die besondere Bedeutung eines starken autonomen Ichs und damit des Selbstbewusstseins als Bedingung für kognitive Kontrolle und für das Werden einer souveränen und reifen Persönlichkeit (47).

Wenn das so ist und wenn es seitens der Neurobiologie zugleich heißt, dass wir im Grunde nur sehr wenig über die Rolle des Gehirns wissen (Siegel 2007, 47), dann kann dem Bewusstsein nicht einfach nur eine reaktive und allein vom Gehirn erzeugte und gesteuerte Rolle zukommen. Auch Roth (2003b) räumt ein, dass Selbsterleben oder Selbstbewusstsein zwar im Gehirn entstünden, jedoch eigene Zustände darstellten, die in der Hirnrinde *erlebt* werden und auch „kausal wirksam" seien (!). Die in ihnen „herrschenden Gesetze (seien) freilich von anderer Art als diejenigen, die in der Festkörperphysik oder der Biochemie herrschen, ohne dass sie die physikalischen Grundgesetze verletzen." Man könne deshalb von einer *„partiellen Eigengesetzlichkeit* von Geist und Bewusstsein" (kurs. b. G. R.) ausgehen, ohne den Gedanken der „Einheitlichkeit der Natur" aufzugeben. „Geist" füge sich in die Natur ein, er sprenge sie nicht (136f). Die Natur ist dann aber auch nicht alles! Sie, also auch das Gehirn, wird offensichtlich partiell auch vom Geist kontrolliert. Das Gehirn kann sich, wie jedes andere Organ auch, nicht ausschließlich selbst kontrollieren.

Es bleibt vieles rätselhaft, wohl auch deshalb, weil sich nicht alles, was wir als Wirklichkeit erkennen und erleben, in absolut klare Begriffe bringen lässt. Wir haben es mit ungenügend klaren Zusammenhängen und widersprüchlichen Interpretationen zu tun – ein Anlass, kritisch zu bleiben.

2 Kritik der neurophysiologischen Thesen

Die Provokanz der neuen Thesen liegt in der Behauptung, Ich-Bewusstsein und freier Wille seien nur passive *Begleiterscheinungen*, letztlich also doch nur Epiphänomene eines neuronalen Geschehens und als solche nicht selber kausal wirksam. Der Wille sei „nur" ein nachgeordnetes *Gefühl*. Es sei also nicht das eigene Ich, das eine Handbewegung initiiert und bewirkt, sondern es sei das Gehirn, das entscheide, ob und wann ich zu einem Glas Wasser vor mir auf dem Pult greife und trinke. – Es ist für mich unmöglich zu realisieren, dass nicht ich, sondern mein Gehirn der Initiator des Wunsches z.B. zu trinken sein solle. Bin nicht *ich* es, der überlegt und entscheidet, ob und wann ich nach dem Glas greifen und trinken soll? Ich habe jedenfalls keinen Zweifel, dass es *„mein Wille"* ist, der entscheidet, auch wenn für die Umsetzung dieser Überlegungen selbstverständlich neuronale Prozesse im Gehirn erforderlich sind.

Ist das nur meine Einbildung? War es nur eine automatische *Selbst-Zuschreibung*, gekoppelt mit dem bloßen oder eingebildeten „Gefühl", Autor dieser Handlung zu sein? Immerhin heißt es bei Roth, „die Wirklichkeit und ihr Ich [seien] Konstruktionen, welche das Gehirn *in die Lage versetzen* (kurs. O. S.), komplexe Informationen zu verarbeiten, neue, unbekannte Situationen zu meistern und langfristige Handlungsplanung zu betreiben" (2003a, 397). Bedeutet dieses „In-die-Lage-Versetzen" nicht, dass das bewusste Ich doch etwas *bewirkt*? Durchaus, wenn es an gleicher Stelle kryptisch heißt, der Wille wirke nur „erlebnismäßig direkt auf die Motorik ein", d.h. nicht „in der *Realität*" sondern in der „Wirklichkeit". Es ist sehr die Frage, ob diese Unterscheidung zur Klärung beiträgt.

Die Sprache sorgt auch für Verwirrung, wenn es heißt, es sei eine *Illusion* zu meinen, das bewusste Ich sei „Autor" der eigenen Gedanken und Vorstellungen, d.h. es rufe aktiv Erinnerungen auf, es bewege den Arm und so fort (396). Was heißt hierbei „Autor"? Woher weiß man so genau, dass das Ich keinen Impuls setzen kann bzw. nicht wirksam beteiligt ist, um eine bestimmte motorische Handlung auszuführen, natürlich in Einheit mit seinem Gehirn? Genügt eine Argumentation, nach welcher die „Aneignung" dieser „Empfindung", nämlich dass das Ich Initiator oder Auslöser einer Handlung sei, psychologisch gesehen auf *soziale Erfahrungen* und die Erziehung im Laufe der eigenen Entwicklung und Sozialisation, also auf *Lernen* zurückgehe? Muss man sich schlicht erst daran gewöhnen, dass schon dem kleinen Kind Handlungen zugeschrieben werden können, noch bevor es ein stabiles Ich entwickelt hat, es also dazu noch keines Ich bedarf? Ist es nur *Gewöhnung*, durch die sich das vermeintliche oder virtuelle Ich als Handlungssubjekt konstituiert, etwa durch elterliche Attribuierungen wie: „Das hast du gut gemacht!“ oder negativ formuliert: „Warum hast du das getan?“, und durch die es lerne, ein Ich zu sein bzw. sich als Ich zu fühlen, das bestimmte Handlungen hervorbringt, und sich auf bestimmte Konsequenzen einzustellen hat? Ist das Erleben eines Ich bloßes Ergebnis einer automatisierten Gewöhnung (Roth 2003a, 517)? Ziel der Erziehung ist es jedenfalls, aus bloßer Gewöhnung herauszuhelfen und das Kind zu selbstbestimmtem Handeln zu befähigen.

Wie steht es nun mit der Negierung eines „freien Willens“, also der Willensfreiheit in ihrer *starken Form*? Mit „frei“ wäre in diesem Falle vor allem gemeint, dass das bewusste Ich in einer bestimmten Situation *auch anders hätte entscheiden können*. Dies sei eine *Illusion*, heißt es neurophysiologisch; denn die Ausführung jedes Wollens sei an neuronale Prozesse gebunden, und diese unterlägen den determinierenden Naturgesetzen. Anzumerken wäre hier, dass Singer das Wort „Illusion“ eigentlich nicht für das richtige hält, weil wir uns in der Erste-Person-Perspektive (als Subjekt) doch als *frei* „erfahren“ und diese Erfahrung sei durchaus „real“ (2003, 32). Aus der Dritte-Person-Perspektive der beobachtenden Naturwissenschaft aber sei es das determinierende Gehirn, das steuere, und nicht das bewusste Ich mit seinem Willen. Sind dies nicht zwei Aspekte ein und desselben Phänomens?

2.1 Determinismus und Willensfreiheit miteinander unvereinbar?

Der Determinismus stellt eine radikale Herausforderung der Handlungs- und Willensfreiheit dar. Er lehrt, dass alles Geschehen und Handeln durch bestimmte, äußere und / oder innere Ursachen festgelegt sei. Es sei ein fundamentaler Irrtum zu meinen, der Mensch habe überhaupt die Wahl, so oder anders handeln zu können. Alle Entscheidungen seien neuronal determiniert. Deshalb könne es auch keinen freien Willen geben. Hebt also der Determinismus die Handlungs- und Willensfreiheit auf? Oder sind beide doch miteinander kompatibel?

Man kann einen *methodischen* und einen *dogmatischen* Determinismus unterscheiden (Höffe 2007, 22f). Der erstere entspricht dem empirisch-wissenschaftlichen Erkenntnisinteresse und auch der Alltagserfahrung, dass „alles seinen Grund hat“ (nihil sine causa), dass der Mensch als lebendiger Körper nicht nur naturgesetzlichen (physikalischen, biologischen) Kausalitäten sondern auch Persönlichkeitsfaktoren folgt, die durch die Gene bzw. durch Umwelteinflüsse bestimmt sind. Es ist ein legitimes wissenschaftliches Bedürfnis, für alle vorfindbaren Sachverhalte deren Verursachung (samt persönlichen Gründen und Motiven) zu suchen. Der methodische Determinismus kennt zwar auch das Nicht- bzw. das Noch-nicht-Wissen, geht aber davon aus, dass sich letztlich alle Ursachen bestimmen ließen; soweit Ursachen nicht erkannt werden können, werden diese dem „erkennenden Subjekt“ mit seinem unzureichenden Wissensstand bzw. der von ihm (subjektiv) behaupteten „Freiheit“ zugeschrieben (233).

Der *dogmatische* Determinismus dagegen besteht darin, dass zur Erklärung menschlichen Verhaltens nur Ursachen aus einer bestimmten wissenschaftlichen Sicht, z.B. einer ausschließlich physikalischen oder ausschließlich biologischen, ökonomischen oder soziologischen, zugelassen werden. Der eigene Klärungsansatz, hier ein physikalistischer, wird als allein oder primär gültig erklärt. In diesem Sinne einer Geschlossenheit der physikalischen Natur und einer Intoleranz gegenüber allem Geistigen (Epistemischen) sei dann kein Platz für *mentale* Verursachungen, also „Gründe“, und damit für die Willensfreiheit.

Um diese unzulässige Verengung oder diesen „epistemischen Imperialismus“ zu widerlegen, weist Höffe u.a. auf den von den Hirnforschern immer wieder als Gewährsmann herangezogenen Spinoza hin, der zwar einen universellen Determinismus vertreten, aber gleichwohl darin Platz für die Willensfreiheit gesehen habe. Nach Spinoza sei frei, wer „*in* den Bedingungen und *mit* den Bedingungen nach Maßgabe der Vernunft“ handle. Als solcher unterliege er nicht fremdem Zwang, auch nicht seinen Affekten, sondern sei „niemandem als sich selbst zu Willen“ (238).

Auch B. Libet selber legt den „bewussten freien Willen“ durchaus nicht ad acta. Dieser *leite* zwar *nicht* eine Willenshandlung *ein* – das tue das Gehirn – aber er *zensiere* das eigene Handeln bzw. *kontrolliere*, ob die intendierte Handlung so wie gewollt stattfindet. Eine solche *Veto- oder Kontrollentscheidung* werde stets gefällt, *nachdem* im Gehirn unbewusste Initiativen im Sinne einer intendierten Willenshandlung „hochgesprudelt“ seien. „Der bewusste Wille entscheidet dann, welche dieser Initiativen sich in einer Handlung niederschlagen soll oder welche verhindert und abgebrochen werden sollen“ (2004, 282).

Für Libet steht auf Grund seiner Experimente die Existenz einer Veto- oder Eingriffsmöglichkeit „außer Zweifel“ (277). Seine Versuchspersonen hätten berichtet, dass sie eine Handlung unterbrechen konnten, die von ihnen vorher bewusst festgelegt war. Sie konnten ihr Veto innerhalb eines Intervalls von 100 bis 200 ms vor dem festgelegten Zeitpunkt ausüben. Dieser Veto- oder Kontrollfunktion komme im Übrigen für den Umgang mit religiösen Geboten und ethischen Prinzipien im Sinne eines Sich-selbst-unter-Kontrolle-Habens Bedeutung zu, in denen es heißt: „Du *sollst nicht!*“

Diese Deutung wird von anderen Neurobiologen mit der – jedenfalls nur vorläufig gültigen – Begründung verworfen, es lägen dafür keine entsprechenden experimentellen Belege vor – noch nicht?

B. Libet weist auch auf andere Unklarheiten bzw. Erklärungslücken hin. So ist bei der „Einleitung" der „frei gewollten Handlung" davon die Rede, dass sie im Gehirn unbewusst einzusetzen „scheint" (276). Es gebe auch eine unerklärte *Lücke* zwischen der Kategorie der physischen und derjenigen der subjektiven Phänomene. Die Annahme, die deterministische Natur der physikalisch beobachtbaren Welt könne die subjektiven und bewussten Funktionen und Ereignisse erklären, sei ein spekulativer *Glaube* und keine wissenschaftlich bewiesene Aussage (285). Für die Behauptung einer illusorischen Natur von Willensfreiheit gebe es keine klaren Belege. Determinismus und Indeterminismus seien beide in Bezug auf die Willensfreiheit *unbewiesene Theorien*. Die nahezu universale Erfahrung, dass wir aus freier, unabhängiger Entscheidung heraus handeln können, stelle vielmehr eine Art *prima facie-Beleg* dafür dar, dass bewusste mentale Prozesse ihrerseits bestimmte Hirnprozesse durchaus *kausal steuern* können (286). Die Existenz eines freien Willens sei eine zumindest genauso gute, wenn nicht bessere wissenschaftliche Erklärung als ihre Leugnung durch eine deterministische Theorie. Sie könne davor bewahren, dass wir als *Maschinen* verstanden werden, die völlig von physikalischen Gesetzen beherrscht werden.

In seinem Buch „Mind Time" (erstmals erschienen 2004, deutsch 2005) wiederholt Libet zwar die Interpretation der eigenen Versuche ausdrücklich, dass nämlich noch *vor* dem freien Willensakt und *vor* dem Zeitpunkt, an dem den Versuchspersonen ihre Handlungsabsicht bewusst war, das Gehirn den Willensakt bereits unbewusst *eingeleitet* hätte, nicht also der freie Wille. Libet betont aber gleichzeitig, dass bewusste geistige Phänomene nicht auf Aktivitäten von Nervenzellen reduzierbar oder durch sie erklärbar seien (25). Das bedeutet, dass der Autor eine Kompatibilität von neuronalen und bewussten Aktivitäten anerkennt.

Kritisch anzusprechen ist in diesem Zusammenhang der immer wieder einmal erhobene Einwand, für bestimmte Hypothesen gebe es keine experimentellen Belege. So berichtet Libet über eine Begegnung mit J. Eccles, der auf der Basis seiner eigenen Theorien zu den Libet-Befunden kritisch einwandte, dass hier die bewusste Absicht *vor* dem Einsetzen der neuronalen Prozesse liegen müsse. Libet antwortete lediglich, dafür gäbe es keine Belege (161). Das wäre an sich eine nur vorläufig gültige Antwort! Er selber erhielt diese Antwort umgekehrt für seine Theorie einer bewussten *Veto- oder Kontrollfunktion* des freien Willens im Sinne des „Auch-anders-handeln-Könnens" (Roth 2003a). Bei allem berechtigten Interesse von Wissenschaft, den Dingen auf den Grund zu gehen, und deren Zusammenhänge und Kausalitäten zu erforschen, wäre es unberechtigt, wenn eine Wissenschaft sich unbescheiden über das Noch-nicht-Wissen hinwegsetzte, und ihre eigenen neuen Erkenntnisse verabsolutierte.

Einen Reduktionismus lehnt Libet entschieden ab: „Die nichtphysische Natur des subjektiven Bewusstseins, einschließlich der Gefühle von Spiritualität, Kreativität, des bewussten Willens und der Vorstellungskraft ist [...] nicht direkt und ausschließlich anhand von physischen Belegen beschreibbar oder erklärbar“ (2005, 25). Libet spricht dem bewussten Willen neben der Vetofunktion noch eine weitere potentielle Funktion zu, nämlich die, als „notwendiger Auslöser [zu, O. S.] fungieren, damit der Willensprozess sich in einer Handlung niederschlägt“ (182). Er übernehme damit eine aktive Rolle bei der Erzeugung einer motorischen Handlung. Diese potentielle Rolle sei jedoch nicht experimentell nachgewiesen.

Ob dieser Rettungsversuch die Hirnforscher mit ihrem physikalistischen Diktum einer „Illusion“ bewussten Willens überzeugen kann, darf bezweifelt werden. Das Gehirn ist stets beteiligt. Es gibt kein Denken, kein Wollen und kein Fühlen ohne neuronale Verschaltungsprozesse! Aber auch keine Nachweismöglichkeit für *subjektives*, selbstbestimmtes und real wirksames Werten und Entscheiden. Nur die objektivierbare (molekulare) Determiniertheit ist belegbar! Mentalistische Theoretiker scheinen sich stets vergeblich zu bemühen, mentale Prozesse von physikalischen zu unterscheiden. Es liegt offensichtlich eine *Patt-Situation* nicht vergleichbarer Theorien vor. Ein Ende der Debatte ist nicht abzusehen; das Dilemma bleibt.

> „Bescheidene Zurückhaltung bei der Generalisation und Interpretation neurobiologischer Daten ist daher notwendiger denn je, vor allem auf Seiten jener Hirnforscher, welche auf lukrative molekulare oder pharmakologische Therapien hoffen oder scheinbar einleuchtende Erklärungen für philosophische, politische, historische, biographische und soziale Tatbestände und Vorstellungen den Medien liefern“ (Birbaumer 2004, 29).

2.2 Du bist nichts, dein Gehirn ist alles?

Es ist auffallend, wie sehr in der neuen Diskussion „das Gehirn“ dominiert. Man könnte den Eindruck haben, als werde der Mensch nur von diesem, seinem zentralen Organ aus gesehen, und alles andere sei nachrangig, auch der „übrige“ Körper. Es entsteht das Bild vom Menschen als einem *Kopfwesen*, und als könne das Gehirn aus sich heraus erklärt und der Körper als ganzer vernachlässigt werden. Das ist keine Kritik an der Neurophysiologie als solcher; denn ihr Gegenstand ist das Gehirn und das Nervensystem. Betont werden soll vielmehr, dass der Mensch neurowissenschaftlich allein nicht hinreichend erklärbar ist. Nach der Systemtheorie kann kein Teilsystem das Ganze bestimmen. Es muss also unzulänglich bleiben, mit bloßen neurophysiologischen Ableitungen das komplexe Verhältnis zwischen Selbstbewusstsein und Gehirn klären zu wollen.

Das hier angesprochene Problem beginnt schon damit, dass das Gehirn samt dem von ihm „produzierten" Geist vom übrigen Körper abgetrennt beschrieben wird. Es entsteht dabei ein Problem, auf das u.a. der amerikanische Neurologe A. R. Damasio (2006) hinweist: Die Gleichsetzung von Gehirn und Geist führe zu einer merkwürdigen Trennung dieser Einheit vom (übrigen) Körper. „Geist und Gehirn gemeinsam auf der einen Seite und der Körper (das heißt, der ganze Organismus minus Gehirn) auf der anderen" (221). Das Gehirn aber ist Teil des Körpers, und alle Teile interagieren miteinander, d.h. sind ein Ganzes. Es wird von ihm versorgt und am Leben gehalten. Der Geist ist damit auch im „eigentlichen" Körper verwurzelt, und dieser ist umgekehrt auch im Geist präsent. „Körper [...] und das Gehirn bilden einen einheitlichen Organismus und interagieren intensiv und wechselseitig über chemische und neuronale Bahnen" (226). Dabei ist vor allem auch die Funktion und Dynamik der *Gefühle* zu betonen, die nicht nur durch das Gehirn bedingt sind.

Umgekehrt wird der Körper mit seinen Funktionen im Gehirn kartiert, d.h. in neuronale Muster gefasst, aus denen sich mentale Bilder von seiner Struktur und seinem momentanen Zustand einstellen. Wie sich allerdings im Einzelnen aus neuronalen Mustern Vorstellungsbilder von einem Objekt oder von einem Ereignis bilden, das sei – jedenfalls bislang – nicht hinreichend bekannt bzw. erklärbar (230). Zu beachten sei auch, dass die Vorstellungsbilder – Damasio spricht vom „Film im Gehirn" – keine exakte Kopie eines Objektes oder einer Begebenheit darstellen, sondern Ergebnisse von Interaktionen zwischen dem Individuum und den auf dieses einwirkenden Objekten seien. Dabei könnten auch bei gleichen Objekten oder Ereignissen, die von mehreren Subjekten beobachtet werden, individuell verschiedene Bilder entstehen. Jedes Kind einer Klasse sieht seine Lehrerin irgendwie anders. Jedes subjektive Bild aber sei als *real* anzusehen, betont Damasio. Er macht damit im Gegensatz zu Roth *keinen* Unterscheid zwischen *Realität* und *Wirklichkeit* (233). Das bedeutet, dass das Reden von der bloßen „Virtualität" des Bewusstseins oder des Ich die Realität des Einzelnen verfälscht. Es ist für seine Lebensführung entscheidend, dass seine Erfahrung und seine Selbstbestimmung reale und keine fiktiven Phänomene sind.

So wie die Dinge jetzt dargestellt werden, erscheinen Ich und Selbstbewusstsein trotz gegenteiliger und fragwürdiger Versicherungen doch als Epiphänomene, wenn es heißt, von ihnen gehe keinerlei kausale Wirkung aus. Bewusstsein und Selbstbewusstsein seien zwar eine „spezielle Natur", ansonsten aber sei menschliches Handeln als durchwegs neuronal determiniert anzusehen.

Einer solchen Objektivierung widersetzt sich die Realität der subjektiven Situation, der Erste-Person-Perspektive. In ihr erfährt sich der Mensch real als frei, das zu tun, was er auf der Basis seiner persönlich und kulturell geprägten Wertorientierung als wertvoll ansieht.

Die Behauptung, das Ich mit seiner Willensfreiheit sei eine *Illusion*, fordert jeden heraus, der, wie z.B. ein Pädagoge, unverzichtbar auf das verantwortliche Agieren einer als Ich bewusst handelnden Person und im Ziel der Erziehung auf die Verwirklichung von Selbstbestimmung im Menschen zu setzen hat. Für ihn ist es generell der eigene Wille, der eine moralische Entscheidung fällt, der aus verschiedenen gegebenen Möglichkeiten eine bestimmte auswählt, der also im Prinzip nach Gründen handelt und ggf. auch anders hätte entscheiden können, als er tatsächlich entschieden hat, selbstverständlich auf der Funktionsbasis der entsprechenden neuronalen Verschaltungen im Gehirn.

Bei dieser Gelegenheit sollte einmal angemerkt werden, dass die Formel „Auch-anders-entscheiden-Können" in der neurobiologischen Terminologie in einem anderen Sinne verwendet wird als in der Umgangssprache oder in der psychologisch-pädagogischen Terminologie. Hier ist der Zeitpunkt *vor* der endgültigen Entscheidung gemeint, die zunächst noch offen ist, während die Neurobilogie von der vollstreckten Handlung ausgeht.

Auch der Begriff der *Illusion* einer freien Wahlmöglichkeit ist hier sprachlich unpassend und irreführend. Er bedeutete, eine falsche Vorstellung von der Wirklichkeit zu haben, und dies wiederum müsste so verstanden werden, als führe man sein Leben generell unter falschen Voraussetzungen, und als sei man gar nicht der, für den man sich hält.

Der Gedanke liegt nahe, dass es sich hier um zweierlei Prozesse und Größen, *neuronale* und *mentale*, handelt, die, bezogen auf ihre *kausale* Wirksamkeit, in irgendeiner Weise miteinander vereinbar (kompatibel) sein müssen. Alle Entscheidungen wären sonst durch das Gehirn naturgesetzlich festgelegt. „Du mit deinem vermeintlichen Ich-Bewusstsein und deinem vermeintlichen freien Willen bist nichts; dein determinierendes Gehirn ist alles!" Für eine solche Unvereinbarkeit von Freiheit und Determination gibt es aber keinen hinreichenden Beleg. Es kann also nach wie vor behauptet werden, Selbstbestimmung werde durch Determination nicht eingeschränkt (Pauen 2007, 13). Es sei nicht so sehr wichtig, *ob* eine Handlung determiniert ist, sondern *wie* sie determiniert ist: „Ist sie durch den Handelnden selbst bestimmt, so ist sie selbstbestimmt und damit frei." Das Gegenstück zur Determination wäre der *Zufall*. Der aber ist hier nicht gemeint.

Die Interpretationen der Libet-Versuche sperren sich gegen das Allgemeinverständnis von Willenshandlungen, von Handlungen, die wir *selber in Gang setzen*, die der Einzelne „von sich aus tut", und die er zu verantworten hat. Die Ergebnisse dieser Experimente, vor allem auch deren

Formulierungen, wurden z.T. heftiger *Kritik* unterzogen (u.a. Pauen 2001; Helmrich 2004; Goschke / Walter 2005; Herrmann et al. 2005). Diese bezog sich vor allem auf zwei Punkte:

- die Schwierigkeit, den subjektiv bestimmten Zeitpunkt des Willensaktes exakt anzugeben und zu messen, und
- die vergleichsweise simple Aufgabenstellung, die sich deutlich von den im Allgemeinen komplex zu bewältigenden Willensentscheidungen unterscheidet, und die noch dazu in Teilen vorher eingeübt wurde.

Was den Zeitpunkt der „Entscheidung“ betrifft, so macht Pauen geltend, dass es unklar sei, ob es wirklich einen exakt bestimmbaren Moment einer Entscheidung gebe, oder ob nicht das neuronale Bereitschaftspotential von nicht gemessenen bzw. nicht messbaren bewussten Vorentscheidungen (vor der Messung) bestimmt werde. Es stelle sich überhaupt die Frage, was unter „Entscheidung“ zu verstehen sei, und ob das Fallen einer solchen Entscheidung durch externe Messung auf Millisekunden genau verortbar sei, oder ob es sich nicht um einen Prozess handele, der in seinem möglichen Phasenablauf überhaupt nicht genau bestimmbar sei (Pauen 2001, 112). Es widerspricht jedenfalls der Realerfahrung, einen Millisekunden genauen Zeitpunkt eines eigenen Willensimpulses angeben zu können, abgesehen davon, dass Willensbildungen an sich und im Allgemeinen einen längeren und nicht genau bestimmbaren Zeitraum einnehmen können: Minuten, Stunden, Tage oder gar Jahre.

Fragwürdig erscheint generell, ob man überhaupt den Willen genauso wie einen rein chemischen oder physikalischen Prozess in einen linearen, messbaren Ablauf stellen kann, um ihn in seiner Funktion identifizierbar zu machen. Im Übrigen dürfte es – auf die Versuchsanordnung bezogen – höchst zweifelhaft sein, die *Äußerung* der Bewusstwerdung der eigenen Entscheidung mit der *Bewusstwerdung* selber gleichzusetzen, weil anzunehmen ist, dass jeder Prozessteil seine *Zeit braucht*, es also zu einer *Verschiebung* der unterscheidbaren *Zeitpunkte* kommen muss.

Zu kritisieren ist auch die *Linearität* der kausalen Wirkweise. Da es kein eigenes Entscheidungszentrum im Gehirn gibt, die neuronalen Detailprozesse vielmehr systemisch (dezentralisiert) und in höchstem Maße parallel verlaufen, verbietet sich eine genaue Messung eines „Entscheidungszeitpunktes“. Es bleibt letztlich unklar, *was* in diesen Versuchen gemessen wird, bei denen es sich naturwissenschaftlich gesehen nur um beobachtbare chemisch-physikalische Prozesse handelt. Diese aber sind nach nahezu übereinstimmender Auffassung nicht mit Bewusstseinsphänomenen, wie dem bewussten Willen, gleichzusetzen. Sie können nur *subjektiv* wahrgenommen werden. Phänomene wie Mitgefühl, Vertrauen, Einstellungen, Überzeugungen, Gewissensregungen oder das Empfinden von Schuld und Scham lassen sich von außen betrachtet im Gehirn nicht beobachten, auch nicht über bildgebende Verfahren. Beobachtbar sind nur chemisch-physikalische Prozesse, die einen bestimmten Energiebedarf haben.

Schließlich kann man sich fragen, ob die *Evolution* des Menschen zwar ein phantastisch organisiertes und komplex funktionierendes Gehirn hervorgebracht habe, für das aber das Denken, Fühlen und Wollen nur eine Nebenrolle *ohne kausal wirkenden Einfluss* spielen sollten, so als seien sie nur Nebenprodukte der Hirnmaschinerie (Goller 2005, 453). Pauen resümiert ganz allgemein, dass die Untersuchungsergebnisse von Libet für sich genommen eben *nicht* zeigten, dass bewusste Absichten bei der Handlungssteuerung *keine* kausale Rolle spielten und der bewusste Wille daher stets eine Illusion sei (2005, 111).

2.3 Entscheidet das limbische System?

Neurophysiologisch gesehen gehe menschliches Handeln nicht aus einem – nur subjektiv empfundenen – Willensakt hervor, sondern es sei in der Fähigkeit des Gehirns begründet, „aus *innerem Antrieb* (kurs. i. Orig.) Handlungen durchzuführen" (Roth 1997, 310). Gemeint ist der komplexe neuronale Prozess, durch den es bei der Fülle und dem ständigen Wechsel von Signalen zu einem einheitlichen Bild von der Umwelt, zu einer bestimmten Entscheidung und zu koordinierten Verhaltensweisen kommt. Da es kein hierarchisches Zentrum gibt, in dem alle Informationen zusammenlaufen, kann es sich nur um ein intermodales Zusammenwirken verschiedener Zentren handeln, hier des unbewusst arbeitenden Erfahrungsgedächtnisses und des Cortex (für das rationale Abwägen). Sie stellen die nötigen Argumente zur Verfügung. Das Gehirn ist es also, das analysiert und „entscheidet", wobei die „Entscheidung" in der Regel erst nach einem mehrmaligen oder vielfachen Durchlaufen der „limbischen Schleife" fallen kann. Dies ist vor allem dann der Fall, wenn die „Entscheidung" schwerfällt, also lange überlegt werden muss. Die Letztverabschiedung einer Entscheidung erfolge dann durch das *limbisch-emotionale System*. Unser Verhalten werde also durch das Zusammenwirken von Bewertungssystem, Erfahrungsgedächtnissystem und Zentrum für bewusste Handlungsplanung (im präfrontalen Cortex) gesteuert.

Roth vergleicht die beteiligten Areale mit einem Stab von Experten, der eine komplexe Situation und eine zu fällende Entscheidung vorzubereiten hat. Er prüft und vergleicht die Entscheidungsmöglichkeiten, entscheidet aber selber nichts. Das tut, wie gesagt, das limbische System. Dieses bediene sich nur der Berater (Roth 2003a, 527). Aus der Tatsache, dass unsere Urteile und Entscheidungen letztlich von unseren *Gefühlen* abhängig bzw.

auf sie bezogen sind, geht deren Bedeutung für menschliche Entscheidungen hervor. Die zustande kommenden Urteile und Entscheidungen seien so abgefasst, dass sie für den Einzelnen *emotional akzeptabel* sind. Diesen Vorgang könnten wir freilich nicht willentlich beeinflussen. Das Gefühl, etwas zu einem bestimmten Zeitpunkt selbst tun zu wollen, trete erst auf, *nachdem* im Gehirn, genauer gesagt im limbischen System, eine Entscheidung darüber gefallen sei.

Hier stellen sich aus psychologischer und pädagogischer Sicht mehrere Fragen: Ist die zeitliche Nachfolge eines „Gefühls" gegenüber der neuronalen „Entscheidung" wirklich widerspruchsfrei nachgewiesen? Empfinden wir dabei nur passiv ein „Gefühl", da es „nicht die logischen Argumente *als solche*" (kurs. i. Orig.) sind, die vernünftiges Handeln bewirken (527)? Wenn Roth betont, es handle sich hierbei im Normalfall um keine Irrationalität, sondern um ein *„Abwägen und Handeln im Lichte der gesamten bisherigen Erfahrung"*, so ist es schwer nachvollziehbar, dass es sich dabei nur um ein *Gefühl* handeln soll, das wir nur vermeintlich als Willensfreiheit erleben und bezeichnen. Dieses Gefühl sei eine Illusion; Illusion in dem Sinne, dass es die tatsächlichen neuronalen Handlungsvorbereitungen und die Verhaltenssteuerung nicht widerspiegele (528). Diese seien uns nur noch zum Teil bewusst, bestimmten aber „die Art, wie wir uns zu uns selbst und unserer Umwelt verhalten." Das heißt, das, was wir real als unser autonomes Überlegen oder Entscheiden erleben, sei eine *Täuschung*, eine bloße „Empfindung". Hinter der „Entscheidung" des limbisch-emotionalen Systems stehe also kein *aktives* sondern ein *passives* Ich.

Hier fragt sich nun, welche Rolle dann die *Person* spielt. Der Begriff „entscheiden" ist ebenso wie der Begriff der „Handlung" nach allgemeinem Verständnis an eine Person gebunden, die dann auch für „ihr Tun" verantwortlich ist und die Konsequenzen zu tragen hat. Wird nicht der Begriff der persönlichen Autonomie oder Selbstbestimmung aufgehoben, wenn es die neuronalen Prozesse sind, die „entscheiden"? Hat sich dann nicht das Individuum als ein bloßer Zuschauer zu verstehen, der den Entscheidungen seines „autonom" und unbewusst agierenden Gehirns nur ausgeliefert ist? Ist er dann gewissermaßen ein bloßer Beifahrer eines neuronalen Auto-mobile, also einer Maschine?

Demgegenüber wird von neurophysiologischer Seite ausdrücklich betont, dass wir über eine Fähigkeit im Gehirn verfügten, die uns fundamental von jeglichen Maschinen unterscheide, nämlich über das Vermögen zur *Selbstbewertung* der eigenen Handlungen und zur daraus folgenden erfahrungsgeleiteten *Selbststeuerung*, und *dies* sei unsere *Autonomie*. Ohne diesen Rückgriff auf unser (weithin unbewusstes) Erfahrungsgedächtnis könnten wir nicht rational und autonom handeln, uns also keine Autonomie zusprechen.

Hier bleibt unklar, ob diese „Autonomie menschlichen Handelns" auch das Selbst miteinbindet, oder ob ihm nur die passive Funktion eines lediglich „empfindenden Ich" zukommt, wenn es das Gehirn ist, das entscheidet. Praktisch gesprochen: Schmälere ich als Lehrer nicht die *persönliche Leistung* einer lerneifrigen Schülerin, wenn ich mir (oder ihr) sagen wollte bzw. müsste, ihre Leistungen verdanke sie nur ihrem unbewusst arbeitenden Gehirn, nicht aber ihrem persönlichen Lerneifer? Eine solche Deutung oder Feststellung wäre pädagogisch destruktiv, auch wenn es unterrichtlich wichtig wäre, den Schülern verständlich zu machen, wie die neuronalen Prozesse im Gehirn ablaufen. Wenn es aus neurophysiologischer Sicht heißt, das Gehirn – oder besser – der ganze Mensch sei das autonome System, so könnte man aus diesem leicht kryptischen Satz auch schließen: Wenn auch das Ich zum ganzen Menschen gehört, so ist es auch am Finden einer Entscheidung beteiligt.

Auf jeden Fall müsste nach allgemeinem Verständnis Autonomie kompatibel mit dem sein, was man gemeinhin mit Willensfreiheit (im schwachen Sinne) meint. Demnach wäre dann ganzheitlich gesehen Autonomie „die Fähigkeit unseres ganzen Wesens, *innengeleitet* (kurs. i. Orig.), aus individueller Erfahrung heraus zu handeln, und zwar gleichgültig, ob bewusst oder unbewusst" (2003a, 533). In diesem Sinne könne auch für Roth Autonomie mit Willensfreiheit und *Selbstbestimmung* gleichgesetzt werden. Ausgeschlossen aber sei die Vorstellung, mit diesem *Selbst* sei eine von physischen, also neuronalen Prozessen *unabhängige* Instanz gemeint, wenn der Einzelne sein Leben *selbst* bestimmt. „Natürlich gibt es in uns ein Selbst – wir sind das ja" (534). Aber gerade dieses Selbst ist eben nicht indeterminiert. Wir sind von den von uns selbst gemachten und in unserem Gedächtnis ruhenden und verwalteten Erfahrungen abhängig; wir könnten sonst von ihnen keinen Gebrauch machen. Wir sind auch von uns selbst determiniert.

Was befremdet und nicht akzeptabel erscheint, ist die *ausdrückliche* Negierung einer *aktiven* Rolle des Ich oder Selbst. Es ist nicht ohne Weiteres einsehbar, dass es bei einer so engen Parallelität von mentalen und neuronalen Prozessen, wie sie auch in der Neurobiologie vertreten wird, nicht auch eine mitwirkende Ich-Autonomie geben solle. Kann die Neurophysiologie dies mit ihrem Begriffssystem ausschließen und diesen Ausschluss auch belegen? Jedenfalls trägt es nicht zur Verständnisklarheit im nichtneurowissenschaftlichen Bereich bei, wenn es heißt, „das Gehirn entscheidet", oder wenn sprachlich ständig (indirekt) Gehirn mit Person gleichgesetzt wird, d.h. Person auf etwas Neuronales reduziert wird. Für das Allgemeinverständnis – und um dieses geht es etwa im pädagogischen Bereich – sind es eben nicht die Nervenzellen, die fühlen und denken, die Dank spenden oder Schmerz und Langeweile erleben. Es sind auch nicht die limbischen Systeme, die sich verlieben. Es ist immer der *ganze Mensch* mit „Leib und Seele", mit Körper und Geist, mit seinem Bewussten und Unbewussten, und dieser legt Wert darauf, dass *er* bzw. *sie* es ist, der oder die denkt und fühlt und nicht sein willenloser neuronaler Apparat.

Von Seiten der Neurophysiologie, die ansonsten an ihren Schlussfolgerungen aus den Libet-Versuchen festhält, wird durchaus zugestanden, dass mögliche methodische Fehler nie auszuschließen sind, und dass die Willensfreiheit auf Grund dieser Untersuchungsergebnisse sicherlich nicht vollständig als widerlegt gelte (524). Fragen bleiben aber auf jeden Fall, z.B. *warum* das Gehirn in einer bestimmten Situation zu einem bestimmten Zeitpunkt quasi von sich aus „entscheidet", und *wovon* es zu einem bestimmten Zeitpunkt bewegt wird, aktiv zu werden. Könnten nicht auch *nicht registrierbare* Willensimpulse bei der Aktivierung der neuronalen Prozesse im Spiele sein? Muss nicht die Frage nach dem tatsächlichen Geschehen zwischen dem, was wir Willensimpuls nennen, und dem, was „Bereitschaftspotential" genannt wird, offen bleiben? Was wissen wir wirklich darüber, wie das „Gefühl" oder das „Erleben" eines (als vermeintlich gedeuteten) Willensaktes zustande kommen? Kann er wirklich nur eine sekundäre Größe, also eine passiv erlebte Begleiterscheinung oder ein Empfänger von Beschlüssen eines neuronalen „Entscheidungsgremiums" sein, das noch dazu weithin unbewusst tätig wird?

Die neurobiologischen Erkenntnisse von der Funktion des limbischen Systems als eines *Bewertungssystems* für das, was wir wahrnehmen, überlegen oder entscheiden, ist in anderer Hinsicht pädagogisch aufschlussreich. Der Umstand, dass letztlich unsere *Emotionalität* den Ausschlag für unsere Urteile und unser Verhalten gibt, kann z.B. erklären, warum ein Kind oder ein Jugendlicher lernmotiviert ist (weil der Lerngegenstand seinem Interesse entspricht), oder warum sich ein Kind oder ein Jugendlicher manchmal auffallend „unvernünftig" verhält oder in einer bestimmten Situation „ausrastet": Seine Emotionen bestimmen im Wesentlichen das, was er tut oder denkt. Jede Situation und jeder Außenreiz wird vom emotionalen Erfahrungsgedächtnis her bewertet und geprüft. Die dabei wirksam werdenden Werte gehen zwar auf gesellschaftliche Normen zurück, unterscheiden sich aber auch individuell. Wie stark die individuellen Bewertungsmaßstäbe sein können, lässt sich an extremen Reaktionsweisen und Entscheidungen von „Sonderlingen", „Verhaltensgestörten", „Kriminellen" oder „Behinderten", aber auch „Märtyrern" und bekennenden „Helden" beobachten: „Hier stehe ich und kann nicht anders!"

Diese spezifischen Unterschiedlichkeiten, von persönlichen Erfahrungen geprägt und vom individuellen Gehirn verarbeitet, sind es, die zusammengefasst die subjektive Art zu denken, zu fühlen, zu wünschen, zu planen, zu kommunizieren, zu wollen und zu urteilen auf dem Wege sozialen Lernens und persönlicher Interessen geprägt haben. Diese zentral wichtige Funktion des Gehirns bezeichnet Roth als „handlungsplanendes und

-steuerndes Ich und seinen Willen", allerdings nur im Sinne einer *Konstruktion* und eines „virtuellen Planungszentrums" (Roth 2003a, 529).

Zusammenfassend lässt sich feststellen: Wenn aus neurophysiologischer Sicht die Vorstellung von einem völlig freien, d.h. von Determinanzen unabhängigen Willen, der als alleiniger oder alternativloser Verursacher des eigenen Verhaltens zu gelten hätte, mit wissenschaftlichen Erkenntnissen nicht vereinbar sei, so ist das an sich nicht neu! Wenn umgekehrt das, was wir als eigenen Willensakt real erleben, eine Selbstzuschreibung auf Grund komplizierter neuronaler und unbewusst ablaufender Prozesse sei, so ist damit nicht erwiesen, dass dies ein Widerspruch zu einer mitagierenden Funktion des Ich oder Selbst ist. Wenn es heißt, unsere Vorstellung von einem eigenen Wollen und selbstbestimmten Handeln entspreche unserer gewohnten Alltagserfahrung und diene u.a. der leichteren Beschreibung und Analyse menschlichen Verhaltens, aber auch „der Rechtfertigung unseres Handelns vor uns selbst und vor anderen" (Roth 531), so sind dies Folgerungen aus einer speziellen, analysierenden neurophysiologischen Sicht, die, streng genommen, nur innerhalb ihres fachlichen Rahmens nachvollziehbar sind, etwa bei einem Experiment, nicht aber im Alltagsleben.

Spitzer stellt fest: „Die Freiheit des Handelns für den handelnden Menschen und die Möglichkeit der Feststellung einer die Handlung vollständig determinierenden Kausalreihe widersprechen sich gerade nicht. Es handelt sich hier um unterschiedliche Betrachtungsweisen, deren Vermischung zu falschen Fragen führt" (2004, 302). W. Singer, der um einen Brückenbau bemüht ist, versichert, dass es bei der Beschreibung neurophysiologischer Beobachtungen nicht um eine „feindliche Übernahme" des Geistigen durch das Biotische ginge, sondern um ein „umfassenderes Beschreibungssystem", in das auch das Geistige eingebettet werden könne (2002, 180).

Die *Sprache* der Neurophysiologie hat nur einen begrenzten Wert, wenn es darum geht, deren Erkenntnisse in das wirkliche Leben, z.B. in die Praxis der *Erziehung*, zu übertragen. Darin liegt auch die z.T. scharfe Kritik an deren Interpretationen begründet. Letztlich erhält man aber auch den Eindruck, der Streit beziehe sich mehr auf Wörter und weniger auf Inhalte, zumal sich keine Seite widerspruchsfrei darstellt. So fragt Roth, „was im Gehirn einer Person abläuft, wenn sie (also die Person) entscheidet" (2007, 13).

2.4 Gefühle und neuronales System

Menschliches Verhalten und seine Steuerung können nicht allein von der Funktion des Selbstbewusstseins und des bewussten Willens her erklärt und verstanden werden. Das Handeln wird nicht nur von der Ratio bewertet, sondern wesentlich auch von den *Gefühlen* bestimmt. Auch diese Prozesse und Erlebniszustände, die wir auch als *Emotionen* bezeichnen, haben eine natürliche, also *physiologische Grundlage*. Es sind dies die *Emotionszentren* des *limbischen Systems*. Das Besondere ist, dass dieses gegenüber dem *rationalen* corticalen System „das erste und das letzte Wort hat": das erste, was die eigenen Ziele und Absichten betrifft, und das letzte, indem bei der Abwägung von Gründen die *emotionale Akzeptierbarkeit* den Ausschlag für die Handlungsentscheidung gibt (Roth 2003b, 162).

Generell ist das *Fühlen* wissenschaftlich nur schwer zu fassen, da es eine primär *subjektive* Empfindung ist und subjektiv-psychische *Qualitäten* ausdrückt. Dabei kann es eine Dynamik entwickeln, die das „vernünftige" Denken und Handeln verdrängen kann. Die Verhaltenssteuerung ist wesentlich von Gefühlen abhängig. Es sind Kräfte oder „Beweger" (lat. emotio von movere = bewegen), die eine grundlegende Bedeutung für die ganze Persönlichkeit haben. Sie greifen als „Motivation" in die bewusste Verhaltenssteuerung ein. Jeder Pädagoge weiß, wie sehr das Verhalten und Lernen von der Gefühlslage, d.h. der Motivation der Kinder abhängig ist. Die Lehrer bemühen sich um eine entsprechende „Lernmotivation" für den Unterricht; viele Schülerinnen und Schüler sind aber mit diesen Intentionen nur bedingt oder nicht mehr erreichbar. Sie haben „null Bock" auf die Schule.

Zu denken ist auch an Kinder und Jugendliche, die wegen ihrer sozio-emotionalen Probleme immer wieder Verhaltensweisen zeigen, die eigentlich, d.h. rational betrachtet, unsinnig sind und ihnen eher Nachteile einbringen. Weil die Handlungsabsicht eben nicht rational sondern emotional gesteuert ist, z.B. durch Wut, Enttäuschung oder Rache, gibt am Ende der Kausalkette das limbische System als letzte Kontrollstation den Ausschlag für das einzelne Verhalten. Die Kinder und Jugendlichen richten Schaden an, der auch ihnen schadet.

Die Emotionalität ist der Bereich, der für jegliche Erziehung zentral wichtig ist, u.a. für Aufmerksamkeit, Lernbereitschaft, Aktivität, Lernerfolge und geistige Orientierung, der aber zugleich auch schwer „in den Griff" zu bekommen ist und zwar sowohl durch den Einzelnen selber als auch durch Außenstehende. Er entzieht sich weithin der erforderlichen Einsicht. Als Ort wird im allgemeinen Sprachgebrauch nicht der Kopf (das Gehirn) genannt sondern der „Bauch", womit zum Ausdruck kommen soll, dass man sich bewusst nicht auf die Rationalität verlassen will. Man spricht auch von „der Chemie", wenn man den eigenen Emotionshaushalt meint, der weitgehend von chemisch ablaufenden Prozessen bestimmt wird und im Ganzen wichtig für das eigene Wohlsein ist.

Die emotionalen Prozesse laufen weitgehend im *Unbewussten* ab, wirken aber auch in das bewusste Denken und Handeln hinein. Diese Macht des Unbewussten oder der „Triebe" erstmals einer näheren Klärung zugeführt zu haben, ist das Verdienst von S. Freud. Er konnte aufzeigen, wie schwer es das bewusste Ich hat, dieses intuitive *Es* sinnvoll zu steuern.

Will man diesen Bereich des Emotionalen neurophysiologisch klären, so empfiehlt es sich im Anschluss an den amerikanischen Neurologen

Antonio R. Damasio („Wie Gefühle unser Leben bestimmen“ 2006), *Emotionen* und *Gefühle* zu *unterscheiden*. Demnach wären *Emotionen äußerlich* erkennbar, etwa an der Gesichtsfarbe oder an sichtbar werdenden Veränderungen des Körpers als Reaktion auf ein Ereignis bzw. auf einen Stimulus, durch den der Körper in einen zeitweilig neuen Zustand versetzt wird, z.B. in Trauer oder in Freude. Die entsprechenden neuronalen Reaktionen im Gehirn laufen automatisch ab, beeinflussen aber die Hirnstrukturen und damit auch das Wahrnehmen, Denken und Handeln.

Gefühle dagegen wären *innere Zustände* oder Befindlichkeiten, die mehr im „Innersten“ verankert sind und nach außen (weithin) verborgen bleiben. Sie werden vielfach durch Emotionen (bestimmte Erlebnisse) *eingeleitet* und sind ein sehr persönlicher Besitz allein desjenigen Menschen, in dessen Körper bzw. Gehirn sie wirken. Zu denken ist etwa an das Erleben von Schmerz, Leid oder Glück, von Scham und Schuld, von Bindung oder Verlassenheit, von Verachtung oder Mitgefühl, von Liebe oder Abscheu. Ihre Bedeutung liegt im Unterschied zu den Emotionen, die mehr an der Oberfläche und mehr situativ ablaufen, auf der Ebene der *geistigen* oder *mentalen* Prozesse, sind also von relativer Dauerhaftigkeit bestimmt und wirken damit stärker auf das eigene Wahrnehmen, Denken und Handeln ein.

Die Gefühle dienen der Erhaltung des seelischen Gleichgewichts und der Kontrolle des sozialen Lebens. Sie sind eng verknüpft mit Körpervorgängen und dem Erleben der Umwelt. Es ist ihre „natürliche Aufgabe, dem Geist Informationen über die Lebensbedingungen weiterzuleiten und dafür zu sorgen, dass diese Bedingungen bei der Organisation des Verhaltens berücksichtigt werden“ (Damasio 194). Dazu ist das *Bewusstsein* nötig. *Ohne Bewusstsein kein Fühlen*! Umgekehrt wird aber auch das Bewusstsein vom Fühlen beeinflusst.

Gefühle sind im Übrigen eine natürliche Grundlage für *moralisches Verhalten*, also dafür, dass wir *Werte* und *Normen* achten bzw. pädagogisch weitergeben, die für das Zusammenleben wichtig sind (siehe Kap. II/6). Gefühle spielen eine wesentliche Rolle auch für den Aufbau und die Wirksamkeit sogenannter „innerer Bilder“ (Hüther 2006). Dabei handelt es sich um relativ fest gefügte, im Gehirn verankerte Vorstellungen, Visionen und Ideen, die aus der Erfahrung heraus erwachsen und das wesentlich mitbestimmen, was wir unser *Menschen-* oder *Weltbild* nennen. Es handelt sich um einen Schatz von enormer Mächtigkeit, der zentral wichtig für den Stil der eigenen Lebensführung und für die Bewältigung von Lebensproblemen wird. Es sind nicht zuletzt die *Erziehungsbedingungen*, von denen es abhängt, welche inneren Bilder als Lebensorientierungen im Menschen entstehen und sein weiteres Leben bestimmen.

Biologisch gesehen beruhen Gefühle auf zusammengesetzten neuronalen Abbildungen des Lebenszustandes. Sie sind auf der Basis von erblicher Veranlagung und von Erfahrungen in der Lebenswelt im Gehirn kartiert und werden vom Gehirn benutzt und ausgewertet, um das Wohlergehen und das Überleben zu erhalten, wiederherzustellen oder zu optimieren. Bei einer Funktionsschädigung des Gehirns können ganz bestimmte Gefühle, wie z.B. Schmerzempfindungen oder Mitgefühl, ausfallen.

Der chilenische Biologe Humberto R. Maturana (1998) hob das *Fließen der Emotionen* (Gefühle) hervor. Er sprach vom „Emotionieren" und meinte damit den fortlaufenden Wechsel der Emotionen. Diese seien fest im Animalischen verankert und könnten deshalb als *körperliche* Dispositionen angesehen werden. Sie spezifizieren jeweils bestimmte Handlungsbereiche, d.h. sie geben ihnen eine spezifische Qualität, z.B. führt der Lernerfolg zur Lernfreude oder soziale Isolation zur Niedergeschlagenheit oder Wut. Diese permanente Wirksamkeit sei so groß, dass man sagen könne, die menschliche Existenz in der Sprache und im Rationalen gründe ohne Ausnahme auf dem Emotionalen (365).

2.5 Moral ohne Schuld?

Besonders herausgefordert wird das Allgemeinverständnis menschlichen Handelns, wenn in Konsequenz der neurobiologichen Thesen von der Illusion eines „freien Willens" die für das Zusammenleben grundlegend wichtigen Phänomene von *Schuld* und *Verantwortung* obsolet werden. Wenn es das Gehirn ist, also ein neuronaler Apparat, der unser Verhalten steuert, nicht das eigene Ich oder Selbst, so könne es keine persönliche Schuld geben, heißt es. Der Einzelne sei nicht persönlich verantwortlich für seine Tat. Ein Übeltäter wäre dann ein „armer Mensch", der das „Pech hat", aus genetischen oder sozialen Gründen entsprechend programmiert zu sein. „Ein kaltblütiger Mörder hat eben das Pech, eine so niedrige Tötungsschwelle zu haben" (Singer 2003, 65). Einer Übeltat lägen keine freie Entscheidung und kein Missbrauch von Freiheit zu Grunde sondern ein neuronaler Prozess, der weithin unbewusst abläuft und auch unbewusst im limbischen System in Gang gesetzt werde. Daher könnten Menschen „im Sinne *persönlichen Verschuldens* nichts für das, was sie wollen, und wie sie sich entscheiden", gleichgültig, „ob ihnen die einwirkenden Faktoren bewusst sind oder nicht, ob sie sich schnell entscheiden oder lange hin und her überlegen" (Roth 2003a, 541). „Keiner kann anders, als er ist" (Singer 2004, 63). Die gegebenen neuronalen Verschaltungen legten uns fest. Als bedingende Faktoren kämen in Betracht: Die genische Veranlagung, vor- und nachgeburtliche Entwicklungen bzw. Fehlentwicklungen, frühkindliche Erfahrungen bzw. Traumatisierungen sowie spätere Einflüsse in Schule und Gesellschaft, die das Gehirn geprägt hätten. Diese Bedingungen und Erfahrungen determinierten uns und das Gehirn gaukele uns gewissermaßen nur vor, wir hätten eine persönliche Schuld. Ein freier Wille sei für unsere Entschlüsse auch insofern unnütz, als er den „Entscheidungen" des Gehirns ohnehin immer nur nachhinke. Wenn aber niemand anders könne, als es sein Gehirn bestimme, könne auch niemand schuldig sein.

Es hat immer schon Überlegungen und Versuche gegeben, den schwierigen und lästigen Begriff der *Schuld* und des *Schuldgefühls* loszuwerden. Man denke nur an Freuds Psychoanalyse, in der es u.a. auch um die Befreiung vom Schuldgefühl ging. Immer schon erschien die Vorstellung, Schuld durch irgendeinen Determinismus aufzuheben, und jenseits von Gut und Böse, also ohne Schuldgefühle, „frei" und ungehindert durch Sitte und Moral leben zu können, verlockend. Verwiesen sei auch auf den Behavioristen B. F. Skinner, der in seinem Buch „Jenseits von Freiheit und Würde" (1982) empfahl, alles Reden von gesellschaftlich erwünschtem oder nicht erwünschtem Verhalten, den Unsinn von Freiheit und Würde, Recht und Unrecht, als überflüssige Romantik hinter uns zu lassen.

Eine naturalistische *Moral ohne Schuld* und *persönliche Verantwortung* hatte auch schon F. Nietzsche im Auge, als er das Tier im selbstherrlichen Menschen geißelte, d.h. den „zurückgescheuchten Thiermenschen" mit seinem (durch die christliche Sklavenmoral) nur aufgesetzten schlechten Gewissen und seiner nur aufgesetzten Schuld, d.h. den zum Zweck der Zähmung in den Staat eingesperrten Menschen (1988, 86f). Die Furcht werde so zur Mutter der Moral. Die neuere *Moral ohne Schuld,* wie sie die Neurobiologie entwirft, will allerdings nicht darauf verzichten, den Menschen zur Anpassung zu erziehen und gegebenenfalls einzusperren, also zu *zwingen.* Im Gegensatz dazu war es Nietzsche, wenn auch verdeckt durch die Mehrdeutigkeit seiner Texte, letztlich doch um den *souveränen Menschen* als moralisches *Subjekt* gegangen, der zu eigenständiger Freiheit gelangen und über das außerordentliche Privileg der Verantwortlichkeit und der Macht über sich, also über die Macht seines Gewissens, verfügen sollte.

Wenn nun Neurophysiologen bei ihrer naturwissenschaftlichen Analyse feststellen, sie fänden keinen Ort oder sonstigen Beleg für eine Verortung persönlicher Schuld und Verantwortung, so muss das nicht heißen, es gäbe dieses Phänomen überhaupt nicht. Es exisitert für den Menschen ohne Zweifel, auch wenn es bisher nicht gelungen ist, es neurophysiologisch zu bestätigen. Verlegenheit, Scham und Schuld sind u.a. für den Neuropsychologen A. R. Damasio eine evolutionäre Gegebenheit des Menschen (2006, 184f). (Für die pädagogische Problematik im Engeren siehe Kap. III!)

Das Schuldgefühl als psychologisch-therapeutisches Problem

Es ist eine ganz und gar reale menschliche Erfahrung, sich *selbst schuldig zu fühlen* und seine Schuld u.U. auch vor anderen auszudrücken bzw. zu bekennen. Ein Beispiel: Ich werde das in einer Fernsehdokumentation wiedergegebene völlig unbefragte Selbstbekenntnis einer persönlichen Schuld nicht vergessen, das ein früherer Häftling eines Konzentrationslagers vor einem Journalisten während einer Bahnfahrt abgab. Er war aufs Heftigste innerlich erregt, als er unter Tränen berichtete, einem seiner Mithäftlinge, der als Folge einer brutalen Behandlung neben ihm zusammengebrochen und verstorben war, dessen letztes Stückchen Brot aus der Hand genommen und gegessen zu haben; dieses Schuldempfinden bewegte ihn noch nach Jahrzehnten!

Ganz offensichtlich handelt es sich bei diesem Sich-schuld-Fühlen bzw. Schuldsein auch um ein von der Natur oder der Evolution her konstituiertes Phänomen. Es lässt sich als ein menschliches Wesensmerkmal in allen Kulturen vorfinden. Selbst wenn behauptet würde, es sei das Resultat einer (falschen) Erziehung, bliebe immer noch die Frage, wie ein sozialer Einfluss dies bewirken könne, ohne dass der Mensch über eine dafür erforderliche natürliche Voraussetzung und Veranlagung verfügte. Wenn also das, was wir unter Schuld verstehen, auch durch die Evolution bedingt ist, so wäre es ein Widerspruch, sie von einem naturalistischen Ansatz her als bloße Fiktion zu verstehen.

Schuldgefühle sind moralisch begründet. Der Mensch erlebt sie – normalerweise – wenn er gegen die Moral verstößt. Er macht sich Vorwürfe, z.B. wenn er einen anderen durch sein Verhalten, etwa im Straßenverkehr, geschädigt oder verletzt hat. Sein Schuldgefühl kann in schweren Fällen so weit reichen, dass er die Achtung vor sich selbst, seine Selbstachtung, verliert. Es ist sein moralisches Subjekt, das sich, gemessen an den selbst aufgebauten moralischen Maximen oder Lebensgrundsätzen, Schuld zuspricht.

Die Situation stellt sich anders dar, wenn es um die *Schuld anderer* geht. Dass einem anderen Schuld – aus welchem Grund auch immer – zugeschrieben wird, ist real und schwer vermeidlich, zumal wenn die Auswirkungen einer Verfehlung auch andere betreffen. Schuldhaftes Tun verletzt die sozialen Beziehungen und die Regeln des Zusammenlebens. So wie dieses seine Ordnungen über Jahrtausende hinweg entwickelt hat, wird dem, der sie verletzt, der also eine moralisch oder rechtlich nicht akzeptable Tat begeht, Verursachung und Schuld zugerechnet, und zwar in dem Maß, in dem er über Einsicht in das Üble seines Tuns verfügt und als Urheber dieser Tat anzusehen ist, d.h. dem es u.U. möglich gewesen wäre, auch anders zu handeln.

Die Realität dieses universellen Vorgangs sollte aufweisen, dass dem Menschen bei allen unzweifelhaft gegebenen Determinierungen seines Handelns auch ein gewisser Raum für Entscheidungsfreiheit zukommen muss. Er könnte sonst nicht als Person zu persönlicher Verantwortung gezogen werden; er wäre überhaupt nicht zurechnungsfähig. Die Leugnung dieser Realität brächte also in der Lebenspraxis nur eine scheinbare Erlösung von den (lästigen) Schuldgefühlen. Die eigene Motivation, sich an sinnvolle Regeln des Zusammenlebens zu halten, müsste verloren gehen.

Damit ist überhaupt nicht gemeint, das neurobiologische Wissen impliziere per se einen solchen Zustand, oder dass es jemand für sinnvoll halte, eine solche Gesellschaft persönlich unzurechnungsfähiger Individuen anzustreben. Es geht vielmehr darum, den Begriff Schuld als eine reale subjektive Größe, aber auch als rechtliche Grundlage für die Aufrechterhaltung der gesellschaftlichen Ordnung nicht aufzulösen, sondern sich Gedanken zu machen, wie man in der Dritten-Person-Perspektive mit diesem Phänomen *menschlicher umgehen* kann, um einem anderen nicht Unrecht zu tun. Ein generelles Sich-nicht-schuldig-Fühlen kann keine Gemeinschaft oder Gesellschaft einfach hinnehmen. Man denke z.B. an das schwierige Nachkriegskapitel der jüngeren deutschen Geschichte, in dem es auch nach Jahrzehnten um die Frage der *persönlichen* und einer *kollektiven* Schuld an den vorausgegangenen Verbrechen geht. Es wäre irrwitzig zu behaupten, es habe niemand persönliche Schuld gehabt, es habe niemand etwas dafür gekonnt, wir Deutschen hätten nur Pech gehabt.

Was das externe Zuschreiben von Schuld im Alltag betrifft, so steht außer Zweifel und ist an sich nicht hinnehmbar, dass – allzu oft – jemandem *unberechtigt* persönliche Schuld zugesprochen wird, z.B. Kindern in der Schule oder in der Familie. Ohne die näheren Umstände für Fehltritte, Lernversagen oder Misserfolge zu kennen oder zu beachten, wird Kindern „Faulheit“ oder „Bosheit“ vorgeworfen, vielfach begleitet von verbalen Beschimpfungen und Erniedrigungen. Wenn die hirnneurologischen Erkenntnisse dazu beitragen könnten, dass dieses einerseits voreilige, kaum überprüfbare, jedoch psychisch schwer belastende und andererseits selbstgerechte, „pharisäerhafte“ Schuld-Zuschreiben zurückgedrängt würde, so wäre viel gewonnen.

Ob die *psychotherapeutische Praxis*, in der Schuldgefühle von Patienten nach wie vor eine große und schwierige Rolle spielen, tatsächlich entlastet würde, wenn die Gesellschaft den Begriff Schuld aus ihrem Vokabular streichen würde, ist mehr als fraglich. A. Görres als erfahrener Psychotherapeut berichtete, dass es in der Psychotherapie keinen Patienten gebe, „der auf Dauer in der Illusion Trost findet, daß der Mensch keine Freiheit habe, und daß darum alle seine Schuldgefühle unberechtigt seien. Jeder Patient, auch der scheinbar durch Determinismus entlastete, sagt sich untergründig und ‚beiseite‘: Natürlich bin ich trotzdem an irgendetwas schuld. Und Recht hat er. Man hilft ihm nicht mit dem Alles-oder-nichts-Prinzip, sondern nur, wenn man ihm einigermaßen ermöglicht, seine Verantwortung in etwa realistisch abzuschätzen. Die ausradierte Verantwortung, die verdrängte, kommt wieder“ (Görres, In: Görres / Rahner 1984, 31).

An sich wird auch von neurobiologischer Seite betont, dass die Kritik am Begriff der persönlichen Schuld nicht bedeute, dass es nun keinerlei *Verantwortung* eines Täters für sein Tun mehr geben solle. Die gesellschaftlich eingefahrenen Normen und Muster von Sollen und Nicht-Sollen, bezogen etwa auf schädigendes und verletzendes Verhalten und auf die daraus folgenden negativen Konsequenzen, müssten erhalten bleiben. Dabei wird auf die Tatsache verwiesen, dass Menschen sich eines normenverletzenden Verhaltens durchaus bewusst seien.

Hier stellt sich die Frage, was es heißt, sich eines unrechten Verhaltens bewusst zu sein. Dieses setzte an sich voraus, dass jemand nicht nur rational den Unterschied zu gebotenem Verhalten kennt, sondern sich auch an moralische Normen gebunden fühlte: „Ich sollte eigentlich!“ Es ist die Frage nach den *Beweggründen* für normangepasstes Verhalten. Warum soll ich mich fair verhalten und nicht betrügen, wenn ich doch Vorteile davon hätte? Was soll mich bewegen, den Anderen nicht zu bestehlen: Der Schaden und das Leid, das ich ihm antue, oder die Angst vor einer Bestrafung?

Nach bisherigem ethischem Verständnis erfolgt die Abwägung der Motive im *Gewissen,* und dieses wird durch die eigene Bindung an Werte und Normen geprägt. Wenn als Motiv für angepasstes Verhalten nur die *Furcht* vor negativen Konsequenzen als Regulativ in Betracht käme, wäre ein solches Gewissen nicht nötig. Die Furcht wäre dann tatsächlich „die Mutter der Moral“ (Nietzsche). Maßgebend wäre dann das Nicht-erwischt-werden-Wollen, eine Nutzenmoral jenseits eines Verpflichtetseins durch ethische Maximen, z.B. die Gerechtigkeit. Wenn es heißt, dass nur ein kleiner Teil der Menschen aus solchen *ethisch-metaphysischen* Gründen moralisch handele – die Rede ist von einer „bewusst-unbewussten Scheu, auch Gewissen genannt“ (Roth 2003a, 541) – beispielsweise andere nicht zu betrügen – so ist das eine lediglich auf Nutzen hin orientierte Auslegung der ethischen Begriffe von Moral, Gewissen und Schuld.

Unser *Menschenbild* und unsere Moral müssten sich wesentlich verschieben, wenn wir künftig generell auf eine an *Maximen und Werte*, also innerlich *bindende* Moral und moralische Erziehung verzichten sollten. Das Rechtssystem wäre überfordert, wenn allein ihm die Aufgabe zufiele, jeweils festzustellen, ob jemandes Versuch, sich auf Kosten anderer Vorteile zu verschaffen, hinnehmbar ist oder nicht. Vor allem aber ginge das *Vertrauen* verloren, dass der Andere sich auch an die guten Regeln des Zusammenlebens hält. Jeder müsste sich vor jedem in Acht nehmen. Vertrauen ist ein kaum zu ersetzendes Phänomen zur Erleichterung des menschlichen Zusammenlebens. Es muss erlernt werden und zwar in erster Linie durch das unmittelbare Erleben von Vertrauen, das einen unverzichtbaren Sinn hat.

Eine Moral ohne Schuld und in Verbindung damit der Vorschlag, Verstöße gegen sittliche Normen nur mit abschreckenden *Kosten* (Strafen) zu ahnden, wären aus der Lebenspraxis heraus unzureichend. Es kann nicht bestritten werden, dass das *Gewissen* auch in einem menschlich positiven Sinne gutes und rechtes Handeln real an Werte *bindet,* und dass von Vorbildern altruistische Wirkungen auf andere ausgehen und ihre

Grundeinstellungen bestimmen. Die Konsequenzen können im Einzelfall bis zum Einsatz des eigenen Lebens für die Rettung eines Anderen reichen. Die Erziehung würde *wert-los*, wenn sie nicht *primär* darauf gerichtet wäre, die Würde und Unverletzlichkeit des Anderen *als Maxime* zu achten – weil er ein Mensch ist, wie ich. Der Ehrliche ist durchaus nicht immer der Dumme. Fair-Sein (Tugend) macht auch glücklich (Höffe 2007).

Es ist deshalb zumindest widersprüchlich, wenn zwar „ein Verzicht auf den Begriff der persönlichen Schuld“ postuliert wird (Roth 2003a, 541), dies aber moralisch keinen Verzicht auf *„Bestrafung einer Tat als Verletzung gesellschaftlicher Normen“* bedeuten sollte. Die bloße, sachlich ausgerichtete Bestrafung solle den Zweck haben, den Täter, so weit es möglich ist, zu bessern und andere abzuschrecken. *Warum* aber sollte er sich bessern? Weil er Strafen fürchtete? Es genügte ihm auch, dass er seine Methoden, sich auf Kosten anderer Vorteile zu verschaffen, verbesserte, um nicht wieder erwischt zu werden. Sind denn Menschen wirklich nur deshalb hilfsbereit und gut zueinander, weil sie sonst Strafen zu befürchten hätten?

Wenn vorgeschlagen wird, in schwereren Fällen sollte zum Schutz der Gesellschaft ein Täter *weggesperrt* werden, so zeigt die Erfahrung, dass derartige Methoden nur sehr bedingt positiv wirken. Es wäre auch zu kostspielig, die erforderliche Menge von Haftanstalten überhaupt zu finanzieren und zu erhalten. Wenn Singer (2003, 65) den Vorschlag macht, das Wort „Strafmaß“ eventuell durch „Verwahrungsmaß“ oder „Schutzmaß“ zu ersetzen, so wäre an sich nichts gewonnen, im Gegenteil, letzteres könnte fatalerweise an die „Schutzhaft“ in der national-sozialistischen Diktatur erinnern.

Dass mit einem Verzicht auf den Begriff der persönlichen Schuld auch erhebliche reale Probleme verbunden wären, sieht auch Roth: Der Tatbestand der Verletzung gesellschaftlicher Normen sei nicht hinreichend objektivierbar, da derartige Normen in hohem Maße gesellschaftlichem *Wandel* ausgesetzt sind. Zum anderen sei der nötige Aufwand für Maßnahmen zur „Besserung“ im Strafvollzug sehr aufwendig und, wie bekannt, nicht besonders effektiv (hohe Rückfallquoten) oder gänzlich erfolglos!

Um die entsprechenden Maßnahmen zu einer Erhöhung dieser Effektivität ausfindig zu machen, etwa durch *Erziehungs-* und *Besserungs*maßnahmen oder durch Aufklärung, bietet die Hirnforschung ihre Mitwirkung an, um durch eine neurowissenschaftlich fundierte präventive Diagnostik Prognosen als Wahrscheinlichkeitsaussagen für die weitere Entwicklung eines Menschen treffen zu können. Der Bielefelder Hirnforscher H. Markowitsch empfiehlt buchstäblich, Tests für alle Schulkinder durchzuführen, um diejenigen mit besonders vielen Risikofaktoren für späteres kriminelles Verhalten zu erkennen und dann gezielte Präventionsprogramme anzusetzen (Blech / Bredow 2007, 122). Abgesehen von der fraglichen Validität und den sozialpsychologischen Nebenwirkungen solcher Prognosen sowie den fraglichen Erfolgsaussichten solcher isolierten Programme, fragt es sich, was mit den letztlich doch als „unverbesserlich" Eingeschätzten praktisch zu geschehen hätte: „spezielle Erziehung" oder „sofort wegsperren"? Das Problem wird zwar gesehen, aber nicht weiter erörtert. Markowitsch sieht die Lösung in *mehr Erziehungsheimen*.

Es ist erstaunlich, in welch kurzer Zeit und wie selbstverständlich sich die Ideologie zur Lösung gesellschaftlicher Probleme um 180° zu wandeln scheint: Hieß es noch vor drei Jahrzehnten: „Holt die Kinder aus den Heimen!", so kann heute wie selbstverständlich gefordert werden: „Sperrt die Störer weg!" Das einstige allgemeine sozial-integrative Interesse wird nun unter biologischen Vorzeichen durch das Prinzip der *Selektion* als Exklusion im Sinne einer Bereinigung gesellschaftlicher Belastungsfaktoren abgelöst. Gestützt wird diese Tendenz u.a. durch neuere entwicklungspsychologische Befunde (Donedin Longitudinal Study 2001, zit.v. G. Roth 2007, 214), wonach etwa 5% aller Jugendlichen, die wegen „antisozialen", gewalttätigen und straffälligen Verhaltens registriert wurden, in der Regel den üblichen Erziehungs- und Besserungsmaßnahmen (Heimen, Gefängnis, Therapie) widerstehen. Zusätzlich fand man in einer vergleichbaren deutschen Studie („Delmenhorster Gewaltstudie") bei solchen Personen erbliche Vorbelastungen, die u.a. eine niedrigere Frustrationsschwelle bedingen.

Das hier sichtbar werdende und letztlich unlösbare *Dilemma* macht Roth selber deutlich:

> „Zu konstatieren bleibt der paradoxe Zustand, dass wir das Prinzip der persönlichen Verantwortung und der persönlichen Schuld und ihrer Begründung durch eine freie Willensentscheidung als wissenschaftlich nicht gerechtfertigt ablehnen müssen, dass aber gleichzeitig die Gesellschaft sehr wohl in der Lage sein muss, durch geeignete Erziehungsmaßnahmen ihren Mitgliedern das *Gefühl der Verantwortung* für das eigene Tun einzupflanzen, und zwar nicht aufgrund freier Willensentscheidung, sondern aus der durch Versuch und Irrtum herbeigeführten Einsicht heraus, dass ohne ein solches Gefühl der Verantwortung das gesellschaftliche Zusammenleben nachhaltig gestört ist. Die Erzeugung dieses Gefühls der Verantwortung ist demnach eine Aufgabe, die jeder von uns – auch unfreiwillig – zu übernehmen hat. In diesem Sinne kann es Verantwortung ohne persönliche Schuld geben" (544).

„Unfreiwillig" kann so doch nur „mit Zwang" heißen! Also mehr Zwang? Wie sollte der aussehen?

Ich erinnere mich an die Zeit der Hochkonjunktur psychoanalytischer Erklärungsversuche für kindliche oder jugendliche „Fehlentwicklungen". Generell sollte der Schuldaspekt verdrängt werden. „Schuld" wurde vor allem den jeweiligen „sozialen und gesellschaftlichen Verhältnissen" angelastet. Da die jugendlichen Straftäter und deren Anwälte auf diesen Entlastungsaspekt eingestellt waren, hatten es Jugendrichter schwer, noch einen Rest von „Schuld" bzw. Schuldfähigkeit im Sinne des geltenden Jugendstrafrechts zu finden. Das Besserungsprinzip galt zwar längst als prinzipiell adäquat für *jugendliche* Straftäter, aber es erwies sich zu oft eher als eine Wunschvorstellung. Gegenwärtig bestehen Bestrebungen, auch gegenüber jugendlichen Straftätern nach Verbüßung ihrer Jugendstrafe (10 Jahre) gleich eine anschließende lebenslange Sicherheitsverwahrung anordnen zu können.

Schließlich erinnert die Idee einer *Verantwortung* des Einzelnen und der *Gesellschaft* für die Erziehung der Jüngeren an Postulate einer dereinst vollkommenen Gesellschaft, wie sie noch vor wenigen Jahrzehnten im Sinne einer idealen Gesellschaft verkündet worden waren. So wichtig die Bedeutung des Vorbildes und des Modelllernens für die Erziehung zu angemessenem und humanem Verhalten auch ist, so sind wir doch heute und wohl auch in der näheren Zukunft weit von diesem idealen Ziel entfernt. *Einheitliche* Vorstellungen von „rechtem Verhalten" sind in der heutigen Normen- und Wertepluralität rar geworden. Pädagogen sind relativ hilflos geworden. Ihr eigenes Werte- und Normensystem ist im Allgemeinen nur eines unter vielen. Das Ausrasten zu extrem gewalttätigem Verhalten nimmt Grade und Ausmaße an, die nur sehr schwer oder gar nicht mehr kontrolliert werden können. Dabei fällt vor allem die Zunahme von Skrupellosigkeit und das selbstbewusste Von-sich-weisen jeglicher Schuld auf.

Einwände aus strafrechtlicher Sicht

Wenn das Problem der ungerechtfertigten Schuldzuschreibung und der damit verbundenen Verurteilung und Bestrafung generell und systematisch aus der Welt geschafft werden sollte, weil es das *Gehirn* sei, das den Einzelnen steuert, und nicht – direkt – er selbst oder sein „freier Wille", so hätte dies auch unmittelbare Auswirkungen auf das *Strafrecht*. Der Mörder mordet, ob er will oder nicht, hieße es. Er könne nichts dafür; er könne nicht anders handeln. Seine Hirnentwicklung auf Grund bestimmter Gene und Erfahrungen schreibe es ihm quasi vor. Wenn er also in diesem Sinne ohne Schuld sei, könne er auch nicht bestraft werden. Niemand dürfe dann bestraft werden, weil keine Schuld vorläge (nulla poena sine culpa!). Schuldig aber kann nur sein, wer über Willensfreiheit verfügt, d.h. wer auch *anders hätte handeln können*.

Das Problem liegt nicht nur in den sich gesellschaftlich bedingt immer wieder wandelnden Normen und Werten, gegen die jemand verstoßen kann, und an denen Schuld gemessen wird, sondern auch daran, ein Schuldsein überhaupt hinreichend gesichert feststellen zu können. Der Richter kann unter bestimmten Umständen dem Täter eine begrenzte Schuldfähigkeit zubilligen und dementsprechend die Strafe limitieren, z.B. bei psychiatrischen Erkrankungen oder antisozialen Persönlichkeitsstörungen (Psychopathie). Im Sinne einer neuen Rechtsordnung wird gefordert, der Straftäter müsse ärztlich-therapeutischen Maßnahmen zugeführt werden. Die Frage ist, ob die Praxis solcher Menschenzurichtungsinstitutionen humaner sein wird. Ist sie überhaupt praktikabel? Nach welchen Maßstäben soll unterschieden und kategorisiert werden? Die Praxis ist heute die, dass derartige therapeutische Maßnahmen in aller Regel nicht eingeleitet werden, obwohl es sich eindeutig um pathologische Bedingtheiten handelt, die der Einzelne nicht verändern kann (Pauen 2007, 212).

An der Tatsache, *dass* gravierende psycho-physische Beeinträchtigungen der Verantwortlichkeit und der Schuldfähigkeit vorliegen können, besteht kein Zweifel. Die Schwierigkeit ist darin zu sehen, dies im Einzelfall hinreichend objektiv nachzuweisen, d.h. nicht nur möglicherweise wirksame neuronale Determinanten als solche zu benennen, sondern diese im individuellen Fall auch hinreichend klar zu identifizieren, je nachdem ob sie individuell Schuld entlastend sind oder nicht. Eine scharfe Entweder-oder-Zuordnung dürfte kaum möglich sein. Geltend zu machen ist aber auch die intuitive Verankerung von Moral und Schuld im evolutiv gewordenen Menschsein (siehe Kap. IV, 6!). Der Berliner Rechtsphilosoph M. Mahlmann (2006) geht von einer „Universalgrammatik der Moral" aus, die im Menschen angelegt sei. Somit bleibt der Begriff der Schuld, wie auch immer er verstanden wird, ein von Natur aus gegebener, aber zugleich auch frag-würdiger, einer der des intensiven persönlichen und verantwortungsbewussten Nachfragens und Prüfens würdig ist.

Im *Jugendstrafrecht* ist ausdrücklich eine Würdigung der persönlichen und sozialen Bedingungen des Straftäters gefordert. Jeder Jugendrichter hat den Zusammenhängen von Entwicklungsgeschichte und Straftat Jugendlicher nachzugehen, und er hat auch die Möglichkeit, im Sinne des generell maßgebenden *Erziehungsgedankens* individuelle psychologische und psychiatrische Faktoren bei der Bemessung von Erziehungsmaßnahmen zu beachten. Im Falle einer zu verhängenden „Jugendstrafe" (Haft) hat er allerdings auch „die Schwere der Schuld" einzuschätzen.

Für die forensische Psychiatrie, für die der Begriff der *strafrechtlichen Verantwortlichkeit* zentral wichtig ist, tragen die neuen Erkenntnisse der Hirnforschung wenig zur Klärung ihrer Fragen und Probleme bei (Kröber 2004). Für sie ist der Begriff der aufgehobenen oder verminderten Schuldfähigkeit (wegen krankhafter seelischer Störungen, tiefgreifender Bewusstseinsstörungen, geistiger Behinderung oder sonstiger schwerer seelischer Abartigkeit) ein durchaus geläufiger, wenn auch nach wie vor nur schwer zu fassender Begriff. Man ist zwar an biologischen Eingangskriterien durchaus interessiert, was aber die biologische Hirnforschung bis jetzt anbiete, sei in der Praxis wenig hilfreich.

Für die *Psychiatrie*, die bei der Feststellung der Schuldfähigkeit gutachtlich mitzuwirken hat, ist der freie Wille eine nicht wegzudiskutierende Realität. Er sei weder nur eingebildet noch ein bloßes Gefühl (Spitzer 2004, 283). Wenn die neuronalen Prozesse und Schaltungen fokussiert würden, müssten die subjektive Perspektive und damit das soziale Umfeld aus dem Blickfeld geraten (Schramme 2005). Der Aspekt der *Lebensweltlichkeit* in einem phänomenologisch-subjektiven Sinne sei für die Behandlung psychisch kranker Menschen genauso wichtig wie die naturwissenschaftliche Sicht. Wenn wir deren Psyche ausschließlich aus einer wissenschaftlich-objektivierenden Sicht und Haltung zu erklären versuchten, müssten wir deren Personalität, d.h. deren personale Eigenheiten, die das subjektive Leben und Erleben in einer spezifischen Weise bestimmen, vernachlässigen, und wir könnten ihn nicht vollständig verstehen (390).

Komplexe Konstrukte, wie Bewusstsein, Wille oder Entscheidung, ließen sich zudem nicht gut operationalisieren. Die in den Libet-Experimenten ermittelten „Entscheidungen“ des limbischen Systems im Gehirn hätten nicht die geringste Ähnlichkeit mit der Art von emotional und rational hochaufgeladenen Entscheidungen, über die in der Psychiatrie zu befinden ist. Diese ist zwar sehr an biologischen Klärungen dieser Phänomene interessiert; sie müssten aber auch praktisch verwertbar sein. Dass „Entscheidungen“ für eine Straftat auf einer materiellen biologischen Grundlage erfolgen, sage noch nichts darüber aus, dass diese tatsächlich biologisch gebunden sind, und dass deshalb keine strafrechtliche Verantwortlichkeit vorläge. „Wir sind strafrechtlich verantwortlich, wenn wir imstande sind, unsere Entscheidungen von vernünftigen Erwägungen abhängig zu machen“, also „unsere Wünsche kritisch zu bewerten“ (Kröber 2004, 109). Vorschnelle Großdeutungen (unbewusste neuronale Determiniertheit) seien wenig hilfreich. Es erscheint im Übrigen undenkbar, demnächst auch Neurowissenschaftler an der Urteilsfindung zu beteiligen.

2.6 Ist die Philosophie überflüssig oder im Wege?

Auf einer Podiumsdiskussion im März 2007 an der Universität Frankfurt a.M., auf der es um die Frage einer „Entmoralisierung des Rechts“ durch die Neurowissenschaften ging, beklagte sich der Veranstalter, dass die Philosophie deren Erkenntnisse *ignoriere*. Als Grund dafür vermutete er, dass sie angesichts des als sicher geltenden neuen Wissens in Verlegenheit geraten und darauf bedacht sei, ihre Lehrstühle zu erhalten; denn wenn wir keinen freien Willen haben, brauchten wir auch keinen Kant, und ohne Kant sei die Philosophie am Ende.

Ähnliche Kritik an der Philosophie wird auch im Ausland geäußert. Wie Bennett u. Hacker (2006) berichten, wird ihr vorgehalten, sie sei *irrelevant* geworden und mache sich *lächerlich* mit ihren veralteten Methoden und Modellen. Für die Erkenntnistheorie sei sie nicht mehr zuständig; diese sei nun von den Neurowissenschaften zu fundieren; der Roboterspezialist D. C. Dennett wirft ihr gar vor, sie schlafe (2007). So weit sie sich kritisch äußere, stehe sie dem Durchbruch der Neurowissenschaften und damit dem Naturalismus nur im Wege.

Gegenüber dieser pauschalen und radikalen Kritik an der Philosophie ist festzustellen, dass nach gewissen Anfangsschwierigkeiten vor allem in begrifflicher Hinsicht das interdisziplinäre Gespräch zwischen Neurowissenschaften und Philosophie durchaus in Gang gekommen ist (Pauen/Roth 2001; Geyer 2004; Herrmann et al. 2005; Sturma 2006; Höffe 2007). Wenn dabei vor allem begriffliche Kritik geübt worden ist, so bedeute dies nicht, dass die Philosophie empirische naturwissenschaftliche Erkenntnisse als bedeutungslos ansehe (Pauen 2005, 10). Begriffsklärung sei schließlich Aufgabe der Philosophie. Ihr gehe es darum, Begriffsverwirrungen aufzulösen, und zu mehr Klarheit der Aussagen beizutragen. Die Überprüfung der empirischen Befunde der Neurowissenschaften sei dagegen nicht ihre Aufgabe. Sie habe jedoch nach dem *Sinn* von Erkenntnissen zu fragen, danach also, was sinnvoll für den Menschen ist oder nicht. Dies wiederum sei nicht Aufgabe der Naturwissenschaft.

Terminologische Unklarheiten

Kritik richtet sich gegen einen *verwirrenden Sprachgebrauch*, d.h. dagegen, dass bei der Beschreibung neuronaler Prozesse Termini verwendet werden, die aus einem anderen wissenschaftlichen Bereich stammen und von hier her ihren eigentlichen Bedeutungsgehalt beziehen. Die Physik ist an sich dadurch charakterisiert, dass sie Begriffe wie „Ich“, „Selbst“ oder „Freiheit“ nicht verwendet (Wittgenstein 1977, 194). Wenn sie dies doch tut, kommt es zu „Kategorienfehlern“. Begriffe wie „Wille“, „Schuld“ oder „Verantwortung“ sind keine physikalisch-physiologischen Begriffe und können nicht bündig von der Hirnphysiologie geklärt werden. Der Begriff der *Freiheit,* der bei der Erklärung der neurobiologischen Erkenntnisse so verwendet wird, als habe er keine Daseinsberechtigung, hat z.B. nichts mit dem Begriff von Freiheit zu tun, wie er geisteswissenschaftlich seit Jahrhunderten verstanden wird.

Wie bedeutsam die Frage nach der zutreffenden Begrifflichkeit ist, zeigt sich an zahlreichen Verständigungsschwierigkeiten und Begriffsverwirrungen, die auf unklare *sprachliche* Darstellungen der neurophysiologischen Untersuchungsbefunde zurückzuführen sind. Einige der verwendeten Begriffe, und zwar nicht unwichtige, sind inhaltlich nicht eindeutig, beruhen vielfach auf Metaphern und können das Gemeinte nur andeuten. An sich und letztlich wird jede Interpretation empirischer Befunde unzulänglich bleiben. Wir sind, wie Heisenberg als Physiker (1976, 246) feststellte, generell genötigt, in Bildern, Metaphern und Gleichnissen zu sprechen, die nicht genau das treffen, was wir wirklich meinen. Wir können auch gelegentliche Widersprüche nicht vermeiden. Aber wir könnten uns doch mit diesen Bildern dem wirklichen Sachverhalt irgendwie annähern. Diesen selber dürften wir jedoch nicht verleugnen, auch wenn er das bisherige Bild der Wirklichkeit ins Wanken brächte. Es sei müßig, alles klar sagen zu wollen; und wenn man glaube, alles Unklare ausgemerzt zu haben, so blieben wahrscheinlich nur völlig uninteressante Tautologien übrig (250). Erschwert wird die semantische Abklärung, wenn man – zumal bei reduktionistischen Deutungsversuchen – Gedanken und Begriffe, die aus dem mentalistischen Vokabular stammen und hier auch begrifflich verankert sind, in das empiristische Vokabular zu übertragen versucht. Es bleiben immer Reste, die eher Verwirrung anstiften, als zur Klärung beitragen (Habermas 2005).

Begrifflichkeiten einer Naturwissenschaft lassen sich nicht ohne weiteres in ein geistes- oder sozialwissenschaftliches Feld übertragen, in dem z.B. auch die Erziehung angesiedelt ist. „Das Gehirn“ kann nicht Adressat erzieherischer Einwirkungen sein. Eine *Ich-Du-Beziehung* ist nicht durch eine gegenseitige „Bespiegelung zweier Gehirne“ ersetzbar. Willensentscheidungen, die aus einer Abwägung von Gründen hervorgehen sollen, können nicht als unbewusst ablaufende neuronale Prozesse reflektiert oder gar einem Kinde in einem erzieherischen Gespräch nahegebracht werden. Solange man Begriffe wie „menschlicher Geist“, „menschliches Bewusstsein“ oder „Person“ nicht in der objektivierenden Sprache der Physik vollständig definieren könne, sei keine objektiv beweisbare Aussage darüber zu erwarten, ob und wie der menschliche Geist die neurologisch beobachtbaren Handlungen des Menschen steuert. Man sollte deshalb darauf verzichten, die von jedem Menschen als „Tatsachen“ empfundenen subjektiven Seiten des Lebens als „objektiv nicht existent“ zu betrachten (Hamprecht 2001). Umgekehrt muss Singer eingestehen, dass die Messdaten, die neurobiologisch ermittelt werden, nicht mehr vollständig beschreibbar sind (2003, 42).

Wenn die Neurobiologie dem Gehirn personenspezifische Eigenschaften zuspricht, wenn „die Großhirnrinde entscheidet“, wenn empfohlen wird aufzuhören, „von Freiheit zu reden“, so wird die Grenze sinnvollen Redens überschritten (Wingert 2006). Wie kann man einen Buchtitel, wie „Das Gehirn und seine Freiheit“ (Roth / Grün 2006), ernst nehmen? Wenn es heißt, das Gehirn denke und folgere, die eine Gehirnhälfte wisse etwas, ohne die andere zu informieren, wenn das Gehirn Entscheidungen treffe, ohne dass die betreffende Person etwas davon wisse, so wird eher Verwirrung gestiftet und eine beklagenswerte „Neuromythologie“ genährt (Bennett / Hacker 2006, 42). Die Klarheit der Begriffe und Wörter sei wichtig, wenn es um die Wirklichkeit geht. So sei der *Begriff* des Geistes *philosophisch* zu klären, während die Neurophysiologie den neuronalen Unterbau zu erforschen habe. Diese könne *synaptische* Verbindungen untersuchen, aber keine *begrifflichen*. Es sei Tatsache, dass große Teile der Diskussion auf *begrifflichen Missverständnissen* beruhten. Die neurobiologischen Thesen stünden nicht zuletzt wegen der Grenzen sprachlicher und begrifflicher Klarheit und Widerspruchsfreiheit nach wie vor im Zwielicht. Sie stoßen deshalb auf z.T. heftige Kritik (Geyer 2004; v. Lüpke 2006). Dadurch werde gerade bei Nicht-Fachleuten das Verständnis untergraben, das man an sich anstrebe.

Der *inhaltliche* Streit geht um die Frage, wie das Zusammenwirken von freiem, d.h. selbstbestimmtem Handeln und neuronalen Prozessen im Einzelnen zu verstehen sei, oder ob es sich nicht doch um einen unüberbrückbaren Widerspruch zwischen *Freiheit und Selbstbestimmung* einerseits und um neuronalen *Determinismus* andererseits handele. Während Philosophen, Mediziner und Juristen die Willensfreiheit als Freiheitsprinzip auf der Basis realer Erfahrung als unverzichtbar verteidigen, halten Neurowissenschaftler diese Deutung für veraltet, für eine Illusion oder für Unsinn, ohne freilich sozialwissenschaftliche Fakten auszuwerten, um zu erkennen, welche Konsequenzen dies für das menschliche Zusammenleben haben könnte. Alles Denken, Fühlen und Wollen sei als naturgesetzlich determiniert zu sehen. Dabei geht es nicht mehr um den ergebnislosen Dualismusstreit von einst. Man ist sich von Seiten der „Geisteswissenschaften“ durchaus auf der naturalen Ebene näher gekommen und ist nun bemüht, die Natur differenzierter zu sehen, ohne allerdings Willensfreiheit einfach in einer physikalisch-neuronalen Größe aufgehen zu lassen, und den Menschen einem willenlosen Hirnapparat zu überlassen.

Bislang erzeugen die vielfältigen Beiträge zum Thema Willensfreiheit und Hirnforschung eher ein verwirrendes Bild, nicht zuletzt unter pädagogischem Aspekt. Determinismus, Indeterminismus, Willensfreiheit, bedingter und unbedingter Wille sind an sich schon immer umstrittene Begriffe gewesen. Sie sollten durch eine verwirrende neurobiologische Terminologie nicht noch komplizierter werden. Wichtig wäre es zu klären, welchen *Sinn* die als „kopernikanisch“ neu angebotenen reduktionistischen Thesen eigentlich für den Menschen und den Umgang mit ihm haben könnten. Können sie die Situation des Menschen verbessern oder dürften sie die schon jetzt vorhandene Verwirrung noch vergrößern? Wichtig wären konstruktive interdisziplinäre Klärungsversuche. Dabei ginge es nicht um „letzte und absolute Antworten sondern nur um bessere“, resümierte der Nobelpreisträger und Hirnforscher Roger Sperry (1985, 35). Auf jeden Fall ist es zu wenig, den Grund für die z.T. empörte Kritik an den waghalsigen neuen Thesen nur in der vermeintlichen Banalität und Begriffsstutzigkeit der philosophischen Kritiker zu suchen.

Philosophische Positionen

Eine entschiedene Rechtfertigung der Handlungs- und Willensfreiheit des Menschen aus philosophischer Sicht stammt von dem Tübinger Philosophen Otfried Höffe (2007). Er stützt sich dabei u.a. auf Spinoza, der eigentlich („wider Willen") ein Kompatibilist gewesen sei und zwar sowohl in Bezug auf die *Handlungs-* wie die *Willensfreiheit*. Er habe zwar den Willensbegriff explizit abgelehnt, da er die Existenz des Menschen in seiner Natur begründet ansah, habe aber auch implizit erkennen lassen, dass der Mensch *nicht ausschließlich* an seine Natur gebunden sei, sondern sich z.B. gegen die Übermacht seiner Affekte wehre und versuche, selbstbestimmt und moralisch zu leben. Als Grundlage dafür verfüge er über Erkenntnis und Selbsterkenntnis. Das sich daraus ergebende pragmatisch und moralisch gute Handeln bedeute ein Handeln nach „Gründen". Damit erscheine Spinoza „weniger als Gegner der Willensfreiheit denn als ihr subtiler Verfechter" (237).

Höffe weist im Übrigen die geradezu missionarisch-aufklärerischen Behauptungen von der umwälzenden Bedeutung der hirnphysiologischen Befunde als allzu dramatisierend zurück. Der Determinismus sei seit der Antike bekannt, ohne dass damit jemals eine generelle Ablehnung von Freiheit, Moral und Verantwortung verbunden gewesen wäre. Wer aus naturalen Gegebenheiten auf die Nichtexistenz der Freiheit schließe, erliege einem naturalistischen Fehlschluss (254). Freier Wille bedeute nicht, die Naturkausalität außer Kraft zu setzen. Der Mensch sei vielmehr frei, „weil oder, vorsichtiger, sofern er trotz einer Naturkausalität erstens über die Fähigkeit verfügt, nach anerkannten und angeeigneten Gründen, also in praktischer Reflexivität, statt bloß nach äußeren oder inneren Zwängen zu handeln (bescheidene Willensfreiheit), und weil oder sofern er zweitens diese Fähigkeit auf moralische Gründe auszuweiten vermag (volle Willensfreiheit)" (254).

Wenn er in diesem Sinne aus Vernunftsgründen handelt, so könnten Vernunft und Verstand nicht nur als beiläufige „Ratgeber" für das entscheidende limbische System fungieren, die diesem „wünschbare oder nicht wünschbare Konsequenzen der verschiedenen Alternativen aufzeigen" (Roth 2003a, 553). Abgesehen davon, dass Roth in diesem Zusammenhang „Verantwortlichkeit ohne persönliche Schuld" nur als eine Fähigkeit versteht, die auch den meisten Tieren zukomme, sieht Höffe (2007) in diesem Modell Widersprüche: Wenn der Wille wirklich ein Ratgeber sei, so könne er kein neutraler Dritter, sondern müsse „eine engagierte Instanz (sein), die die Entscheidung zwar nicht trage, jedoch einen wesentlichen Teil, nämlich die vorangehende Überlegung, beeinflussen" könne. Wenn ihm aber jede Einflussmöglichkeit fehle, dann könne er kein Ratgeber, sondern „nur ein neutraler Beobachter sein, der entscheidungsirrelevante Kommentare" abgebe (258).

Wer im Übrigen Begriffe wie „Gründe“, die aus der Sprache des Geistes stammten, „in die Rede über das Gehirn hineinschmuggele“, begehe einen Kategorienfehler, und wer den Unterschied bewusst unterschlage, einen „intellektuellen Betrug“ (261).

Höffe weist auf die schweren Folgen hin, die sich aus der Leugnung der Willensfreiheit ergeben könnten: Das Schuldstrafrecht sowie *Erziehung*, *Selbsterziehung* und *Selbstachtung* würden zur Disposition gestellt; die Unterscheidung von Recht und Unrecht würde undenkbar und zwar sowohl für Rechtschaffene als auch für geniale Verbrecher, die unentdeckt Delikte begehen wollen. Ein Großteil unserer Individual-, Sozial- und Rechtskultur, wie sie sich in der Evolution des Menschen herausgebildet hat, würde gefährdet.

Pauen (2001) versucht, einen Widerspruch zwischen *Willensfreiheit* und physisch-neuronalen Bedingungen dadurch aufzuheben, dass er Willensfreiheit als *Selbstbestimmung* versteht und von einer gemeinsamen natürlichen Grundlage ausgeht. Willensfreiheit und neuronale „Determiniertheit“ als Begründung für selbstbestimmtes Handeln seien dann miteinander vereinbar. Eine freie Handlung müsse selbstbestimmt sein, d.h. der Urheber müsse eine *Person* sein, nicht Zwang oder Zufall. Eine *Person* aber müsse über kognitive und rationale Fähigkeiten, aber auch über Wünsche, Bedürfnisse und Überzeugungen, also über *personale Präferenzen*, verfügen, was nichts anderes bedeutet, als dass sie ein *Selbst* sein müsse. Man könnte sonst nicht erklären, warum in einer vergleichbaren Situation die eine Person so und die andere anders entscheidet. Die Person müsse auch fähig sein, sich u.U. *gegen* eine Präferenz zu entscheiden, bzw. sie zu modifizieren (Pauen 2005).

Für Pauen bedeutet die letztere Position, dass es keinen Zweifel an der *Realität eines Selbst* bzw. an der Existenz von Subjektivität gibt. Wenn es sich um rein physische Prozesse handelte, wäre der Mensch nur den Naturgesetzen unterworfen, nicht also zu freien und damit ethisch begründeten Entscheidungen fähig und nicht in der Lage, sich selbst als autonomem Menschen die Gesetze und Maximen des Handeln zu geben. Es ist also ein unverzichtbarer Unterschied, je nachdem ob man dieses als rein physikalisches Produkt ansieht oder als freie Entscheidung einer Person oder eines Selbst, die Urheber des eigenen Handelns sind.

Jürgen Habermas benutzte seine Rede zur Verleihung des *Kyoto-Preises* (2004) zu einer scharfen Kritik am neurobiologischen Reduktionismus (Habermas 2005, 155–186). Dieser widerspreche unserem intuitiv verankerten und pragmatisch bewährten Selbstverständnis und könne deshalb dieses nicht in Frage stellen. Wir könnten gar nicht anders, als uns gegenseitig die verantwortliche Urheberschaft für unsere Handlungen zuzuschreiben, und wenn ich mir überlege, ob ich den Weg A oder den Weg B nehmen solle, so stehe mir ein Freiheitsspielraum offen. Ich sei frei, wenn ich wolle, was ich als Ergebnis meiner Überlegungen für richtig halte. Wenn ich genötigt würde, anders zu handeln, als ich nach eigener Einsicht handeln wollte, so erlebte ich mich als unfrei.

Im Übrigen gehe es bei Urteilen und Entscheidungen um *Wahrheitsansprüche*, und diese müssten jeweils dem Test der Erfahrung und dem Widerspruch standhalten, den andere gegen die Authentizität der je eigenen Erfahrung einlegen. Experimentelle Beobachtungen und Tests seien nicht schlechthin verlässlicher; denn sie seien durch die Wahl eines theoretisch bestimmten Designs vorstrukturiert. Sie könnten die Rolle einer *Kontrollinstanz* nur insoweit übernehmen, als sie als Argumente zählten und sich gegenüber Opponenten verteidigen ließen.

Was die *Kausalität* betreffe, so weiche die rationale Motivation durch abgewogene *Gründe* vom naturgesetzlichen Kausalmodell ab. Bei ersterer ginge es sprachlich um Prädikate, wie „meinen“ und „bejahen“. Beim naturwissenschaftlichen Kausalmodell dagegen müssten hinreichende Bedingungen für das faktische Eintreten eines Handlungsereignisses angegeben werden können, und dieses müsse daher auch *vorhersagbar* sein. Wenn aber rationale Handlungsgründe wirksam werden, so setze dies einen realen *Akteur* voraus, der sich durch seine *Einsicht* bestimmen lasse. Diese subjektive Bedingtheit werde dadurch bezeugt, dass beliebige andere Personen unter vergleichbaren Umständen nicht zur selben Entscheidung gelangen würden. Erst wenn sich der Handelnde seine begründete Initiative selbst zuschreibt, werde er zum Autor, zum „Urheber“. Dabei werde er durchaus auch von seinem eigenen Körper, speziell seinem Gehirn, „bestimmt“, ohne dass dadurch seine Freiheit beeinträchtigt würde. Aus dieser Sicht würden für ihn die vom limbischen System gesteuerten Prozesse zu ermöglichenden Bedingungen.

Im Übrigen seien, phänomenologisch gesehen, semantische Größen, wie „Gründe“, beobachtbaren, naturgesetzlich variierenden Zuständen nicht gleichzusetzen. Sie entzögen sich vielmehr dieser Art harter kausaler Erklärungen. Wenn solche Phänomene als Epiphänomene angesehen würden, bleibe von der kausalen Rolle des Selbstverständnisses sprach- und handlungsfähiger Subjekte nicht mehr viel übrig. Sie würden zu bloßen Mitläufern eines unbewusst verursachten und neurologisch ablaufenden Verhaltensprozesses. Wenn die Neurowissenschaften dieses mentalistische Erklärungsmodell reduktionistisch unterlaufen wollten, so zahlten sie dafür einen hohen Preis: Das, was wir als bewusstes Leben für uns als unverzichtbar hochschätzen, müsste zu einer Nebenerscheinung werden.

Die Argumentation des amerikanischen Philosophen John R. Searle (2004) zu Gunsten der Willensfreiheit und gegen einen *monistischen* Determinismus, wie er als Physikalismus von hirnphysiologischer Seite vertreten wird, stützt sich auf *Lücken* im Entscheidungsprozess des Menschen.

Diese zeigten sich, wenn er vor einer schwierigen Entscheidung steht und nicht sofort schlüssige Argumente für eine bestimmte Entscheidung findet. Es seien Lücken zwischen den verschiedenen Argumenten im Prozess der Überlegung sowie zwischen Überlegung und Handlung. So gebe es eine Lücke zwischen dem Begründen und dem Fällen einer Entscheidung, aber auch zwischen dieser und dem Beginn der Handlung und ihrer Fortsetzung (16f). Das bewusste Erleben dieser Lücken gebe uns die Überzeugung menschlicher Freiheit und eines bewussten Willens. „Ohne die bewusste Erfahrung der Lücke, d.h. ohne die bewusste Erfahrung der besonderen Merkmale freier, absichtlicher, rationaler Handlungen, gebe es kein Problem der Willensfreiheit“ (20). Wenn es also Handlungen gibt, denen keine kausal hinreichenden Bedingungen vorausgehen, so sei Willensfreiheit die Negation des Determinismus (22).

„Wir können unseren freien Willen nicht wegdenken.“ Dieser Satz von Searle (18) markiert die Tatsache, dass wir den freien Willen und damit die Existenz eines „nicht reduzierbaren Selbst“ als eines „rationalen Akteurs“ als Realität erleben, der in der Lage ist, nach Gründen zu handeln. Wenn also der freie Wille keine Illusion ist, dann müsste er etwas *neurobiologisch Reales* sein. Es müsste demnach „eine Eigenschaft des Gehirns geben, die Willensfreiheit realisiert“ (37). Die Frage ist, wie diese Realisierung im Gehirn zustande kommt.

Searle stellt sich zur Erklärung zwei Ebenen der Entscheidungsprozesse vor, eine „untere“ und eine „höhere“. Die untere wäre die *Mikroebene* der Neuronen, Synapsen und Transmitter und die höhere die *Systemebene* der bewussten Überlegungen, Handlungsintentionen und Entscheidungen; der Autor spricht hier von „Systemeigenschaften“, zu denen auch ein „Willensbewusstsein“ gehöre (Abb. 2).

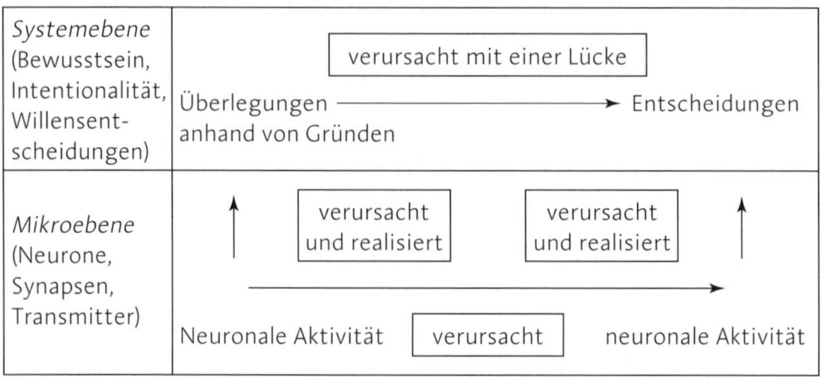

Abb. 2: Entscheidungsprozesse auf zwei Ebenen (leicht verändert nach Searle 2004, 38)

Während die Mikroebene ununterbrochen in Funktion sei und keine Lücken kenne, könnten diese beim Fällen rationaler Entscheidungen auf der oberen Ebene durchaus eintreten. Die Willensentscheidungen würden zwar von den neuronalen Prozessen auf der Mikroebene verursacht, aber als Eigenschaften der höheren Ebene realisiert oder möglich gemacht. Das Problem liege darin, dass wir zu wenig darüber wissen, wie dieses Realisieren im Gehirn genau vor sich geht. Die Erfahrung der Willensfreiheit sei für uns, auch für diejenigen, die sie für eine Illusion halten, jedenfalls so zwingend, dass wir in der Praxis gar nicht in dem Bewusstsein handeln *könnten*, sie sei eine Illusion.

Folgt man der Annahme von Searle, dass das Bewusstsein, verursacht und realisiert durch neuronale Prozesse, *kausal wirkt*, und dass das *Gehirn* die Existenz und die Realisierung des bewussten Selbst aufrecht erhält und in die Lage versetzt, rationale Entscheidungen zu treffen, und in Handlungen umzusetzen (53), so ließen sich die Ergebnisse der Libet-Experimente auch anders interpretieren, bzw. ein Teil der dagegen vorgebrachten Einwände fände seine Bestätigung: Das Feuern der Neuronen *vor* dem Bewusstwerden der Willensentscheidung bedeutete dann nicht ein „Entscheiden des Gehirns", das dem Bewusstwerden dieser „Entscheidung" vorausgeht, sondern die Realisierung der Willensentscheidung des Selbst durch die verursachenden Neuronen.

Dieses Denkmodell erscheint plausibler als die bisherigen rein neuronal bezogenen Erklärungsversuche, die auf ein nachgeordnetes Selbstbewusstsein und einen nur sogenannten freien Willen hinauslaufen, die letztlich nur als *Epiphänomene* zu verstehen wären. Es wäre allerdings irreführend, wie Searle betont, wenn die Metapher von Höherem und Unterem als eine räumliche Trennung verstanden würde. Vielmehr sei das Bewusstsein „eine Eigenschaft des ganzen Systems". Es sei in allen denjenigen Teilen des Gehirns, in denen es von neuronaler Aktivität verursacht und realisiert wird, „buchstäblich gegenwärtig" (43).

Auch Manfred Spitzer (2004) versucht die Willensfreiheit zu verteidigen. Wenn man annehme, alles in der Natur sei durch naturgesetzliche Kausalität festgelegt, so dass es keine davon freien Willenshandlungen geben könne, so übersehe man, dass besagte Kausalität selber nicht in der Natur zu finden sei, sondern von unserem Denken in die Natur hineingelegt werde. Ein strenger Naturwissenschaftler als Beobachter würde demnach stets nur Kausalität und Determiniertheit feststellen bzw. versuchen, dies festzustellen. Anders wären Naturerkenntnisse gar nicht möglich.

Anders ist es aber, wenn die Wirklichkeit vom einzelnen *Subjekt* her betrachtet wird, das stets Beobachter und Beobachteter zugleich ist. Hat es eine Entscheidung gefällt, so kann es als Beobachter den eigenen Kausalitäten nachgehen bzw. die vorausgegangene Kausalkette überschauen und nachvollziehen. Wenn die Willensentscheidung aber in der Zukunft liegt, also noch gesucht wird, kann sich eine endlose Kette von Willensmotiven bilden, die letztlich nicht mehr zu überschauen ist, eine Kausalität also nicht mehr klar bestimmend ist. Es könnte dann von außen her, also objektiv betrachtet, eine determinierende Kausalkette gefolgert werden, aber nicht von innen her: Subjektiv betrachtet ist der Wille frei. Von einer totalen Fremdbestimmtheit könne deshalb nicht gesprochen werden, weil niemand seine eigene Entscheidung kenne, bevor er sie getroffen hat (303). Wer also totalisierend behauptet, der Wille sei entweder determiniert oder frei, vermenge die verschiedenen Betrachtungsweisen in unzulässiger Weise (296). Spitzer wendet sich mit seiner Argumentation (u.a. im Anschluss an den Physiker und Nobelpreisträger Max Planck) direkt gegen den Anspruch oder die Meinung, die gegenwärtige Hirnforschung mache uns notwendigerweise unfrei. Im Gegenteil: Durch dieses neue Wissen verstünden wir besser, wie im Gehirn Entscheidungen zustande kommen, wodurch wir wiederum zu einem reflektierteren und selbstkritischeren Verhalten gelangen könnten.

Auch Bauer (2006a) hält das Postulat eines freien Willens für unaufgebbar. Die Experimente, auf die sich Hirnforscher bezögen, die den freien Willen für eine Illusion hielten, seien nicht geeignet, ihre These, dass es keinen freien Willen gebe, zu belegen. Entscheidungen eines Individuums, die auf der Basis eines bewussten Willensaktes gefällt werden, hätten auch neurobiologisch gesehen einen unverzichtbaren Sinn. Die Preisgabe dieses Postulats müsste völlig unsinnige pragmatische Folgen für den Menschen in sozialer Hinsicht haben: Es entfiele für ihn die Notwendigkeit, sich bei jeglichen Entscheidungen an seiner Umwelt zu orientieren, um eine sinnvolle Wahl aus verschiedenen Möglichkeiten, die das Gehirn bereitstellt, zu treffen (163f).

„Die Bewahrung der Differenzierung von Geist und Gehirn, von Leib und Seele, [sichert uns, O. S.] die Bewahrung eines wesentlichen Ermöglichungsgrundes unserer Freiheit“, stellt der Neurophysiologe und Neurophilosoph Detlef B. Linke fest (2005, 100). „Die ungeprüfte Verabschiedung von Freiheitskonzeptionen auf Grund allein deterministischer Argumente erscheint mir also höchst gefährlich zu sein und muss scharf zurückgewiesen werden.“

2.7 Ethische Einwände

Die Thesen von einer Determinierung menschlichen Handelns durch das Gehirn und damit von einer nur illusionären Willensfreiheit stellen die herkömmliche Ethik in mehrfacher Hinsicht in Frage. In dem Sammelband von Geyer (2004) sind mehrere Kritiken zusammengestellt. Ihr Grundtenor: Die ethischen Grundfragen „Was soll ich tun?“ oder „Wie soll ich handeln?“ verlieren ihre *reale* Basis, wenn die Antwort für den einzelnen

Menschen bereits *vorab* von den neuronalen Schaltungen seines Gehirns festgelegt wäre. Wenn nicht *Ich* es bin, der etwas Bestimmtes will oder soll oder nicht soll, sondern *es*, nämlich das Gehirn, so wäre es überflüssig, vor einer Entscheidung bewusst verschiedene, z.T. einander widerstreitende Gründe zu erwägen und aus verschiedenen Alternativen die beste auszuwählen. Ein Auch-anders-handeln-Können in bestimmten Situationen, ein mögliches Unrecht zu vermeiden, erscheint dann ausgeschlossen. Die ethische Zentralinstanz des autonom handelnden und sein Handeln verantwortenden Menschen fiele dann weg. Wenn es kein bewusstes Ich gibt, gibt es nach allgemeinem Verständnis auch kein *moralisches Subjekt*.

Ethisch zu verantwortende Willensakte könnten nicht ohne Beteiligung eines bewussten und selbst bestimmenden Ich oder Selbst aus den neuronalen Zuständen „hervorgehen". Es wird zwar nicht bestritten, dass die zu erwägenden Gründe im Gehirn verarbeitet würden, und dass es selbstverständlich ohne Gehirn keinen „freien Willen" geben könne. Dies müsse aber nicht bedeuten, dass Willensentscheidungen restlos biologisch erklärbar sind. Die Belege für ein einseitig naturalistisches Verständnis menschlicher Entscheidungsprozesse seien nicht eindeutig. Aus den Experimenten von Libet ergebe sich jedenfalls nicht zwingend ein Einwand gegen die Freiheit willentlicher Handlungen im *moralphilosophischen* Verständnis.

Ethisch handeln können nur *Menschen*, auch wenn ihr Genom nahezu identisch mit dem von Schimpansen ist und die Großhirnrinde einer Ratte sich unter dem Mikroskop kaum von der eines Menschen unterscheiden lasse. Ethische Einwände richten sich vor allem gegen die *Verneinung* persönlicher Freiheit und damit von *Schuld* und *Verantwortung*. Was die Hirnforschung zur Klärung dieses alten Themas beiträgt, erscheint, abgesehen von der Aussicht auf ein künftiges neurowissenschaftlich fundiertes, jedoch letztlich höchst riskantes Screening zur Prognosegewinnung ebenso wenig neu wie realitätsnah.

Eine Reduktion auf lediglich neuronale Prozesse jenseits von persönlicher Freiheit, mag der Freiheitsspielraum auch noch so klein sein, erscheint auch *Psychiatern, Psychotherapeuten und Heilpädagogen* weder realistisch noch hilfreich. Auf der Basis einer bloßen physikalisch-chemischen Determiniertheit des Verhaltens könne es zu keiner ethisch begründeten *Veränderung* des eigenen Verhaltens und des Zusammenlebens kommen.

Im Einzelnen bestreitet aus der Sicht der *systematischen Ethik* der Freiburger Moraltheologe Eberhard Schockenhoff (2004) die Erklärbarkeit moralischer Phänomene, wie Wertüberzeugungen, Gewissensregungen oder Empfindung von Scham oder moralischer Empörung, durch deren Reduzierung auf physikalische Prozesse im Gehirn, als seien sie eine Unterart der Klasse natürlicher Ereignisse (168). Es stelle sich die Frage, wie es zu einer Veränderung der eigenen Wertüberzeugungen oder Gewissensregungen kommen könne, wenn deren neuronale Substrate doch durch das

Erfahrungsgedächtnis festgelegt seien, und wie diese dann zu einer Korrektur veranlasst werden könnten. Begriffe wie „Selbstbewusstsein" und „Ich" sowie ethische Postulate von Freiheit und Verantwortung ließen sich nicht als Phantomgebilde erklären. Sie bewiesen vielmehr ihre reale Bedeutung durch die unbestreitbare Fähigkeit des Menschen, „sich selbst Handlungsziele zu setzen und seine Entschlüsse auf Grund besserer Einsicht zu revidieren" (170), nicht also ihrem naturhaft funktionierenden Gehirn ausgeliefert zu sein (Aus fundamentaltheologischer Sicht: Neuner 2003).

Otfried Höffe (2007) zeigt unter Berufung auf Kant auf, dass die Ergebnisse der Libet-Versuche nicht als eine Widerlegung der Willensfreiheit ausgelegt werden könnten. Die Willensfreiheit bestehe nicht in irgendeiner *Selbstbestimmung,* sondern in der Fähigkeit des Menschen, sein Handeln an der Vorstellung *universell gültiger Gesetze* auszurichten, sofern er sich diese selbst gibt. Allein diese Fähigkeit sei *Autonomie* zu nennen (griech. autos = selbst, nomos = Gesetz). Das hier gemeinte Gesetz aber stamme nicht aus dem subjektiven Willen selbst sondern von woandersher, sei also (zunächst) *heteronom* bestimmt. Kant gehe es um einen Begriff von Willensfreiheit, der sich am Absolutum des Guten und damit am universellen Sollen orientiert, also nicht einfach am eigenen (subjektiven) Vorteil. Im Gegenteil: Moralische Autonomie erfordere einen Verzicht auf Eigensinn und eine Unterwerfung unter das moralische Gesetz. Dazu seien Erziehung und Selbsterziehung nötig, jedoch auf der Basis von Freiheit.

Als Beispiel wird ein Mann zitiert, der unter Androhung der unverzüglichen Todesstrafe aufgefordert wird, gegen einen ehrlichen Mann falsches Zeugnis abzulegen. Die Freiheit, sich zu verweigern, zeigt sich darin, dass ihm dies möglich ist. Ohne das moralische Gesetz wäre sie ihm unbekannt geblieben. Wer sich durch Erziehung und Selbsterziehung die Haltung der Ehrlichkeit oder der Hilfsbereitschaft erworben habe, der bleibe auch in schwierigen Situationen ehrlich und hilfsbereit.

Neurophysiologisch könnte man sagen, seine Haltung sei neuronal einprogrammiert (302). Real hervorgegangen aber ist sie aus moralischer *Freiheit.* Willensfreiheit ist damit volle Realität. Moral finde man nicht einfach in der Natur vor, wie etwa Mineralien oder Pflanzen, sondern sie werde unter den Bedingungen für menschliches Zusammenleben von den Menschen als universelle Notwendigkeit hervorgebracht. Moral sei demnach nicht etwas rein Subjektives oder Zufälliges, sondern sei im Grunde *objektiv gesollt* (308). Daraus folgt: Wenn jemand auf diesem Wege (über Erziehung, Freiheit und Selbsterziehung) eine stabile moralische Haltung erworben hat, so ist es unzutreffend, diese wegen ihrer neuronalen Verankerung als naturhafte Determination und als Beleg für die Illusion von Freiheit auszugeben. Wer nicht unehrlich sein kann, *will* ehrlich sein. Wie es möglich sein könne, die Welt des *Sollens* durch Einsichten aus der Welt des *Seins* aus den Angeln zu heben, sei bis jetzt nicht erkennbar (302).

2.8 Ein neues Menschenbild?

Verändern die Befunde der Hirnforschung unser Menschenbild? Die New York Times 15. 01. 2007 (Overbye) brachte eine Artikelserie unter dem Stichwort „Mysteries of the Mind“ heraus, in der es auch um die Frage nach dem „freien Willen“ ging. Darin wurde u.a. der amerikanische Kognitionswissenschaftler Daniel C. Dennett zitiert, der am MIT (Massachusetts Institute of Technology) mit dem Bau von Robotern beschäftigt ist, und für den das Bewusstsein nicht mehr ist als das Feuern der Neuronen im Gehirn. Als Materialist sieht er den Menschen als eine intelligente Maschine an, das Selbst also hält er für reine Illusion (1994): „Wenn wir nachdenken, ob der freie Wille eine Illusion oder Realität ist, schauen wir in einen Abgrund. Was uns bevorzustehen scheint, ist ein Sturz in Nihilismus und Verzweiflung.“ Für Michael Silberstein, Wissenschaftstheoretiker aus Pennsylvania, stellt sich an gleicher Stelle die Frage, ob nicht das Reden über den freien Willen in der Öffentlichkeit einen *Kulturkampf* auslösen könnte. Die beiden Autoren sehen in solchen Vorstellungen lediglich bloße Horrorszenarien.

Menschliche Tiere?

Anlässlich des 50-jährigen Bestehens der Hirnforschung in der Max-Planck-Gesellschaft kündigte Wolf Singer allerdings an, dass deren Fortschritte „tiefgreifende Veränderungen unseres Menschenbildes, folgenreichere vielleicht als die kopernikanische Wende und die Darwinsche Evolutionstheorie“, bewirken würden. In Frage stehe „die Begründung unserer Selbstwahrnehmung als freie, geistige Wesen“ (2002, 9). Die bisherige Sonderstellung stehe dem Menschen biologisch gesehen nicht zu. Menschen und Großaffen, vor allem Schimpansen, seien „auf das Engste miteinander verwandt“, und zwar auch in Bezug auf das Verhalten und das Gehirn (Roth 2003a, 545). Das menschliche Gehirn sei „ein typisches Großaffengehirn“. Qualitativ finde sich nahezu alles, was man bisher dem Menschen als einzigartige Fähigkeiten zugesprochen habe, auch bei einigen „nichtmenschlichen Tieren“ (!), z.B. Geist und Bewusstsein, Denken, Handlungsplanung, komplexe Kommunikation, Werkzeugherstellung oder Unterrichten. Das bedeute aber nicht eine totale Gleichsetzung; die geistigen Fähigkeiten des Menschen seien erheblich größer als die „anderer Tiere“ (!). Menschen verfügten im Übrigen über Bewusstseinformen wie das Ich-Bewusstsein und das Nachdenken über sich selbst oder den Sinn des Lebens, die man bisher bei Tieren nicht beobachtet habe. „Geist und Bewusstsein – welcher speziellen Natur sie auch sein mögen“ – träten allerdings nur im Rahmen bekannter physikalisch-chemischer Gesetzmäßigkeiten auf. Einige Bewusstseinszustände, wie das Ich-Bewusstsein, seien wahrscheinlich nur dem Umfang nach größer und von anderer Art „als bei den übrigen Tieren“ (!) (547).

Bei derartigen nivellierenden und abwertenden Ableitungen wird der Mensch bewusst in die Nähe der Tiere gerückt. Wir Menschen werden als „die Schimpansenartigen“ bezeichnet (555). Was soll diese Nähe bedeuten? Etwa: „Wir Menschen sind Affen und verhalten uns auch so“ (Wuketits 1993, 9)? Möglicherweise spielt bei derartigen Überzeichnungen die Faszination von den neuen, alles Bisherige über den Haufen werfenden biologischen Entdeckungen eine Rolle. Dies dürfte auch für die von Dawkins (2004) entworfenen „egoistischen Überlebensmaschinen“ gelten, die ein rein biologisch bestimmtes Bild präsentieren. Zu bedenken sei stets, dass Beobachtungen und Folgerungen von den ihnen zu Grunde liegenden Theorien abhängig sind (Heisenberg 1976). Wenn also nur das Naturgesetzliche gesehen wird, muss anderes, also Philosophisch-Anthropologisches (Illies 2006), zu kurz kommen. Es ist ohne Zweifel ein *reduktionistisches* Menschenbild, das hier gefolgert wird. Nicht naturgesetzlich bestimmbare Realitäten bleiben mehr oder weniger ausgeblendet und verlieren an Wert und Bedeutung; sie können schließlich vom eigenen naturwissenschaftlichen Ansatz her auch nicht hinreichend erklärt und begründet werden.

Bei einem einseitigen Plädoyer für ein biologisch bestimmtes, also naturalistisches Menschenbild hat man nach den sich möglicherweise daraus ergebenden *Folgerungen* zu fragen. Was bedeutet es, wenn der Mensch mehr als eine Maschine oder als ein Tier gezeichnet wird, wenn er „schimpansenartig“ wird? Bei der Durchsicht der verschiedenen neurobiologischen Beiträge fällt auf, dass darüber wenig oder gar nichts inhaltlich Konkretes ausgesagt wird. Man erhält also kein klares Bild, in welcher Hinsicht das neue Menschenbild einen Fortschritt darstellen könnte.

Ökonomische Orientierung?

Roth deutet einen aktuell-pragmatischen Aspekt eines neuen Menschenbildes an: Es wäre, wie schon heute zu erkennen, der Mensch, der sich in seinem Planen und Handeln primär *utilitaristisch*, d.h. an *ökonomischen* Maximen und nicht an *Ideen* und sonstigen „metaphysischen“ *Werten* orientiere. Menschliches Verhalten werde vielmehr durch *nutzenorientierte* Entscheidungsprozesse bestimmt werden (2003a, 557). Zurückgegriffen wird dabei auf den britischen Philosophen und Ökonomen Jeremy Bentham (1748 – 1832), der im Vermehren von Lust und Glück und in der Verminderung von Unlust und Leid die zentrale Triebfeder menschlichen Handelns sah und als gesellschaftliche Zielorientierung „das größtmögliche Glück der größtmöglichen Zahl“ postulierte. Aus neuerer Zeit stammt der ökonomische Ansatz des amerikanischen Wirtschaftswissenschaftlers Gary S. Becker (1999), der den Menschen als einen Akteur sieht, der sein Verhalten an der Maximierung seines *Nutzens* im Sinne seiner eigenen

Stabilität ausrichtet und sich optimal mit dafür geeigneten Informationen und sonstigen Gütern auszustatten versucht.

Roth bemerkt dazu, dass er im Unterschied zu Beckers Ansatz mit seiner starken Betonung der *Rationalität* die *Gefühle* und *Affekte* nicht als untergeordnete Faktoren betrachte, sondern Verstand und Vernunft in die affektiv-emotionale Grundstruktur des Menschen eingebettet sehe. Damit ändert sich freilich nicht viel. Im Übrigen ist für Roth nicht die Optimierung des Kosten-Nutzen-Verhältnisses für menschliches Handeln entscheidend, sondern „das Aufrechterhalten eines möglichst stabilen und in sich widerspruchsfreien emotionalen Zustandes" (560). Es bleibt allerdings offen, was unter einem solchen *widerspruchsfreien emotionalen* Zustand (jenseits von Nutzen-Erwägungen?) zu verstehen ist.

Auf jeden Fall wird bei diesem Menschenbild der Funktion des *limbischen Systems* im Gehirn eine zentrale (neuronale) Bedeutung und Funktion zugewiesen. Generell kann die Befürchtung nicht abgewiesen werden, dass ein auf Naturgesetzlichkeiten reduziertes Menschenbild mehr Züge der *Festgelegtheit*, der Berechenbarkeit, der Verfügbarkeit und der „Maschinlichkeit" (Ingensiep 2005, 160) auf Kosten von *Menschlichkeit* annehmen könnte. Es ist auf eine völlige Erfassung der *Physikalität* des Menschen und auf deren mögliche biotechnologische *Perfektionierung* ausgerichtet bzw. auf die (negative) Selektion des Nicht-Perfekten, des Unzulänglichen, des Behindernden. Der „behinderte Mensch" kommt in all den Aussagen zum neuen Menschenbild überhaupt nicht vor.

Naturalistisch reduziert?

Wenn ein neues Menschenbild angekündigt wird, so kann man nach geschichtlicher Erfahrung davon ausgehen, dass dieses einem neuen und vorübergehenden Trend zu verdanken ist. In der gegenwärtigen naturalistischen Wende *(naturalistic turn)* kann man eine Gegenbewegung zur vorausgegangenen *soziologistischen Phase* sehen, deren Menschenbild vom Gesellschaftsaspekt dominiert war, und in der alles *Biologische* oder „Ontologische", wie man damals sagte, als suspekt galt. Die Protagonisten dieser Einseitigkeit waren durchaus nicht die primären Vertreter neuer soziologischer Erkenntnisse, sondern Ideologen mit der Neigung, Wissenschaftliches im Sinne der eigenen Weltanschauung zu interpretieren, also zu reduzieren. Es war übrigens im vorausgegangenen Jahrhundert auch nicht Darwin selbst, der den Sozialdarwinismus vertreten hatte, sondern seine Epigonen!

In einem biologistisch geprägten Menschenbild dürften *naturhafte, utilitaristische*, *egoistische* und *faktenbezogene* Orientierungskriterien bestimmend werden. Eine Gesellschaft, die sich lediglich am Gesetz des Gen-Egoismus orientierte, wäre kaum lebenswert, stellt übrigens der Erfinder des „egoistischen Gens", R. Dawkins selber fest und fügt hinzu, wer wie er „eine Gesellschaft aufbauen möchte, in der die einzelnen großzügig und selbstlos zugunsten eines gemeinsamen Wohlergehens zusammenarbeiten, kann wenig Hilfe von der biologischen Natur erwarten" (2004, 26)!

Die Neurophysiologie vertritt zwar von sich aus – gemäß ihrem naturwissenschaftlichen Ansatz – einen *Physikalismus*. Diesen will sie jedoch – verwirrenderweise – *nicht* im Sinne einer Reduktion des Psychischen auf das Neuronale verstanden wissen. Es sei ein „nicht-reduktionistischer Physikalismus". In diesem Sinne wolle die Hirnforschung „den wahrnehmenden, denkenden, vorstellenden, erinnernden, fühlenden und wollenden Menschen als einen Gesamtprozess begreifen [...], der sich innerhalb bekannter, deterministisch wirkender Naturgesetze vollzieht und innerhalb dieser Grenzen verstehbar und letztlich auch erklärbar ist. Geist, Bewusstsein, Wille würden dabei als *besondere physikalische Zustände* akzeptiert, die das Naturgeschehen nicht transzendieren" (Roth 2003a, 562).

Dieses *naturalistische Menschenbild* ist ein rein *funktionales* und *individualistisches*. Es enthält *nichts Normatives*, nichts Inhaltliches, worauf sich diese Fähigkeiten und Eigenschaften beziehen und ausrichten sollten, und nichts, was sich auf den Anderen bezöge, etwa auf den Altruismus und die Achtung der Menschenwürde. Diese Verkürzung erklärt sich daraus, dass es allein auf die *Natur* begründet ist. *Kultur* aber – und in der leben wir – ist kein naturalistisches Phänomen, wenn sie auch auf Natur gegründet ist.

Wenn trotz dieser Reduktionen ausdrücklich von einem *„nicht-reduktionistischen" Physikalismus* die Rede ist, so handelt es sich um einen Zwitterbegriff, der nicht überzeugen kann, auch wenn betont wird, dass damit keine Gleichsetzung von Bewusstsein und feuernden cortikalen Neuronen gemeint sei, sondern nur eine Beschreibung dessen, was im Gehirn abläuft. Ob es den Autoren damit gelingt, sich von einem *radikalen* neurobiologischen Reduktionismus zu distanzieren, kann bezweifelt werden. Ein solcher ist, wie Roth berichtet, u.a. 1984 von dem französischen Autor J.-P. Changeux vertreten worden. Er mündete in das Bild eines „neuronalen Menschen", der nichts mehr mit dem „Geist" zu schaffen habe. Ein ähnliches Bild schwebte P. und P. Churchland vor (zit.b. Roth 2003a, 561), die überzeugt waren, dass man „das ganze alltagspsychologische Gerede um Bewusstsein, Geist, Gefühle, Wünsche und Willen vergessen und diese Phänomene auf das tatsächliche neuronale Geschehen reduzieren" könne.

Ebenso radikal hat sich der schon wiederholt zitierte amerikanische Philosoph und Roboter-Konstrukteur D. C. Dennett (2007) ausgedrückt. Er sieht im menschlichen Bewusstsein nichts Mysteriöses (Geistiges), das man von außen her nicht materialistisch erklären könnte. Menschen seien aus nichts anderem als aus geistlosen Robotern gemacht. Sie besäßen überhaupt keine nicht-physikalischen Bestandteile.

Es sind dies alles bloße Behauptungen! Der *„nicht-reduktionistische“ Physikalismus* ist auf jeden Fall bewusst *gegen das traditionelle geisteswissenschaftliche Menschenbild* gerichtet, für welches „das Geistige als höchstes Sein des Menschen das Naturgeschehen übersteigt und seine Freiheit, Individualität und Menschenwürde begründet“ (Roth 2003a, 562). Diese Zurückweisung solle nicht bedeuten, dass damit der Mensch zu einem nur neuronal funktionierenden Wesen verkürzt würde.

Man kann in diesen in sich nicht widerspruchsfreien Thesen durchaus einen Reduktionismus sehen, einen naturalistischen. Wenn allem Geistigen eine – wenn auch spezielle – Natur zugesprochen wird, und wenn der „freie“ Wille (in jeder Form), das Selbst und das Bewusstsein zur Illusion erklärt bzw. lediglich zur begleitenden Instanz werden. Das Reden von der Determinierung des Fühlens, Bewertens und Handelns durch das Gehirn stößt im Alltagsbewusstsein ganz entschieden auf Befremden, Verunsicherung oder Ablehnung. Der Mensch wird zur bloßen Natur, zum *Tiermenschen*, bzw. zur *Maschine*, wenn das Subjekt und sein Freiheitsspielraum als Phantome gelten. Die Bedeutung der *subjektiv* und *kulturell* geprägten Lebenswelt wird geschwächt, wenn allein die Natur bestimmend wird.

Wirklich keine gravierende Änderung?

Joachim Bauer (2006a, 155) zitiert einen bedeutenden Evolutionsbiologen, Ernst Mayr: „Biologie ist keine zweite Physik!“ Lebewesen seien anders strukturiert als Maschinen, die ausschließlich den Gesetzen von Physik und Chemie folgten. Lebewesen sind selbstorganisierte Systeme, die ständig bewusst Antworten auf ihre eigenen Lebensbedingungen zu geben hätten. Auf rein physikalisch-chemischem Wege, also ohne freies Handeln und ohne Verantwortung, wäre die Zielvorstellung einer vollkommenen und gänzlich friedfertigen Gesellschaft eine Chimäre, auch wenn sie immer wieder verbal eingefordert würde, so Mayr.

Auch W. Prinz kritisiert als Psychologe in seinem Beitrag im bereits genannten „Manifest“ den offenkundigen *Reduktionismus* der Hirnforscher, den sie an anderer Stelle selber zurückweisen. Er betont, dass sich Gehirnfunktionen ebenso wenig auf Physik und Chemie reduzieren ließen, wie sich soziale und kulturelle Phänomene auf Hirnphysiologie zurückführen lassen (2004b, 35).

In besonders scharfer Form hat sich J. Habermas 2006 in seiner Berliner Rede aus Anlass der Verleihung des Holberg-Preises gegen ein Welt- und Menschenbild gewandt, in welchem das kausal Objektivierbare, Messbare und Verfügbare im Vordergrund stünden und das offene Zusammenleben sich selbst bestimmender Subjekte gefährdet wäre. Diskurse wären dann nicht mehr nötig, weil alles in den Gehirnen festgelegt wäre. Die Welt bliebe stumm und starr.

Eine andere Sache aber ist es, wenn man sagen sollte, ob uns *tatsächlich* derartige dramatische Veränderungen des Menschenbildes ins Haus stehen. Befürchtungen dieser Art sind in den letzten Jahrzehnten angesichts ständig neu auftretender geistiger Strömungen und wissenschaftlicher Fortschrittslehren wiederholt zum Ausdruck gebracht worden. Der Mensch als Ebenbild Gottes konkurriert längst mit profanen Bildern, etwa vom Menschen als „Ensemble der gesellschaftlichen Verhältnisse", als „Genmaschine" oder als konditioniertem Lebewesen „jenseits von Freiheit und Würde".

Man kann diese zeitbedingten Wandlungen als Facetten einer Grundgestalt des Menschenbildes ansehen, das sich letztlich doch als relativ stabil erweist. Aus dieser Sicht befürchtet Pauen (2007) keine spektakuläre Revision unseres Menschenbildes durch die Neurobiologie. Singer (2003) ist sogar überzeugt, dass aus dem Wissen um die Begrenztheit menschlicher „Freiheit" und um die Gebundenheit an die individuelle (neuronale) Natur ein Menschenbild hervorgehen könnte, das von mehr Humanität, Bescheidenheit, Demut und Toleranz bestimmt wäre (66).

Nun sind es aber nicht die wissenschaftlichen Erkenntnisse an sich, die ein Menschenbild ausprägen, sondern es ist deren Umsetzung in der gesellschaftlichen Realität. Verwiesen sei auf die verheerenden Auswirkungen des *Sozialdarwinismus* in der ersten Hälfte des 20. Jahrhunderts im Anschluss an Darwins biologische Entdeckungen. Es ist die *plakative Resonanz*, die wissenschaftliche Erkenntnisse über die Medien in den Alltagstheorien der Menschen finden, zumal wenn sie gängigen ideologischen Tendenzen entsprechen, z.B. der Überwindung „metaphysischer" Hindernisse für biotechnologische Fortschritte oder existentiellen Bedürfnissen nach Entlastung von überfordernder Verantwortung und Schuld. Das Menschenbild, das hier mentale Nahrung erhalten könnte, wäre ein *naturalistisches*, bei dem der Mensch sich primär als *Naturwesen*, als hirngesteuerte „Maschine", verstehen würde. Wenn in der Alltagssprache nicht mehr von „Freiheit" gesprochen werden sollte, dafür mehr von Determinismen, so könnte die *Welt des Menschen* eine *geschlossene* werden und die Basis für die unbedingte Achtung seiner *Würde* brüchig werden. Durch die entstehenden *größeren Abhängigkeiten* von außen wüchse seine *Manipulierbarkeit*. Selektionsentscheidend wären – bedingt durch ungleich verteilte und sozialdarwinistisch wirkende Entwicklungschancen in der Gesellschaft – die in der *biologisch begrenzten Erziehungsphase dauerhaft ungleich programmierten Gehirne*. Es sind dies *mögliche* Gefährdungen. Sie zu kennen ist wichtig, wenn es gilt, ein humanes Menschenbild zu behaupten.

3 Herausforderungen der Pädagogik

Das neue hirnphysiologische Wissen ist für die Pädagogik von genereller Bedeutung. Es erweitert das Wissen um die Grundlagen von Lernen und Erziehung. Es enthält aber auch Inhalte, die auf Kritik stoßen. Sie deuten darauf hin, dass das Menschenbild, an dem sich die Pädagogik bisher orientierte, in Frage gestellt wird. Insbesondere das Reden von der „Illusion“ der Willens- und Handlungsfreiheit und von der funktionellen Priorität und Determinanz des Gehirns könnte die Pädagogik im Kern ihres Selbstverständnisses treffen. Auf jeden Fall ist einige Verwirrung und Verunsicherung entstanden, die die nähere fachliche Verwertung der neurobiologischen Befunde erschwert.

Es mag auffallen, wie wenig sich die *Erziehungswissenschaft* zu Wort meldet. Kein allgemeiner Aufschrei ist zu vernehmen, wenn es heißt, nicht der Mensch als Person steuere sein Verhalten, sondern dies tue unbewusst sein Gehirn, und Selbstbestimmung oder Autonomie des Menschen sei eigentlich die Autonomie seines *Gehirns*. Möglicherweise nimmt die Pädagogik die neuen Thesen nicht ernst (genug), zumal sie selber nicht in unmittelbare fachliche Kritik geraten ist und es sich bei dem kritischen Phänomen („Freiheit“) mehr um ein Problem der Philosophie zu handeln scheint, zu der sich der Kontakt seit Längerem gelockert hat.

Es kann auch sein, dass man das, was die Hirnforschung entdeckt hat, für ein *Phantom* oder ein Thema rein akademischer Art hält, bei dem nicht zu erkennen ist, was es mit der Wirklichkeit der Lebens- und Erziehungspraxis zu tun habe. An sich wird von Neurobiologen immer wieder betont, wie wichtig die *Erziehung* für die Entwicklung des Gehirns und damit auch für unsere *Kultur* sei. Das Gehirn sei schließlich „Produkt von Erziehung“. „Nichts ist wichtiger als der erzieherische Prägungsprozess unserer Kinder“ (Singer 2003, 34). Könnte es also sein, dass aus den neurobiologischen Erkenntnissen keine grundlegenden Änderungen im praktischen System der Erziehung abzuleiten wären?

Generell lässt sich feststellen, dass die neurobiologischen Thesen nicht so eindeutig formuliert sind, dass Missverständnisse ausgeschlossen wären. Auf der einen Seite hat man den Eindruck, als sollte sich am System der Pädagogik – im Wesentlichen – *nichts ändern*. Andererseits wird man mit einzelnen – sprachlich – radikalen Schlussfolgerungen konfrontiert, die *inakzeptabel* sind. So findet man das tradierte Menschenbild und

Erziehungsziel der *Person*, die ihr Handeln selbst (autonom) bestimmt, nicht eigentlich wieder. Wenn es das Gehirn ist, das das Verhalten steuert, und wenn das *Selbst* und der „freie" Wille zur Illusion erklärt werden, so stellt sich die Frage, wie man auf der Erkenntnisbasis einer Selbsttäuschung bzw. einer Täuschung anderer glaubwürdig erziehen könne. Für eine real wirksame Erziehung entfiele jedenfalls die entscheidende Größe: der auf Selbstbestimmung angelegte personale Adressat. Sollen Gehirne erzogen werden (Giesinger 2006)? Wird der Mensch nicht zu einer „biophysikalischen Maschine mit positivem und negativem Feedback" (Sperry 1985, 43), wenn er lediglich von seinem Gehirn gelenkt wird? „Nervenzellen haben keinen Willen, Moleküle können sich nicht für etwas interessieren, und schließlich ist es auch nicht das limbische System, das in Prüfungssituationen Angst ‚hat' " (Becker 2006, 214).

Man muss sich das praktisch vorstellen: Wie gehe ich heilpädagogisch mit einem gewalttätig gewordenen Jugendlichen um, wenn ich davon ausgehen muss, dass es seine neuronalen Schaltungen im Gehirn waren, die (unbewusst) „entschieden" hatten, einen anderen niederzuschlagen? Wenn das persönliche Schuldgefühl keine Rolle spielt, wenn kein Bewusstsein davon wirksam ist, dass ich der Urheber einer verwerflichen Tat und für die verursachten Verletzungen verantwortlich bin, so erscheint oder ist es zwecklos, an „Gewissen" und an persönliche Verantwortlichkeit zu appellieren. Es ist ohnehin unüblich geworden, von *Gewissen* oder *Gewissenserziehung* zu reden. Wie soll ein Kind moralisch handeln lernen – was angesichts der Pluralität der Werte und der daraus entstandenen Chaotik des normativen Verhaltens immer mehr Eltern und Lehrer für wichtig halten, aber nicht mehr schaffen –, wenn persönliche Bindung an moralische Maximen oder Werte sich zu einer Fiktion auflöst angesichts der generellen Determiniertheit des Verhaltens? Welchen Sinn hätten dann Strafe und Lob? Bloße Konditionierung bzw. die *bloße* Entrichtung von irgendwelchen Kosten wären ein Rückfall in überwunden geglaubte Praktiken. Wie kann Aussicht und Hoffnung bestehen, dass ein Jugendlicher durch *Gespräche* auf der Ich-Du-Basis des Dialogs sein inakzeptables Verhalten ändert, wenn dieses doch biotisch determiniert ist, und wenn das Ich nur als eine Begleiterscheinung unbewusst ablaufender neuronaler Prozesse anzusehen ist? Soll ein neurophysiologisch informierter Pädagoge so tun, als ob er noch an die kausale Wirksamkeit von Ich und eigenem (gutem) Willen glaubt, wie ein Kind an den Osterhasen oder den Weihnachtsmann? Soll Kindern eine „leer laufende Nötigung andressiert" werden (Habermas 2005, 169)?

Wenn die Hirnforschung geltend macht, durch die Kenntnis von der neuronalen Steuerung des menschlichen Verhaltens könne eine *humanere und verständnisvollere Erziehung* zustande kommen, so bleibt man doch einigermaßen skeptisch angesichts der Tatsache, dass es nicht erst die

Neurophysiologie ist, die derartige Verheißungen proklamiert hat. Für die Pädagogik gilt nicht erst seit Pestalozzi, dass Kinder Verständnis brauchen und zu mehr Toleranz und Achtung voreinander erzogen werden sollen, und dass man Übeltäter nicht nur wegen ihres nicht akzeptablen Verhaltens als schuldig abstempelt und bestraft, sondern dass man vielmehr deren innere Verfassung und die Bedingungen ihrer Entwicklung vermehrt beachten sollte, und ihnen verständnisvoll helfen sollte, einen guten Weg ins Leben zu finden. Es waren auch nicht die fehlenden neurowissenschaftlichen Kenntnisse, die zu den Katastrophen der Menschlichkeit in der ersten Hälfte des vorigen Jahrhunderts geführt hatten.

Seitdem die Freud'schen Thesen auch in der Pädagogik Einzug gehalten hatten, hatte sich bereits eine ausgeprägte *Verstehenspädagogik* ausgebildet, die das Kind vornehmlich in seinen „unschuldigen" Bedürfnissen wahrnahm und eine weithin nicht-restriktive Erziehung postulierte. Der Heilpädagoge oder Therapeut sollte sich dabei in die Situation des Kindes oder Jugendlichen hineinversetzen und gewissermaßen zugleich „auf der anderen Seite sein". In der Folge kam es aus gesellschaftlichen Gründen, z.T. auch durch die sogenannte antiautoritäre Erziehung verstärkt, zu einem Niedergang der „normativen Pädagogik" und zu einem weithin chaotischen Zustand der Erziehung, der Eltern und Lehrer inzwischen relativ hilflos macht und viele resignieren lässt.

Es wird daher heute vermehrt eine Erziehung gefordert, die nicht mehr nur Verstehen praktiziert, sondern auch Grenzen setzt, nicht alles hinnimmt oder „versteht", was Kinder sich wünschen und an Verhalten produzieren, sondern die auch Forderungen stellt. Wird sich eine solche neue Erziehung zur Respektierung allgemein verbindlicher Normen und Werte, zu mehr Rücksichtnahme, Verantwortung und Toleranz, verwirklichen lassen, wenn dabei dem Ich oder Selbst letztlich doch nur als einem *Epiphänomen* Geltung zugesprochen wird? Wenn das Ich sich nicht persönlich als *ganzer Mensch* in die Pflicht und Verantwortung nehmen lassen müsste, wenn wir davon ausgehen müssten, dass verpflichtende Normen und Regeln um des guten Zusammenlebens willen nicht mehr aus übergeordneten Wertesystemen bezogen werden könnten, da alles Verhalten naturgesetzlich determiniert ist? Welche Bedeutung hätten dann die von der kulturell-geistigen Welt hervorgebrachten Wertesysteme, wenn von ihnen keine Wirkungen ausgingen? Gäbe das nicht eine Welt des Nihilismus, der Vereinsamung und der Hoffnungslosigkeit? Es sind dies Fragen, die sich aus den neurobiologischen Thesen ergeben, wenn auch genau genommen niemand, der ernst zu nehmen wäre, eine solche Welt geist- und willenloser Individuen, genannt „*Zombies*", anstrebt. Es ist eher das Gegenteil der Fall: Es wird vermehrt die Achtung der Menschenwürde, der Geist der Toleranz und Solidarität und die Einhaltung verbindlich geltender Regeln eingefordert.

Wie soll Erziehung funktionieren, wenn einerseits das Prinzip der persönlichen Verantwortung und der persönlichen Schuld und ihrer Begründung durch eine „freie“ Willensentscheidung als wissenschaftlich nicht nachvollziehbar verworfen wird, und andererseits gefordert wird, die Gesellschaft solle durch „geeignete Erziehungsmaßnahmen“ in den Menschen „das *Gefühl der Verantwortung*“ (kurs. i. Orig.) für das eigene Tun „einpflanzen“, und zwar nicht auf der Basis persönlich-autonomer Willensentscheidungen, sondern durch die *Einsicht*, dass sonst „das gesellschaftliche Zusammenleben nachhaltig gestört“ würde? Diese Einsicht aber solle durch *Versuch und Irrtum* gewonnen werden (Roth 2003a, 544). Das „Einpflanzen“ (von Gefühlen) erinnert an vergangene Zeiten, in denen Erziehung mit der Tätigkeit eines Gärtners gleichgesetzt wurde. Es stünde im Widerspruch zum Prinzip „Versuch und Irrtum“, das dem learning-by-doing entspricht. Ob dabei die Bewertungsgröße „Störung der Gesellschaft“ ausreicht und die Kids besonders anspornt, kann ebenso bestritten werden wie die Annahme, Familie und Gesellschaft wären bereit und in der Lage, die durch das Prinzip „Versuch und Irrtum“ in der Erziehung entstehenden „Kosten“ und Umwege auf die Dauer zu tolerieren.

Für die *praktische* Pädagogik dürfte es schwer sein, eine solche Idee in Wirklichkeit umzusetzen. Kinder sind, bedingt durch ihren Entwicklungsstand und die normative Pluralität der Einflüsse, denen sie ausgesetzt sind, nur in begrenztem Maße in der Lage, sich allgemein tragfähige Einsichten von selbst anzueignen und nach *Vernunft* zu handeln. „Gesellschaftliches Zusammenleben“ als Orientierungsgröße ist für sie eine viel zu allgemeine Größe. Kinder richten sich eher an ihrer eigenen (zufällig gegebenen) Lebenswelt aus bzw. sie suchen sich eine Lebenswelt aus, die ihren persönlichen Bedürfnissen und Gefühlen entspricht. Gesellschaft hat sich längst in unendlich viele und verschiedene Parzellen oder Inseln aufgeteilt. Orientierungsmacht haben vor allem die Medien, deren Interessen freilich von den Einschaltquoten etc. bestimmt sind, nicht aber von Sinngrößen.

Die Methode „Versuch und Irrtum“, deren Bedeutung pädagogisch längst anerkannt ist, setzt im Übrigen voraus, dass das Kind auch über einen Grundstock an allgemein anerkannten Maßstäben verfügt, um unterscheiden zu können, wann wirklich nur ein Irrtum und nicht ein bloßer *Misserfolg* eines üblen Versuchs vorliegt. Eltern und Pädagogen werden heute vielfach überfordert von all dem, was ihnen durch *Versuche und Irrtümer* ihrer Kinder abverlangt wird. Es wird generell über eine zu geringe Kontrollierbarkeit geklagt. Insofern ist eher mit einer Verschärfung der Chaotik des Verhaltens zu rechnen, wenn der Mainstream sich weiter durch einen normativen Irrgarten bewegen muss. Die Neurobiologie lehrt, dass sich eine allzu große Vielfalt an Umwelteinwirkungen verstörend auf das sich entwickelnde Gehirn auswirkt. Wir hätten es dann mit einem circulus vitiosus zu tun: Das neuronale Chaos verhindert die nötige Einsichtsgewinnung.

Wenn postuliert wird, jeder von uns habe – u.U. auch unfreiwillig“ (!) – die Aufgabe (auch „die Verantwortung“) zu übernehmen, bei den Heranwachsenden „das Gefühl von Verantwortung zu erzeugen“, so hat man sich zu fragen, wie man benannte Gefühle auch „unfreiwillig“ erzeugt. Wie müssten die entsprechend notwendigen Sanktionen aussehen? Wer bestimmte die Normen? An welche Art von Zwang ist gedacht?

Die Neurowissenschaften werden umso weniger zu einem pädagogischen Erkenntnisgewinn beitragen, je mehr sie ihre sperrige Begrifflichkeit ins Pädagogische zu übertragen versuchen, ohne dessen Wirklichkeit in der heutigen Lebenswelt genauer zu kennen. Beides begrifflich zu vermischen, ist unergiebig und schafft eher Verwirrung. Erziehungsziele und pädagogische Interventionen lassen sich nicht hinreichend mit neurophysiologischen Begriffen beschreiben und erklären; ebenso wenig kann Bildung einen „gehirngerechten“ Unterricht organisieren, wie sich auch Erziehung nicht nach dem Gehirn ausrichten lässt.

Die *Heilpädagogik* ist insofern tangiert, als sie es mit Kindern und Jugendlichen zu tun hat, die es auf Grund von psycho-physischen Beeinträchtigungen, vielfach bedingt durch Hirnschädigungen, schwerer haben, sich selbst zu steuern, dies aber lernen sollen und wollen, um dennoch ein sinnvolles Leben selbst gestalten zu können. „Ich will es schaffen!“ – „Du kannst es, wenn du willst!“ Dieses persönliche Wollen und Hoffen kann nicht nur eingebildet sein; Du und Ich können in der Lebenswirklichkeit der Erziehung keine Fiktionen sein.

Zu denken wäre auch an den 19-Jährigen, der im Jahr 2002 seine ehemalige Schule überfiel und wild um sich schoss: Hätte er auch anders handeln können? Moralisch-psychologisch gesehen, d.h. *generell*: Ja! Ein heilpädagogisch-psychologisches Gespräch mit ihm *vor* der Tat hätte dies theoretisch bewirken können. Neurophysiologisch gesehen: Nein! Im Moment seiner Tat war er durch sein Gehirn festgelegt. Die offene Spannung auch zwischen einer vollstreckten Tat und einem „Ich-hätte-auch-anders-handeln-Können“ oder einem „Ich-will-es-nicht-mehr-Tun“ ist pädagogisch-therapeutisch wichtig. Eine bloße neurophysiologische Erklärung wäre keine Hilfe für diesen Menschen und auch nicht unbedingt eine Haftstrafe, wie die Erfahrung lehrt.

Zur Behandlung von „Kriminellen“ wird in neurophysiologischer Konsequenz vorgeschlagen, diejenigen, die zu einer extremen Gefahr für die Gesellschaft – was auch immer das sei – geworden sind, *wegzusperren* und bestimmten Erziehungsprogrammen zu *unterwerfen*, wozu neben Belohnungen auch Sanktionen gehörten (Singer 2003, 34). Wenn hinzugefügt wird, dass dies nichts Neues sei und gleichzeitig die „Formbarkeit“ des Menschen als sehr hoch eingeschätzt wird, so fragt man sich, warum wir trotz eines enorm und hochdifferenziert ausgebauten heilpädagogisch-therapeutischen Systems, über das wir heute im Unterschied zu einem halben

Jahrhundert vorher verfügen, nicht bessere Erfolge erzielt haben und die Strafffälligkeit Jugendlicher seitdem sogar wesentlich zugenommen hat. Wie komplex die Sachlage in Wirklichkeit ist, kann am Beispiel des Jungen M. aufgezeigt werden, das keinen Einzelfall darstellt, wenn es auch nur für eine Minderheit zutrifft:

> Es handelte sich um einen Jugendlichen türkischer Herkunft, geboren in München, der bereits mehr als 100 Delikte wie Diebstahl, Raub und gefährliche Körperverletzung auf seinem Strafregister hat. M. war schon im Kindergarten aufgefallen und wurde mit acht Jahren in der Schule gegenüber Mitschülern und Lehrern gewalttätig. Er schikanierte und terrorisierte seine Umgebung mit unkontrollierten Wutausbrüchen, Sachbeschädigungen, Handtaschenraub und gefährlichen Körperverletzungen. Er verbreitete Angst und Schrecken auf dem Pausenhof und außerhalb der Schule.
>
> Es heißt weiter, dass man schon frühzeitig (mit sieben Jahren) spezielle pädagogische und fürsorgerische Hilfen durch den Sozialen Dienst und im Übrigen „die ganze Palette der Hilfsangebote" für Kinder und Jugendliche mit psycho-sozialen Problemen bis zum erlebnispädagogischen Aufenthalt im Ausland und zur Geschlossenen Unterbringung eingesetzt hatte. Alles habe nichts geholfen. Im Gegenteil, seine kriminelle Energie habe sich noch gesteigert. Nach einem „Milieuwechsel" zu den Großeltern in der Türkei war M. wieder in München aufgetaucht und hatte innerhalb von sechs Wochen 33 Straftaten verübt. Er wurde zu einer Jugendstrafe verurteilt. Aus dieser wurde er vorzeitig entlassen und schnurstracks in die Türkei ausgeflogen.

„Ein tragischer Fall!", kommentierte ein Vertreter des Jugendamtes. Ein klassischer Fall, könnte man aus neurobiologischer Sicht vermuten, was die offensichtlich kritische Programmierung des Gehirns dieses Jugendlichen anbelangt. Ein „Intensivtäter", sagt die Münchener Polizei. Diese führt übrigens eine Kartei mit solchen sogenannten „Proper-Kids". Sie zählt im Jahr 2007 81 Namen. Interessant ist, dass darunter nur 29 Deutschstämmige sind, was darauf hin deutet, dass als kausaler Hintergrund vor allem spezifische soziale Bedingungen in Betracht kommen, die von klein auf diese Kinder, also auch das Gehirn des Kindes M. aus dem Beispiel und das zweier seiner Brüder geprägt haben, die ebenfalls als Gewalttäter polizeibekannt sind.

Die Frage hier ist die, was uns die neurobiologische Empfehlung hilft, solche „Intensivtäter" *wegzusperren*. In diesem Falle kam dem Staat die Abschiebemöglichkeit ins Ausland zu Hilfe. Aber ist das Wegsperren der „Unverbesserlichen" eine Lösung für das hier angesprochene Problem? Deutet sich hier eine Kapitulation der *interaktiven* Methoden angesichts der neuronalen Determinierung an? Könnte das neurophysiologisch oder pathologisch-diagnostische Wissen um das einzelne Gehirn wirklich zur Prophylaxe beitragen? Nach dem bisherigen Stand der Wissenschaften kaum! Ebenso offen bleibt die Frage, wie weit therapeutische Besserungsmöglichkeiten *völlig* auszuschließen sind. Prognosen sind vielfach wenig zuverlässig. Fatal wäre es, wenn es durch die Beihilfe der Neuropathologie zu einer Neuauflage des vor Jahrzehnten verbannten Begriffes der „Unerziehbarkeit" käme. Im Trend liegende neue Kategorien haben im Übrigen vielfach zur Folge, dass sie vermehrt praktiziert werden, dass also die Zahl der indizierten Personen überproportial ansteigt. Ein bloßes „Wegsperren" erweist sich letztlich als ein verkapptes Eingeständnis von Hilflosigkeit und gesellschaftlichem Desinteresse. Die Zahl der Haftanstalten müsste wohl wesentlich erhöht werden, auch die der Anstalten zur Sicherheitsverwahrung, abgesehen von der vermehrten Anwendung von Psychopharmaka.

Dass ein Wegsperren der „Unverbesserlichen" nicht aus der gesellschaftlichen Misere herausführt, zeigt sich u.a. in den USA, wo in den letzten Jahren die Zahl der Gefängnisinsassen explodiert ist, u.a. weil die Gesetze verschärft worden waren. Nach der 2007 veröffentlichten Statistik des US-amerikanischen Justizministeriums sitzen im Jahr 2007 rund 2,24 Millionen Menschen in Haftanstalten ein. In keinem anderen Land seien es mehr. Statistisch gesehen kommen auf je 100.000 Einwohner in den USA 748 Haftinsassen. Zum Vergleich: In Deutschland sind es 90! Die Häftlingszahl in den USA wächst weiter deutlich an. Allein zwischen 1989 und 1999 hatte sich die Zahl der Gefängnisinsassen mehr als verdoppelt (Luttwak 1999, 106). Die Zunahme sei u.a. auf die verstärkten öffentlichen Forderungen nach *mehr Schutz* vor Gewalttätern und nach Haftverschärfung zurückzuführen. U.a. wurden wieder *Sträflingskolonien* eingerichtet. Kalifornien verbrauche mehr Geld für Gefängnisse als für Universitäten. Die Staatsausgaben für einen Gefängnisinsassen lagen 1995 dort viermal so hoch wie die für einen Universitätsstudenten. Die Kosten für ein neues Gefängnis im Bundesstaat Idaho betrugen 200 Millionen Dollar, während für die Armen im Staatshaushalt nur 15 Millionen Dollar veranschlagt waren. Jedes fünfte Kind wächst in den USA in Armut auf. Unter den Haftinsassen sind die ärmeren Schichten bzw. Angehörige der schwarzen Bevölkerung überproportional vertreten.

Die hohen Armuts- und Kriminalitätsraten seien Folge eines „*Wirtschaftsdarwinismus*", für den immer mehr Menschen überflüssig seien. Dementsprechend wären auch die klassischen Lösungskonzepte für Menschen mit Defiziten und Verhaltensstörungen aus der Unterschicht überholt: „Psychologische Beratung, Sozialarbeit und Programme zur Suchtbewältigung und zur Rehabilitation von Straftätern helfen ebenso wenig wie eine Kürzung der Sozialhilfe, Vorträge über Disziplin und Moral oder strenge Kontrolle" (170). Es sei für die Allgemeinheit unerheblich geworden, dass alle diese Bemühungen nur geringe Erfolge hätten. Westeuropa hinke nur nach, wenn es noch auf das *Besserungsprinzip* setze: Man brauche diese Menschen nicht mehr. Sie gelten als „überflüssig".

Das Problem der „Unverbesserlichen“ ist eben kein bloßes Problem der neuronalen Prägungen sondern auch ein *gesellschaftliches*. Diesem ist weder mit neuen biotechnischen Möglichkeiten noch mit biologistischen Modellen negativer *Selektion* auf die Dauer beizukommen. Auf der anderen Seite ist auch festzustellen, dass auch dem *Besserungsgedanken*, wie er im Jugendstrafrecht verankert ist, das sich längst vom einstigen Tatstrafrecht zum Täterstrafrecht gewandelt hat und sich am *Erziehungsgedanken* orientiert, von der Praxis her Grenzen gesetzt sind.

Im „Manifest“ der elf führenden Neurowissenschaftler (2004) setzt man vor allem auf demnächst verbesserte *Psycho- und Neuropharmaka*! Sollte das die Lösung sein? Mit ihr könnte man sich viele und vielfach unergiebige therapeutische Gespräche, auch moralische Appelle, ersparen! „Vorhaltungen nein, Ritalin ja!“ (Wingert 2004, 195). Dies würde jedoch bedeuten, dass wir bei der Bewältigung der Probleme, die wir heute und künftig mit Kindern und Jugendlichen haben, weniger als bisher auf soziale und pädagogische Mittel und Wege setzen sondern auf bio-chemische bzw. auf selektiv-ausschließende. Neue Probleme wären damit programmiert. Die Ausgeschlossenen werden sich das nicht gefallen lassen. Wie wäre übrigens dann festzustellen und festzulegen, wann und nach welchen Kriterien jemand „weggesperrt“ werden müsste? Das gilt auch für die Schule, für die erst kürzlich ein Landesregierungschef angesichts zunehmender schwerer Störungen des Unterrichts durch gewaltbereite Schüler forderte: „Wer stört, fliegt raus!“ Wohin eigentlich und mit welcher Aussicht für seine Zukunft? Schlimme Störer in Heime abzuschieben, wie auch von neurobiologischer Seite empfohlen wird (u.a. H. Markowitsch in einem SPIEGEL-Interview, s. Blech/Bredow 2007, 123), wäre keine Lösung auf Dauer und im gesellschaftlichen Ganzen.

Was am biologistischen Erklärungsmodell beunruhigt, sind *selektive* und *determinierende Momente*. Menschen werden aufgegeben und abgeschoben, weil sie negativ determiniert sind! Ginge nicht für einen Jugendlichen mit psychischen Problemen die Hoffnung auf Besserung seines Verhaltens und bei seinen Erziehern die persönliche und professionelle Zuversicht verloren, wenn er als einer gelten müsste, der durch sein neuronales System endgültig festgelegt ist? Und welche Gefühle werden ihn beherrschen, wenn er eingesperrt ist und doch „nichts dafür kann“, sondern nur „Pech hatte“? Er könnte auch fordern: „Haltet euch an mein Gehirn, aber verschont mich“ (Buchheim 2004, 164)! Da die Naturwissenschaften sich – im Unterschied zu den Geisteswissenschaften – nicht mit Fragen nach dem *Sinn* sondern mit *sinnfreien* Gegenständen beschäftigen, müsste eine von der Biologie her dominierte Erziehungskonzeption dazu führen, dass das pädagogische Bemühen um *Sinnfindung* trotz vermeintlich verstellten Lebenssinns an Bedeutung verlöre. Die Biologie taugt nicht zur neuen Leitwissenschaft, die sie gern wäre, stellte der Neuropsychologe W.

Prinz fest (2004b). Auf das Fragen nach dem *Sinn* kann aber die Pädagogik nicht verzichten.

Das hatte sich schon einstmals bei der Propagierung des *behavioristischen Modells* gezeigt, das Skinner (1982) entworfen hatte. Er sah das Lebensglück nur „jenseits von Freiheit und Würde" angesiedelt und als Ergebnis extern zu steuernder Konditionierung im Rahmen einer opportunistischen und gesellschaftlich determinierten Normativität: Allgemein erwünscht oder nicht erwünscht? Menschen sollten zu bloßen Objekten werden. Grundlegende Fragen, wie sie Kant einst formuliert hatte, und entsprechende Reflexionen wären dann überflüssig: *Was kann ich wissen*? *Was soll ich tun*? *Was darf ich hoffen*? *Was ist der Mensch*?

Wird also die (Heil-)Pädagogik durch die neuen Thesen der Neurobiologie unterminiert? Sieht sie sich zu neuem Denken und neuen Handlungsmodellen genötigt, oder liegen hier Irrtümer und Missverständnisse vor? Da in den neurophysiologischen Texten wiederholt und geradezu auffallend stark die Bedeutung der *Erziehung* für die Entwicklung des kindlichen Gehirns besonders unterstrichen wird, müsste Letzteres angenommen werden. Das würde auch bedeuten, dass praktisch gesehen *kein wirklicher Grund für umwälzende Folgerungen* pädagogischer Art vorliege. Was ist aber dann dieser Optimismus der Neurophysiologie wert, wenn sie gleichzeitig pädagogisch unverzichtbare Begriffe wie „Person", „Selbstbestimmung" oder „freier Wille" als Leerformeln oder Illusion, also als nicht real wirksam, ansieht? In der auffallenden Betonung der künftig wichtigen Rolle der Erziehung („Hier sind unsere Erziehungssysteme gefordert" (Singer, in: Roth/Grün 2006, 84) könnte man auch eine erhoffte Kompensation als Befürchtung ansehen, die neuen Thesen könnten doch Unheil anrichten. Dann hätte die Erziehung oder die Gesellschaft versagt.

Es wäre irreal, sich über wissenschaftliche Erkenntnisse oder Annahmen einer „Illusion", z.B. autonomer Willenshandlungen, pragmatisch hinwegzusetzen, wie es von neurobiologischer Seite empfohlen wird, und diesen nur theoretischen Wert jenseits der Lebenspraxis und damit auch jenseits der praktischen Erziehung zuzusprechen. Es wäre ein Spiel mit *Als-ob-Phänomenen*, das man pädagogisch nicht verantworten könnte. Schließlich haben auch die Schüler zu lernen, wie ihr Gehirn funktioniert, und was es bewirkt. Auf der Basis von Illusionen, die aber Pädagogen nicht zu Illusionisten machen sollten, wie betont wird, kann man nicht glaubwürdig erzieherisch handeln. Was hilft da die Empfehlung Singers, man sollte das Wort „Illusion" nicht allzu ernst nehmen, da wir uns eigentlich als frei erfahren (!) (2003, 32), und wenn er – mehr nebenbei – betont, dass Hirnforscher ihre Kinder durchaus so wie Nicht-Hirnforscher erzögen. Er selber mache, wenn er abends heimkomme, durchaus seine Kinder „dafür verantwortlich, wenn sie irgendeinen Blödsinn angestellt haben".

Bestehen bleibt ein Konflikt zwischen der Tatsache, dass wir uns einerseits als freie mentale Wesen erfahren, aber die Naturwissenschaft andererseits keinen Raum für freies, mentales Agieren in uns ausmachen und auch keine Erklärung für die Verbindung von mentalen und neuronalen Prozessen finden kann, wie es also aus einem real mentalen Impuls und dem zugehörigen neuronalen Prozess zu einer Handlung kommt. Wenn es von Seiten der Hirnforscher heißt, dieser Konflikt sei zwar nicht lösbar aber alltägliche Erfahrung für Hirnforscher, so ist das für Pädagogen kein Trost, keine Entwarnung und keine Empfehlung. Sie sind eher daran interessiert, dass beide Beschreibungsweisen nebeneinander existieren können bzw. als eine Einheit mit zwei Seiten verstanden werden; denn sie haben es real in beiden Sphären alltäglich zu tun.

Um deutlich zu machen, worin gewichtige Disparitäten oder Chancen bestehen, sollen einzelne pädagogische Grundpositionen markiert werden, die nicht aufgebbar sind.

3.1 Selbstbestimmung als reales Erziehungsziel

Menschliches Zusammenleben ist – auch von der Evolution her – so angelegt, dass sich der Mensch in offenen Beziehungen zu Anderen bewusst selbst steuert. Mag der Unterschied in der Hirnstruktur zwischen Mensch und Affe auch noch so klein sein, der Mensch ist im Besonderen und uneinholbar mit Fähigkeiten ausgestattet, durch die die Evolution weitergeführt werden konnte in den Aufbau und die Weiterentwicklung der menschlichen Kultur und der darin selbstbestimmt und kooperativ wirkenden Individuen. Sie ist gewissermaßen zu seiner „zweiten Natur" geworden.

Selbstbewusstsein und Selbstbestimmung sind die Voraussetzung dafür, dass ein Mensch in der Lage ist, seine Lebensaufgaben zu bewältigen, zumal in einer sich wandelnden Gesellschaft, und sein Leben an dafür geeigneten Werten und Normen zu orientieren, auch um vor sich selbst bestehen zu können. Im Falle kritischer individueller Entwicklungen, z.B. beim Vorliegen einer psychischen oder sozialen *Krise* oder einer *Behinderung* sieht er sich veranlasst bzw. bemüht er sich, auch unter solchermaßen erschwerten Bedingungen *selbst* neuen Sinn und Auswege zu finden. Dem Anderen, mit dem er zusammenlebt, der ihm helfen will, aber auch schaden könnte, begegnet er als *ganzer Mensch*, „mit Leib und Seele". Sein Leben, seine Gesundheit und seine Psyche, nehmen Schaden, wenn er allein gelassen wird, und sein Leben blüht auf, wenn er psychisch angenommen und gestützt wird.

Es wäre irreal, diese Befähigungen zu bewusster Selbststeuerung und Verantwortlichkeit in der Praxis zu relativieren oder als unwirksam anzusehen, weil neurophysiologisch gesehen alles menschliche Wirken neuronal determiniert sei. Er wäre dann nur Zuschauer, nicht aber *wirklicher* Mitgestalter von Leben. Evolutionspsychologisch gesehen wäre er dann beispielsweise auch nicht für die Weiterentwicklung und die Abwendung allgemeiner Gefahren für das Leben, etwa für eine mögliche Klimakatastrophe, *persönlich* „mitverantwortlich".

Wenn sich diese Befähigung zu einem selbstbestimmten Leben ausbilden soll, muss Erziehung eine *wirkliche*, d.h. eine *persönlich* einbindende Erziehung zur Selbstbewusstheit, Selbstbeherrschung und Eigenverantwortung sein. Im Zentrum muss der *Mensch* als Subjekt oder Person stehen, das bzw. die sich selbst zu orientieren hat, um im komplexen Strom der eigenen Bedürfnisse und der von außen einwirkenden Ereignisse und Einflüsse bewusst und sinnvoll agieren zu können (Langer 2007). Das heißt pädagogisch, dass er zur *Freiheit*, d.h. zum selbstständigen Werten und Handeln, erzogen werden muss. Damit ist, wie schon Kant bemerkte, „eines der größten Probleme der Erziehung" angesprochen: „Wie kultiviere ich die Freiheit bei dem Zwange?" (Bd. XII, „Über Pädagogik", 711). Mit Zwang ist hier gemeint, dass das Kind, das man ansonsten schon von der ersten Kindheit an möglichst „frei sein lassen" sollte, auch das erlernen müsse, was man früher als „Gehorsam" bezeichnete, dass es aber auch gleichzeitig angeleitet werden müsse, „seine Freiheit gut zu gebrauchen". Es müsse lernen, sich selbst „das moralische Gesetz" zu geben, und sich selbst an dessen Maximen zu binden.

Es ist daher undenkbar, dass die Erziehung auf die entsprechend notwendigen *Begriffe*, wie Selbst oder bewusstes Handeln, verzichten, und die damit verbundenen Akte als nur illusorische betrachten könnte. Schon Kant verwarf alle Maßnahmen, die dazu dienen sollten, durch bloße Nötigung und Gewöhnung das Kind zu disziplinieren, oder die es zuließen, dass es sein Verhalten an *Nützlichkeitserwägungen* ausrichtet. Dem Kind müssten vor allem die *Gründe* für moralisches Verhalten vermittelt werden. Die Auseinandersetzung mit Gründen, die zu einer persönlich bindenden Entscheidung führen, kann also kein rein neuronaler Prozess sein, den man sich selbst überlassen könnte. „Gründe" seien keine beobachtbaren physischen Zustände und keine „Fettaugen auf der Suppe bewussten Lebens", bemerkte Habermas (2005, 168).

Eine in dieser Weise zentrale Bedeutung der moralischen Begründung von Verhalten steht im Widerspruch zu einem „ökonomischen Ansatz" von Erziehung, wie ihn Roth (2003a) im Anschluss an den amerikanischen Ökonomen Garry S. Becker (1999) favorisiert, und nach welchem sich menschliches Handeln „von Natur aus" *utilitaristisch* an Kosten-Nutzen-Überlegungen orientiere. Hier stellt sich die Frage, ob eine bloße *Nützlichkeitsmoral* in einer weithin individualistisch orientierten Welt als ethische Orientierung noch ausreicht, zumal diese sich ohnehin nicht widerspruchsfrei mit dem *Gerechtigkeitsprinzip* vereinbaren lässt. Die persönliche

Verpflichtung dem Anderen gegenüber kommt zu kurz. „Warum soll man die Wahrheit sagen, wenn es vorteilhafter ist zu lügen?“ lautete die Frage, die sich einst Ludwig Wittgenstein als Kind spontan stellte.

Mit den Attributen „vorteilhaft“ und „nützlich“ für die eigenen Interessen ließe sich im Sinne einer primitiven aber verbreiteten Alltagsmoral auch die Praxis von Korruption und Betrug oder auch von Mobbing begründen. Die Täter empfinden sich in aller Regel nicht als „schuldig“, haben keine Skrupel, da sie sich primär und bewusst von dem berechneten Vorteil für sie bestimmen lassen und ansonsten bereit sind, die entsprechenden „Kosten“ zu zahlen, falls ihr Vorhaben auffliegt, sie also „Pech hätten“.

Es gibt zudem Anzeichen dafür, dass auch Erziehungsinstitutionen und -maßnahmen heute immer mehr unter den Druck *ökonomischer* und damit *utilitaristischer* Maßgaben geraten und z.B. der Aufwand für heilpädagogische und therapeutische Gespräche zur Gewinnung von Einsicht von den Gesundheitsbehörden als „unökonomisch“ bewertet wird. Stattdessen werden effektivere und zugleich weniger kosten- und zeitaufwendige Methoden angestrebt. In diesem Zusammenhang ist auch das wachsende Interesse an *Psychopharmaka* zu nennen. Nach dem „Manifest“ der elf führenden Neurowissenschaftler über Gegenwart und Zukunft der Hirnforschung (2004) dürften diese „das *Behandlungs*mittel“ für unerwünschte Verhaltensweise in der Zukunft sein, und zwar nicht nur zu therapeutischen Zwecken.

Selbstbewusstes und autonomes Handeln kann unter pädagogischem Aspekt nur als *Realität* eine sinnvolle Funktion haben. Dass die Zusammenhänge mit den ihnen zugrunde liegenden neuronalen Prozessen naturwissenschaftlich unklar und rätselhaft bleiben, ist kein Grund, das eine durch das andere ersetzen zu wollen.

3.2 Erziehung mit moralischem Anspruch

Der experimentelle Befund, dass das Gehirn *vor* dem bewussten Impuls entscheide, was jemand tut, hat u.a. entscheidende Auswirkungen auf die Verantwortlichkeit des eigenen Tuns. Kann dann z.B. ein Jugendlicher für seine Gewalttätigkeit zur Rechenschaft gezogen werden, wenn es doch seine neuronalen Schaltungen im Gehirn waren, die „entschieden“ hatten, einen anderen niederzuschlagen? Als in einem solchen Falle ein jugendlicher Gewalttäter gefragt wurde, warum er seine Tat begangen habe, antwortete er entwaffnend: „Das weiß doch ich nicht!“ Zu fragen wäre auch, ob dann der Täter, zumal wenn dessen Hirnentwicklung offensichtlich ganz erheblich durch eigene belastende Erfahrungen geprägt ist, *auch anders hätte handeln können*, oder auch, ob dessen Entwicklung von außen her, z.B. durch Erziehungshilfe, hätte anders gelenkt werden können.

Neurophysiologen empfehlen, sich vom *Schuld-Sühne-Konzept* zu lösen, und demzufolge eine Erziehung, bei der das Kind zwar durchaus auch zur Rechenschaft gezogen wird, wenn es gegen bestimmte Normen und Regeln verstoßen hat, ihm aber *keine persönliche Schuld* zugeschrieben wird. Heißt das, Erziehung sollte auf die Inanspruchnahme des eigenen Betroffenheitsgefühls gegenüber einer unguten Tat, z.B. der Verletzung eines Anderen, verzichten und nur auf der Basis bloßer *Kosten-Konventionen* für unerwünschtes Verhalten reagieren? Dies würde bedeuten, dass Kindern, die sich fehl verhielten, lediglich klargemacht werden sollte, dass auf jede normativ inakzeptable Handlung eine bestimmte Konsequenz folge, vergleichbar den Kosten, die beim Erwerb einer *Ware* zu zahlen sind (Ehlert 2002). Jeder Normverstoß wäre damit einer moralischen Bewertung und jeglicher Schuldempfindung entzogen. Bei einer solchen Rechenschaftslegung ginge es um eine bloße Aufrechnung der Kosten, die durch eine schädigende Tat entstanden sind und nun „berechnet" und eingefordert werden. Das *moralische Betroffensein* (Schuldgefühl) spielte dann keine menschlich wesentliche Rolle. Dies setzte freilich voraus, dass Erziehung ohne eine „Positivliste" menschlicher *Werte* betrieben würde; denn wenn ein Kind sich an diese prinzipiell gebunden fühlte, müsste es auch betroffen sein, wenn es diese verletzt oder missachtet hat. Könnte es sein, dass eine am Naturalismus („Moral" ohne Schuld) orientierte Erziehung die bisher tragenden („metaphysisch" begründeten) Werte und Ideale hinter sich lässt?

An sich ist der *Begriff* „Schuld" kein erziehungswissenschaftlicher, auch wenn die Pädagogik in ihrer („schwarzen") Geschichte bekanntermaßen mit dem Vorwurf belastet ist, inflationär mit der Erzeugung von Schuldgefühlen vorgegangen zu sein. Das hat sich im Prinzip längst geändert. Für die *Heilpädagogik*, in der es auch bei extremem Fehlverhalten nicht um Schuld im existentiellen und auch nicht im rechtlichen Sinne geht, gilt im Falle eines nicht akzeptablen kindlichen oder jugendlichen Verhaltens als zentrales pädagogisches Prinzip: Ein Kind ist nicht schuldfähig. Es kann noch nicht das Unrechte seines Tun voll erkennen. Es kann sich aber – mehr intuitiv – *schuldig fühlen*. Die Erziehung hat nicht nach „Schuld" sondern nach den Ursachen und Bedingungen des nicht akzeptablen Verhaltens zu suchen, um das Kind angemessen beurteilen und verstehen zu können. *Ohne Verstehen kein Erziehen!* Erziehungshilfe richtet sich im Prinzip auch *nicht gegen* das Fehlverhalten sondern will *Chancen für* eine Besserung ausloten und vermitteln.

Der Begriff Schuld kann im pädagogischen Geschehen nur in einem prinzipiellen oder relativen Sinn eines *Verursachens* angewandt werden: Wenn „der Schuldige", d.h. der Verursacher, etwa bei einer eingeworfenen Fensterscheibe oder bei einer von mehreren begangenen Misshandlung eines Anderen gesucht wird, so geht es pädagogisch und auch im Sinne der Beteiligten oder Betroffenen vor allem darum, herauszufinden, wer für den

Anfang und u.U. auch für die Folgen (Wiedergutmachung) verantwortlich ist. Für dieses Suchen nach dem Verschuldner, an dem in aller Regel auch die anderen Beteiligten interessiert sind, wäre es theoretisch sicherlich hilfreich, alles in Erfahrung zu bringen, was zum problematischen Verhalten geführt oder beigetragen haben könnte, und zwar letztlich auf der Basis eines verzeihenden Verstehens und mit der Absicht, dem Kinde oder Jugendlichen aus seiner Fehlentwicklung herauszuhelfen. Kinder sind zwar generell nicht schuldfähig; aber wenn sie fähig werden sollen, andere fair zu behandeln und für das eigene Handeln geradezustehen, so müssen sie dies auch *lernen*. Pädagogisch inakzeptabel wäre ein Alles-Verstehen und Alles-Hinnehmen kindlichen oder jugendlichen Verhaltens, womöglich mit der neuropsychologischen Begründung totaler Determiniertheit.

Wenn die Neurobiologie empfiehlt, mit dem Begriff der *Schuld* höchst vorsichtig umzugehen, und diesen nicht bei jedwedem Fehlverhalten oder bei Lernversagen als Erziehungsmittel zu gebrauchen, so ist dies aus pädagogischer Sicht nur zu begrüßen. Es wäre ein wesentlicher Fortschritt an Menschlichkeit, wenn dies gelänge. Wichtig wäre auch, wenn sich die Erwachsenen, die Wertenden und Verurteilenden selbstkritisch sehen würden. Sie sind vielfach indirekt oder direkt schuld an Verfehlungen ihrer Kinder, wobei sie sich dessen oft nicht bewusst sind. Es kann auch ein Pädagoge „schuld" sein, wenn er z.B. durch erniedrigende Bemerkungen Schüler provoziert und dafür in aller Regel nicht zur Rechenschaft gezogen wird. So wird Kindern und Jugendlichen häufig ungerechtfertigt persönliche Schuld zugeschrieben, sei es in der Schule, wo z.B. legasthenischen Kindern „Faulheit" angelastet wird , oder in der Öffentlichkeit, wenn Jugendliche einen Schaden anrichten, weil sie die Tragweite ihres Tuns noch nicht übersehen konnten, also nichts oder wenig dafür können. Vielfach sind sie durch ihre Umwelt „so geworden", dass sie sich unsozial und rücksichtslos verhalten. Die gleiche Entschuldigung gilt auch für ADHS-Kinder, von denen man heute weiß, dass bei ihnen in der Regel ganz bestimmte Hirnschädigungen vorliegen können.

Der *Schuldvorwurf* wiegt bei Kindern schwer. Man kann dies u.a. daran erkennen, dass sie sich vielfach beharrlich weigern, sich zu „entschuldigen". Ungerechte moralische Verurteilungen können auch zu schweren psychischen Belastungen beim Kinde führen und bei verunsicherten Kindern die pädagogische Hilfe vereiteln. Auf jeden Fall verfügen Kinder normalerweise über ein gewisses Schuldempfinden und schreiben dieses auch anderen zu bzw. erwarten es von ihnen. Erst über die Klärung der „Schuldfrage" eines Vorfalls kann wieder Versöhnung eintreten. Dass Kinder mit dem Schuldfinden sehr differenziert und sensibel umgehen können, und wie ernst es ihnen damit ist, zeigen u.a. die bekannt gewordenen Beispiele für *Kindergerichtshöfe*, z.B. bei Janusz Korczak, oder das Just Community Modell bei L. Kohlberg (Speck 1997).

Ein völliger Verzicht auf das Phänomen *Schuld* in einem allgemeinen und pragmatischen Sinne erscheint jedoch irreal, und zwar nicht etwa aus einer pädagogisch oberflächlichen Sicht, nach der „dann jeder tun kann, was er will“, sondern weil auch die Kinder und Jugendlichen selber das „Schuldsein“ als ein reales und wichtiges Phänomen im gegenseitigen Verhalten und Zusammenleben erfahren und geklärt haben wollen. Gegen das Prinzip der Gerechtigkeit verstieße beispielsweise ein Lehrer, der auf ein erpresserisches Quälen eines schwächeren Schülers durch andere nur mit der nivellierenden Bemerkung reagierte: „Nun vertragt euch wieder!“ Dass Jugendliche sich bei ihrer Suche nach dem Schuldigen auch irren können, ist ein anderes Problem bzw. eine Bestätigung für die allgemeine Schwierigkeit, jemandem wirkliche persönliche „Schuld“ als bewusste Verletzung allgemein verbindlicher Normen und Werte zuzusprechen.

Eine Erziehung, die jedoch *gänzlich* darauf verzichtete, dass sich im Kinde und später im Erwachsenen auch eine schuldhafte Betroffenheit einstellt, wäre kritisch zu sehen. Sie könnte in eine *Erziehung zur Skrupellosigkeit* ausarten. Erst wenn ein Kind auf der Basis einer Erziehung zur Selbstbestimmung ein moralisches System in sich selbst aufgebaut hat, an das es sich auch emotional bindet, ist es fähig, sich selbst *moralisch kritisch* zu bewerten. Das Kind wird erst zu einem moralischen Subjekt, wenn es sein Verhalten auch moralisch begründen kann (Herzog 1991). Erzieherisches Handeln vollzöge sich sonst lediglich auf einer geschäftsmäßigen Grundlage, die mehr mit Drohung und Abrechnung zu tun hätte. Moralische Maximen, wie „Verletze niemanden!“ oder „Hilf, soweit du kannst!“, hätten dann keine primäre Geltung. Ein Jugendlicher, der andere betrügt oder erpresst, brauchte sich nicht unbedingt „schuldig“ zu fühlen; er brauchte lediglich den Preis, also die Kosten, für sein Verhalten zu entrichten, der ihm möglicherweise vorher in Aussicht gestellt worden war, und er könnte sein schädigendes Tun auch fortsetzen in der Hoffnung, das nächste Mal nicht erwischt oder zur Rechenschaft gezogen zu werden, oder eben die festgelegten Kosten wiederum aufbringen zu müssen. Die Wiedergutmachung eines Schadens gehörte dann nicht zur *persönlichen* moralischen Verantwortlichkeit. Eine externe Instanz oder Institution könnte dann die Abwicklung der ausgemachten Sanktionen erledigen.

Wenn Schuld und Sühne bloße Worthülsen würden, wäre es sinnlos, seine Tat zu bereuen, und vom Täter zu erwarten, dass er sich entschuldigt: „Es tut mir leid!“ oder „Verzeih mir!“ sind ohnehin unmodern gewordene Floskeln. Man gewöhnt sich immer mehr daran, seine Schuldigkeiten cool zu begleichen und u.U. womöglich das Opfer für „selber schuld!“ zu halten. Die Entwicklung zu einer *Moral ohne Schuld* müsste unsere sozialen Beziehungen auf rein nüchterne, verstandes- und geschäftsmäßige Beziehungen reduzieren. Der Verzicht auf jede moralische Bewertung und damit auf das Prinzip von Schuld und Sühne wäre ein tiefer Eingriff in die natürliche und geistige Verfasstheit menschlichen Handelns und müsste schwere Folgen für das Zusammenleben haben (Ehlert 2002). Im Übrigen: Wenn keine persönliche Schuld, dann auch kein persönliches Verdienst!

Von neurobiologischer Seite könnte hier eingewandt werden, man denke durchaus nicht an derartige neue Ziele und Praktiken der Erziehung und es brauche sich praktisch nichts Wesentliches pädagogisch zu ändern. Der personale Ansatz von Erziehungshilfe bei Kindern und Jugendlichen mit Beeinträchtigungen der emotionalen und sozialen Entwicklung solle seine Gültigkeit behalten; an eine Demontage von Begriffen wie „Achtung vor dem Anderen“ oder „Schuld“ und „Verantwortung“ sei natürlich nicht gedacht. Dann aber müsste diese Übereinstimmung auch sprachlich und begrifflich klar zu erkennen sein. Pädagogisch ist jedenfalls festzuhalten, dass – auch wenn naturgesetzliche Determinierungen vorliegen – die moralischen oder geistigen Begründungs- und Orientierungssysteme für menschliches Handeln in Kraft bleiben (Speck 1996; 1997). Bei Singer (2003) ist übrigens wiederholt zu bemerken, dass er den Begriff der Verantwortung relativiert und zwischen *voller* Verantwortung und offensichtlich nur *teilweiser* Verantwortung unterscheidet. Nur erstere sei für ihn neurobiologisch unhaltbar. Das wäre an sich nicht neu, aber was heißt im Einzelnen voll oder nur teilweise verantwortlich? Im Übrigen wäre es unredlich, den praktisch tätigen Pädagogen zu empfehlen: Vergesst die wissenschaftliche These von der Täuschung! Tut so, *als ob* das Empfinden von Bewusstsein und selbstbestimmtem Handeln Realität sei! Dies wäre eine subjektiv bewusste Täuschung!

Schließlich spricht auch eine neurologische Erkenntnis gegen die Eliminierbarkeit des Schuld-Phänomens: Wenn moralische Gefühle als evolutionär bzw. epigenetisch bedingte Grundlagen menschlicher Moral anzusehen sind (Damasio 2006), so gehört auch das Schuldgefühl dazu. Moralisches Verhalten wäre nicht kontrollierbar, wenn der Mensch nicht über die Fähigkeit verfügte, eine Abweichung oder ein Verfehlen zu erkennen. Gefühle seien als *geistige* Ereignisse anzusehen, die dem Menschen helfen, schwierige Probleme zu lösen, und Entscheidungen zu Gunsten des individuellen Selbst zu treffen. Wir benötigen die Gefühle auch als „Richter über Gut und Böse“ (211).

Es sei hier nochmals betont, dass aus den Thesen der Neurophysiologie nicht hinreichend sicher gefolgert werden kann, moralische Maximen seien unwirksam und deshalb überholt, und dass es pädagogisch empfehlenswert sei, Kinder fortan vor jeglichem Schuldempfinden zu bewahren und mit moralischen Hinweisen zu verschonen, da es in Wirklichkeit weder das Gute noch das Böse gebe. Es sind dies Phänomene, die einem anderen Bereich, einem *geistigen* Bereich zuzuordnen sind. Es sind *Sinn-Systeme*, die in unserer *Kultur* fest verankert sind und auch unserer Natur entsprechen, und es sind Systeme, von denen ganz offensichtlich Wirkungen und

Bindungen ausgehen. Auch Singer hält *Glaubens- und Wertsysteme* für real, auch wenn sie mit den neurobiologischen Erkenntnissen streng genommen nicht kompatibel sind (2003, 13). Sie werden vom Menschen nur in der Erste-Person-Perspektive erfahren, also in seiner Subjektivität, die einer objektivierenden wissenschaftlichen Bewertung nicht erschließbar sei. Warum „nur"? Wenn den subjektiven Phänomenen kausale Wirkung im Entscheidungsprozess des Menschen zukommt, so muss ein Zusammenhang mit den objektivierbaren Vorgängen im Gehirn bestehen. Sperry schrieb den *subjektiven Werten* „höchste Kontrollgewalt über die Kausalzusammenhänge im Entscheidungsapparat des Menschen" zu (1985, 29).

3.3 Achtung vor der kindlichen Person

In der Subjektivität kann man den Stolperstein der Neurobiologie sehen. Jedes Gehirn entwickelt sich auf Grund einer individuell gegebenen genischen Ausstattung und der individuellen Erfahrungen anders. Kein Gehirn gleicht dem anderen und keine Lebensgeschichte der anderen. Jedes Kind ist anders. Jedes Kind ist eine eigene Person. Daher hat auch niemand eindeutigen Zugang zum Anderen, und niemand kann bis ins Einzelne nachvollziehen, was im Anderen vor sich geht, was er empfindet, wie und wovon sein Handeln bestimmt wird, und was er anstrebt. Der Andere lässt sich nicht objektivieren, d.h. zum bloßen Objekt machen und entzieht sich damit auch einer bündigen wissenschaftlichen Erklärung seines Verhaltens und Erlebens. Es entsteht damit eine Spannung zwischen dem, was die Wissenschaft vom Kinde an Fakten zu liefern versucht und auch erbringt, und der *Unbestimmbarkeit* der inneren Bilder und Intentionen des Anderen. Diese Unbestimmtheit, mag ihr Bereich auch noch so eingeschränkt sein, ist nie ganz aufhebbar. Es ist ein Ungewissheitsbereich, auf den sich die Pädagogik einzustellen hat. Sie hat sich ohnehin in besonderem Maße dem *Prinzip des unsicheren Grundes* zu stellen. In der Soziologie spricht man von *Kontingenz*, was so viel wie „es-könnte-auch-anders-möglich-sein" bedeutet (Luhmann 1987, 47).

In der (Heil-)Pädagogik verdichtet sich die praktische Bedeutung der Unbestimmtheit des *Subjektes* des Kindes. Erziehungshilfe hat die unauswechselbare Eigenart jedes einzelnen Kindes oder Jugendlichen zu beachten und anzusprechen. Ihre besonderen Chancen liegen in der *Individualisierung*. Deren Bedeutung hatte u.a. schon Maria Montessori vor mehr als einhundert Jahren betont. In der einzelnen Persönlichkeit repräsentieren sich deren Charakteristika, wie persönliche Werthaltungen, Eigenheiten, Vorlieben, Hoffnungen, Ängste, Wünsche, Fähigkeiten, Einstellungen und anderes mehr. Sie ist auch die Instanz, durch die das möglich wird, was wir Autonomie und *Selbsterziehung* nennen. Gerade Begriffe, wie „Selbstständigkeit" und „Eigenaktivität" haben in der Pädagogik und in der Lernpsychologie in den letzten Jahrzehnten verstärkt an Bedeutung gewonnen. Das Wissen über die Welt bildet sich nicht durch Belehrungen im Lernenden ab, sondern er hat die Welt und das sich daraus ergebende Bewertungs- und Handlungssystem (konstruktiv) in sich selber aufzubauen.

Gerade dieser Begriff des Selbst, der Subjektivität, wird von der Neurobiologie in seiner realen und kausalen Bedeutung relativiert. Nicht das Selbst bewirke etwas, sondern das Gehirn. Der Mensch selber könne nicht *aus eigener Kraft*, also aus sich selber, seine Persönlichkeitsstruktur ändern (Roth 2003a, 564). Das muss an sich kein Widerspruch sein, wenn man davon ausgeht, dass das *Selbst* natürlich nicht alles bestimmt, was wirkt, sondern nur in einem bestimmten „Spielraum" wirksam ist, der aber dem Menschen geradezu „heilig" und unersetzlich für eigenes Werten und Handeln ist.

Die Beachtung und Förderung dieser subjektiven *Lernfähigkeit* ist eine entscheidende Bedingung für erfolgreiches Lernen und eine gelingende individuelle Lebensgestaltung. Für den heilpädagogischen Umgang mit emotional und sozial gestörten Kindern und Jugendlichen ist *Empathie* eine wichtige Fähigkeit, um die Situation des Einzelnen einschätzen zu können, d.h. sich womöglich wenigstens ein Stück in seine Subjektivität hineinzuversetzen, und um spüren zu können, was in ihm vorgeht, wie er subjektiv die Welt und sein Leben sieht und bewertet. Das wird immer nur phänomenologisch, d.h. nur deutend und damit unzulänglich möglich sein. Diese begrenzte Wirksamkeit aber ist kein Manko der Pädagogik, das es zu überwinden gelte, sondern auch ein *Schutzfaktor* für den Menschen: In der Perspektive der Ersten Person kann er sich einem Verfügtsein durch Andere entziehen, bewahrt er seine *„Freiheit"*, wird er einer externen Bewertung nach seinem Zweck und Nutzen entzogen, kann er „Zweck an sich" bleiben.

Auf dem Selbstsein beruht auch das, was wir *Menschenwürde* nennen. Sie kommt jedem Menschen, jedem Kinde, zu, ohne Unterschied seiner biologisch-empirischen Funktionalität. Diese fraglose und unbedingte Achtung vor jedem Kind, die nach Kant auf der autonomen Moralität des Menschen beruht, dürfte verfallen, wenn der Mensch nicht mehr als Selbst wirkend gelten würde, sondern wenn nur seinem Gehirn Autonomie zugesprochen würde. In Auto-nomie steckt übrigens „nomos" (griech. = Gesetz). Moralische und juristische Gesetze gibt sich nur der Mensch.

Die Menschenwürde müsste zum Mythos verfallen, wenn der Mensch nach der Maßgabe seiner neuronalen Funktionalität bewertet und auf diese Weise zum bloßen Objekt würde.

Derartiges haben Neurobiologen an sich nicht im Sinn. Sie erhoffen sich sogar eine Veredlung des Menschenbildes und der Menschenwürde: An Stelle eines oft rechthaberischen Selbstbewusstseins und eines gelegentlich arrogant verwendeten Freiheitsbegriffes könnte auf Grund der neuen Erkenntnisse über die Natur der geistigen Prozesse eine *demütigere* und *tolerantere* Haltung treten, erhofft sich Singer. Die Menschen könnten *nachsichtiger* gegenüber Normenverletzern sein und es könnte insgesamt ein *humaneres* Zusammenleben entstehen. Vor allem würden all jene mächtigen Vereinfacher „unglaubwürdig werden, die vorgeben, sie wüssten, wie das Heil zu finden ist [...]. Es könnte ein kritisches, aber gleichzeitig von Demut und Bescheidenheit geprägtes Lebensgefühl entstehen, das durchaus Grundlage einer sehr lebbaren Welt sein könnte“ (2003, 66).

Wie weit die Neurobiologie zu diesem hehren Ideal und Ziel beitragen kann, wird davon abhängen, wie weit sie sich der psychischen und sozialen Wirklichkeit, die über den eigenen neurophysiologischen Apparat hinausgeht, stellt und eine Sprache verwendet, die pädagogisch konstruktiv wirkt und nicht Verwirrung stiftet.

3.4 Erziehungshilfe trotz Determinierung

Wenn es im Falle eines nachhaltigen Fehlverhaltens eines Kindes oder Jugendlichen um heilpädagogische Erziehungshilfe oder Psychotherapie geht, hat man sich zu fragen, wie diese verändernd wirken könnten, wenn man dabei davon auszugehen hätte, dass das nicht akzeptable Verhalten neuronal determiniert, also verfestigt ist. Könnte nicht allein schon das *Wissen* um die neuronal determinierenden Prozesse die pädagogische und therapeutische Einstellung belasten? Gegen das Biologische kommt man nicht an, sagt man.

Pädagogische Chancen dank neuronaler Plastizität

Die Hirnforschung geht prinzipiell von der *Plastizität* des Gehirns aus, das vor allem in seiner frühen Entwicklung weite Spielräume für den Erwerb neuer Verhaltensweisen eröffnet. Hier interessiert besonders, wovon es abhängt, damit es zu einer angestrebten *Änderung* des Verhaltens kommt, bzw. ob es nicht neuronale Verfestigungen gibt, die die Chancen für heilpädagogische und psychotherapeutische Hilfen begrenzen. Im Prinzip ist davon auszugehen, dass die Determinierung durch das Gehirn eine Änderung der Grundmuster des Verhaltens erschwert, aber nicht jegliche Chancen für eine Umerziehung im Falle emotionaler und sozialer Fehlentwicklungen unmöglich macht. Die Situation dürfte individuell, d.h. je nach den vorliegenden Umweltbelastungen oder organisch-genischen Gegebenheiten, verschieden sein.

Roth (2007) kritisiert den „Erziehungsoptimismus“ der soziologisierten Pädagogik seit den siebziger Jahren des 20. Jahrhunderts als eine „Staatsreligion“ und beschreibt, „warum es so schwierig ist, sich und andere zu ändern“. Die Persönlichkeit werde, genetisch neurobiologisch bedingt, in ihren Grundzügen in der frühen Kindheit stabilisiert und werde zunehmend immun gegen Umwelteinflüsse. Die Gründe lägen vor allem darin, dass jeder in seiner Welt lebe, und dass es deshalb schwer sei, sein Denken, Fühlen und Handeln zu verstehen. Umgekehrt sei es dem Einzelnen nur begrenzt möglich, das nachzuvollziehen, was ein anderer, etwa ein Pädagoge, ihm über sprachliche Kommunikation nahelegen will. Wörter können auf beiden Seiten verschieden gedeutet werden, je nachdem, welche Bedeutung diese gewohnheitsmäßig für den Einzelnen haben. Besondere Schwierigkeiten bereite das *emotionale* Umlernen. Das bewusste sozial-emotionale Selbst könne u.U. zu einer Änderung bereit sein, aber das unbewusste emotionale Selbst könne sich verweigern, z.B. wenn es tief verletzt ist. Der Grad der Veränderbarkeit sei insgesamt viel geringer als man unter dem Einfluss des Behaviorismus und seines „Erziehungsoptimismus“ gemeint habe. Wenn sich Menschen ändern, dann am ehesten, wenn sie es von innen heraus selber tun bzw. wenn die Einwirkungen von außen emotional stark und lang andauernd sind.

Singer (2003) misst der „Formbarkeit“ des Kindes große Bedeutung zu, macht aber auch darauf aufmerksam, dass Eltern und Pädagogen in ihrer Erziehungsarbeit unterstützt werden müssten. Ihre Berufe seien seiner Überzeugung nach die wichtigsten in unserer Gesellschaft. „Der Erzieherberuf müsste der bestbezahlte Beruf in unserer Gesellschaft sein“ (115). Viele Eltern und Pädagogen haben es auf Grund veränderter gesellschaftlicher Bedingungen schwerer, ihrer Aufgabe gerecht zu werden, und fühlen sich allein gelassen. Zudem bedingt die Pluralität der Werte und Normen in der Lebenswelt eine größere Unterschiedlichkeit der individuellen Entwicklungen (damit auch der zerebralen Prägungen) und der individuellen Erziehungserfordernisse.

Im Prinzip aber kann sich die heilpädagogisch wichtige Aussicht auf eine Besserung des Verhaltens auf die Plastizität des kindlichen Gehirns stützen. Es bleibt sinnvoll, störende und belastende Einflüsse heilpädagogisch und psychotherapeutisch anzugehen oder sie zu unterbinden zu versuchen, etwa durch einen Wechsel der Umwelt, durch das Erschließen neuer Lebensperspektiven oder durch ein pädagogisch-therapeutisches Einüben in neue, individuell passende Lebenspraktiken. Offen bleibt allerdings die Frage einer möglichen Prognostizierbarkeit des Veränderungsspielraumes. Im schon genannten „Manifest“ der führenden Neurowissenschaftler zur Hirnforschung (2004) heißt es, der Hirnforschung werde es gelingen, für jedes Kind *Prognosen* über sein künftiges Verhaltensrepertoire zu erstellen, zwar nicht exakt, aber doch so genau wie über das Wetter. Abgesehen davon, dass Wetterprognosen nur für sehr begrenzte Zeiträume möglich sind, könnte ein solches Vorhaben auf eine Art *Prädestination*, also eine unabwendbare Vorherbestimmtheit und damit auf eine Art Fatalismus hinauslaufen.

Heilpädagogisch-therapeutischer Paradigmenwechsel?

Die Folgerungen aus diesen neurobiologischen Erkenntnissen gehen u.a. in eine eher bio-chemische Richtung und deuten damit auf einen möglichen *heilpädagogisch-therapeutischen Paradigmenwechsel* hin: Da die Störungen im Wesentlichen den neuro-chemischen Prozessen im Gehirn zuzuschreiben seien, werde die Konsequenz näherrücken, zur Behandlung und zur Optimierung kognitiver und sonstiger Fähigkeiten vermehrt *Neuro-* bzw. *Psychopharmaka* einzusetzen. Psycho- und neurochemische Praktiken würden immer wichtiger und seien auch effektiver. „Umständliche" und nicht unbedingt effektive Gespräche und Appelle zur Verhaltensänderung an den verantwortlichen Akteur könnten – wirtschaftlich gesehen – durch eine chemische Substanz oder auch durch ein Chip im Gehirn ersetzt werden. Damit stellt sich die Frage, ob und wieweit dadurch Heilpädagogik und Psychotherapie überflüssig oder ersetzt werden könnten oder sollten, und welche Folgen dieser methodische Prioritätswechsel für Menschen nach sich ziehen könnte, die erzieherische und psychische Hilfe brauchen.

Es soll hier ausdrücklich betont werden, dass es heute Krankheiten und Störungen bei Kindern und Jugendlichen gibt, etwa bei den immer zahlreicher werdenden ADHS-Kindern, bei denen man auf den Einsatz von *Psychopharmaka* nicht gut verzichten kann. Kritisch zu beurteilen ist jedoch die Tendenz, diese auch *ohne eine medizinische Indikation* zu verabreichen. Diese Praxis ist vor allem in den USA verbreitet (Fukuyama 2002). Mit Sicherheit ist mit einer weiteren Verbreitung von Psychopharmaka auch hierzulande zu rechnen, und zwar sowohl auf der Basis medizinischer Indikation als auch lediglich aus dem Bedürfnis des Einzelnen heraus, sich unangenehmer oder unerwünschter Charaktereigenschaften zu entledigen, oder sich einfach „besser zu fühlen". So lassen sich durch *Antidepressiva* (Prozac) Stimmungsverbesserungen erzielen und Angst- und Zwangsstörungen beheben. Es heißt, die Patienten gewännen mehr Selbstvertrauen und verlören ihren Pessimismus. Andere Medikamente, wie z.B. *Ritalin*, werden erfolgreich zur Verbesserung kognitiver Leistungen eingesetzt.

Im Falle der Anwendung von Psychopharmaka bei *gesunden* Menschen, also zum Zweck „kosmetischer" Verbesserungen der eigenen Stimmungen und der Leistungsfähigkeit ohne ärztliche Indikation spricht man von *Neuro-Enhancement*. Angesichts dieser sich ausbreitenden Praxis stellen sich Fragen nach Risiken und Nebenwirkungen auch in ethischer, psychologischer, pädagogischer und sozialer Hinsicht: Die Probleme beginnen mit der Schwierigkeit, krankhafte Störungen von bloßen kosmetischen Verbesserungen zu unterscheiden. Eine gesicherte Kontrolle dürfte kaum möglich sein.

Nicht völlig auszuschließen sind *Persönlichkeitsveränderungen*. So können die für das eigene Handeln entscheidenden Einstellungen als personale Voraussetzungen in Mitleidenschaft gezogen werden. Die eigene Selbstkontrolle wird weniger wichtig. U.U. ist man nicht mehr „Herr seiner Entschlüsse". Die eigene Identität, Authentizität und Verantwortlichkeit können Schaden nehmen. Ein Kind oder ein Jugendlicher ist dann mit pädagogischen Mitteln kaum mehr erreichbar. Bei medikamentös gesteigerten *Leistungen* kann man, wie beim Doping im Sport, nicht mehr einer bestimmten Person den Erfolg zuschreiben. Es entstehen soziale Ungerechtigkeiten. Der Wettkampf wird unfair und sinnlos.

Das Neuro-Enhancement wirkt sich aber nicht nur auf die medikamentös behandelte Person, sondern auch auf die Anderen aus. Sie geraten unter sozialen Druck, es ebenfalls mit Medikamenten (Dopingmitteln) zu versuchen, um nicht ins Hintertreffen zu geraten, auch wenn sie ansonsten oder bisher Vorbehalte gegenüber solchen Mitteln hatten. Letztlich könnte das allgemeine Interesse, bestimmte Leistungen, auch Schulleistungen, zu honorieren, schwinden, wenn damit zu rechnen ist, dass diese nicht durch persönliche Anstrengungen zustande gekommen sind.

Da derartige Psychopharmaka immer häufiger bei Kindern zur Verbesserung ihrer Schulleistungen angewandt werden, könnte sich auch die Frage stellen, ob und wie weit sich durch das Verabreichen passender Pillen Erziehung und Unterricht nicht allmählich vereinfachen und auch verbilligen ließen (durch die Einsparung an zusätzlichem Personal). Ob derartige Befürchtungen real sind, kann bezweifelt werden. Jede gute Methode kann auch missbraucht werden, und die Menschen sind rational genug, Missbrauch als solchen zu erkennen, wenn er sich als schädlich erweist. Ihn einzudämmen, setzt aber das nötige Wissen auch um die Risiken voraus, und diese liegen vor allem darin, dass die persönliche Identität und Verantwortlichkeit und damit der Personenstatus untergraben werden (Pauen 2007, 231).

Was schließlich die *ärztlich indizierte* Verwendung von Psychopharmaka betrifft, so wäre es kaum zu verantworten, psychische Störungen *lediglich* als elektrochemische Vorgänge des Gehirns anzugehen, die in erster Linie durch biochemische oder invasive Eingriffe in das Gehirn abzustellen wären. Der Mensch bleibt so und so stets in sozialen Beziehungen, und das soziale Feld, in dem sich das Kind aufhält und sich zu bewähren hat, ist allzu komplex, als dass spezifische neuro-chemische Mittel ausreichten. Er würde zur Marionette. Wenn mit einem Leitsatz, wie „Alles ist biologisch determiniert", das Soziale und das durch Kommunikation und Interaktion Veränderbare entwertet und verdrängt würden, so würde dies auch bedeuten, den Menschen als Person zu destruieren. Eine *Verhaltenskontrolle*, die, um die Lästigkeit interindividueller helfender Prozesse loszuwerden, den Weg kurzschlüssiger unpersönlicher Mechanismen zur Behandlung menschlicher Probleme wählte, würde bedeuten, dass „etwas von der Würde persönlicher Selbstheit hinweggenommen und ein weiterer Schritt auf dem Wege von verantwortlichen Subjekten zu programmierten Verhaltenssystemen getan“ würde, schrieb der Philosoph Hans Jonas in seinem Buch „Das Prinzip Verantwortung“ (1980, 52). Eine gedankliche und fachliche Konzentrierung auf biologische und mechanistische Determinanten dürfte nicht ohne belastende Auswirkungen auf die Beziehungen zwischen Pädagogen und Therapeuten einerseits und Kindern und Patienten andererseits bleiben. Der *Manipulation* würden Tür und Tor geöffnet.

4 Auf der Suche nach einem ganzheitlichen Erklärungsmodell

Die naturwissenschaftliche Analyse zerteilt eine Ganzheit nach der anderen. Die Synthese wird dadurch nicht leichter, bleibt aber notwendig. Mit den detaillierenden Klärungen wächst auch die Menge der Unklarheiten. Diese wiederum fordern das Bedürfnis heraus, Verbindendes zu suchen.

4.1 Neurobiologische Relativierungen und Erklärungslücken

Auch wenn von neurobiologischer Seite generell am monistisch-neuronalen Determinismus festgehalten wird, so kann nicht übersehen werden, dass selbst unter den Hirnforschern nicht unerheblich unterschiedliche Interpretationen ihrer Befunde auszumachen sind. Es bestehen darüber hinaus „Erklärungslücken", so dass die z.T. einseitigen Interpretationen dieser Befunde relativiert werden (Pauen 2004). Roth selber bemerkt (2004, 73), ein Hirnforscher müsse kein radikal-reduktionistischer Materialist sein; auch für ihn sei es unzulässig zu behaupten, eine Aktivierung dessen, was als freier Wille verstanden wird, sei „nichts anderes als das Feuern der und der Neuronen". Ein bestimmtes subjektives Erleben gehöre unabdingbar dazu (80).

So gesehen gebe es eigentlich keinen Widerspruch zur Auffassung von der menschlichen Autonomie, stellt auch Singer fest (2004, 50). Abgelehnt wird ein *radikaler* Reduktionismus, der etwa behauptete, jenseits der neuronalen Vorgänge gebe es nichts zu erklären (83). An dem naturgesetzlichen Faktum der Determinierung durch das Gehirn wird freilich festgehalten, auch wenn viele Einzelheiten verborgen blieben; ein von Determinanten völlig freies Handeln sei jedoch mit naturwissenschaftlichen Überlegungen unvereinbar (Prinz 2004a, 22).

Eine derartige Feststellung wird durchaus nicht in Frage gestellt. Schwierigkeiten der gegenseitigen Verständigung sind aber dadurch nicht ausgeschaltet. Im Übrigen stellt Roth selber fest: Die Hirnforschung habe im Unterschied zur Physik und Chemie noch keine grundlegende Methoden- und Begriffskritik entwickelt (2004, 67).

Die Neurobiologie sieht sich vielfach missverstanden und weist die von vielen Seiten vorgebrachte Kritik an dem von ihr entworfenen Menschenbild immer wieder als Verzerrungen und unnötige Befürchtungen zurück. Nach W. Singer (2002) lieferten die Neurowissenschaften lediglich neue *Beschreibungen* der Wirklichkeit, die aber die *Inhalte* der jeweiligen Systeme nicht aufheben, sondern als *Brücken* zwischen ihnen dienen wollen (42). Wenn man davon ausgehe, dass Menschen- und Weltbilder (Hirn-)*Konstrukte* sind, dann sollte der Konflikt zwischen neurowissenschaftlichem Reduktionismus und geisteswissenschaftlichen Positionen lösbar sein, und zwar über die Anerkennung einer *Koexistenz* unterschiedlicher *Beschreibungssysteme*, vergleichbar mit verschiedenen Sichtweisen eines und desselben Sachverhalts aus verschiedenen Positionen (40f).

Gegenüber dem Vorwurf, die Propagierung einer vollständigen Determinierung des Menschen zerstöre jede Entwicklung von Kreativität, weist Singer in einem *Interview* mit der Süddeutschen Zeitung (v. 25.04.2006) darauf hin, dass naturgesetzlich determinierte Systeme durchaus auch Neues in die Welt bringen könnten, wie die Evolution bisher gezeigt habe. Das bewusste Leben und Handeln sei ganz und gar nicht eine Nebenerscheinung der neuronalen Prozesse sondern etwas zentral Wichtiges. Intentionalität, Intersubjektivität und gegenseitige Perspektivenübernahme seien mit neurobiologischen Erkenntnissen durchaus in Einklang zu bringen. Die Erkenntnis, dass unsere Gehirne sich selbst organisierende, nichtlineare Systeme sind, die auch miteinander interagieren, tue unserem Menschenbild keinen Abbruch. Unsere Entscheidungen seien durchaus als freie zu verstehen, wenn sie auf der Plattform des Bewusstseins durch das Abwägen von Argumenten nach rationalen Diskursregeln und möglichst ohne äußere und innere (pathologische) Zwänge gefällt würden.

Ausdrücklich wird die mitentscheidende Bedeutung der *soziokulturellen Umwelt* und damit auch der *Erziehung* für die Entwicklung des Gehirns hervorgehoben. Schon früher (2004, 63) hatte Singer betont, dass das Aufdecken der neuronalen Prozesse und deren Funktion für das menschliche Verhalten nicht bedeute, dass damit die *Gesellschaft* für die menschliche Entwicklung weniger wichtig sei. Im Gegenteil, die neuen Erkenntnisse könnten zu einer weiteren *Humanisierung* des Zusammenlebens beitragen, nämlich dann, wenn Menschen mit nicht angepasstem Verhalten auf der Basis problematischer Hirndispositionen nicht pauschal als böse abgeurteilt, sondern auf Grund ihrer Hirnstrukturen differenzierter bewertet würden. Es könne ganz und gar nicht davon die Rede sein, dass die Gesellschaft davon ablassen sollte, Verhalten zu *bewerten* und *Wertordnungen* zur Geltung zu bringen, etwa durch Erziehung, Belohnung und Sanktionen, um damit unerwünschte Entscheidungen unwahrscheinlicher zu machen. Delinquenten müsste z.B. auf der Basis hirnphysiologischer Befunde die Chance eingeräumt werden, durch Lernen zu angepassterem Verhalten zu finden (64).

Wenn das, was gemeinhin als „freier Wille" erlebt wird, aus naturwissenschaftlicher Perspektive als „Illusion" oder „Selbsttäuschung" bezeichnet werden müsse, so sieht Singer hier keinen Widerspruch zur Alltagspraxis. Die *Person* gelte nach wie vor als Verursacher ihrer Taten und als *real* verantwortlich; sie sei auch zur Rechenschaft zu ziehen, wenn jemand gegen geltende Regeln und Ordnungen verstoße, und zwar die ganze Person mit ihren freien und unfreien Komponenten (64). Zugleich stellt Singer fest, dass das Gehirn nicht völlig nach den Gesetzen der klassischen Physik funktioniere. Wenn dies der Fall wäre, müsste jegliches künftiges Verhalten auch vorhersagbar sein. Der Psychologe Frank Rösler (2004, 32) weist in seinem Statement zum „Manifest" ausdrücklich darauf hin, dass das Gehirn in seiner Komplexität, auch wenn es deterministisch funktioniere, nicht vollständig erklärbar sei, sonst wäre auch individuelles Verhalten tatsächlich mechanisch festgelegt und u.U. auch beliebig steuerbar. Das Menschenbild würde sich damit entscheidend verändern.

W. Prinz stellt in einem Beitrag zum „Manifest" der führenden Neurowissenschaftler über Gegenwart und Zukunft der Hirnforschung (2004b) im Gegensatz zu den Autoren des Manifestes klar, dass er nicht glaube, Phänomene, wie Subjektivität oder Bewusstsein, könnten von der Hirnforschung vollständig geklärt werden. Hier werde eine Erkenntnisebene betreten, die jenseits der Grenzen der Hirnforschung läge. „Denn ebenso wenig wie sich Gehirnfunktionen auf Physik und Chemie reduzieren lassen, lassen sich soziale und kulturelle Phänomene auf Hirnphysiologie zurückführen" (35). Es sei deshalb ganz und gar nicht ausgemacht, dass durch die weiteren Forschungen unser *Menschenbild* beträchtlich erschüttert würde. Jedenfalls tauge seiner Meinung nach die Hirnforschung nicht als neue Leitdisziplin der Humanwissenschaften, die sie gern wäre.

Wenn es im „Manifest" heiße, dass man in weiterer Zukunft in der Lage sein werde, „Geist, Bewusstsein, Gefühle, Willensakte als natürliche Vorgänge" zu erklären, weil diese auf biologischen Prozessen *beruhten*, so müsse dies nicht heißen, sie seien mit ihnen *gleichzusetzen*. Selbst wenn man diese Phänomene, auch das Selbst, naturwissenschaftlich als „Fiktionen" ausweise, so müsse dies keinen Ausschluss aus der Lebensrealität bedeuten. Das Selbst ist zwar kein materielles Ding in uns; man könne es jedoch als eine vom Einzelnen aufgebaute „narrative" Figur im Sinne einer (geistigen) Verkörperung der eigenen Geschichte und Lebensgestaltung, also durchaus als ein „Konstrukt" betrachten (Schramme 2005, 401), ein Konstrukt des Gehirns, wie alles, was der Mensch an Denken und Verhalten produziert, also z.B. auch hirnneurologische Befunde. Im Übrigen sei festgestellt, dass auch die Positionen der Neurobiologen zur Frage des Bewusstseins und des freien Willens divergieren. Wie heißt es doch am Ende des „Manifestes": „Aller Fortschritt wird nicht in einem Triumph des Reduktionismus enden" (2004, 37).

4.2 Die systemische Einheit von Neuronalem und Mentalem

Wenn ein monistischer Reduktionismus von naturwissenschaftlicher und von geisteswissenschaftlicher Seite abgelehnt wird, wenn Übereinstimmung darüber besteht, dass Geistiges nicht einfach durch Physikalisches vereinnahmt werden kann, so muss es eine konstruktive Vereinbarkeit geben. Die Kritik richtet sich gegen einen umfassenden Physikalismus, für den geistige Phänomene lediglich belanglose Begleiterscheinungen neuronaler Prozesse sind. Die Einsprüche gegen eine solche monistisch-naturalistische Auffassung sollen hier als konstruktive Antworten verstanden werden, um einer Verständigung näherzukommen. Auch Singer spricht vom Versuch eines Brückenbaues, was nur heißen kann, dass das andere Ufer als solches seinen substantiellen Sinn hat und keine Nebensache darstellt. Es liegt also nahe, im Sinne einer Überbrückung polarer Gegensätze eine konstruktive Verbindung zu suchen, ohne deren Differenz aufheben zu wollen. Dafür könnte zunächst ein geschichtlicher Rückblick aufschlussreich sein.

Erste explizite Ansätze einer *natürlichen* Begründbarkeit des Geistes stammen von Baruch Spinoza (1632 – 1677). Er hatte in seinem Hauptwerk „Die Ethik nach geometrischer Methode dargestellt" (1677 / 1994) eine *Zweieinheit* von Geist und Körper (samt Gehirn) im Auge, als er von einer Substanz, nämlich der Natur, und unterschiedlichen Attributen von Geist und Körper sprach. Dabei stammten für ihn beide *parallel* aus ein und derselben Substanz, jedoch nicht so, dass der Geist den Körper oder der Körper den Geist hervorbringt. Es seien verschiedene Attribute oder *Manifestationen der Natur*. Im II. Teil, Lehrsatz 11 (60) stellte er fest, dass das wirkliche Sein der Seele (oder des Geistes) nichts anderes sei als die Idee – man könnte auch sagen: die Vorstellung – eines wirklich existierenden Einzeldinges, des menschlichen Körpers. Wenn also das Objekt dieser Idee, welche die menschliche Seele ausmacht, der Körper ist, so wird in ihm nichts geschehen, was nicht zugleich die Seele wahrnähme (Lehrsatz 12). „Das Objekt unserer Seele [ist, O. S.] der existierende Körper und nichts anderes" (62). Man könnte auch sagen, was unseren Geist ausmacht, sind Vorstellungsbilder, die ursächlich aus dem Körper, im Besonderen aus unserem Gehirn, stammen. Für Spinoza sind Körper (Gehirn) und Geist „parallele und wechselseitig miteinander verknüpfte Prozesse, die einander ständig nachahmen und wie zwei Seiten einer Medaille sind". Ähnlich argumentiert heute auch Damasio (2006, 252).

Das Selbstbewusstsein oder „das Ich an sich" spielen dabei eine zentrale Rolle. Von einem der bedeutendsten Hirnforscher aus jüngerer Zeit, Roger Sperry, stammt der Entwurf eines *einheitsstiftenden* Erklärungsmodells (1985), das er ein *mentalistisches* nannte. Darin wurden *Geist* und *Bewusstsein* als sehr reale und kausal wirkende Kontrollmechanismen innerhalb der Gehirntätigkeit eingestuft. Der freie Wille sei keine Illusion sondern steuere ganz real unser Handeln im Sinne von Selbstbestimmung gegenüber äußeren und inneren Kräften und Einflüssen (58). Wenn diese Thesen auch vor Bekanntwerden der Libet-Versuche aufgestellt wurden, so müssen sie deshalb nicht als schlechthin überholt gelten. Auf interdisziplinär öffnende und zugleich verbindende Position in unserer Zeit ist bereits (S. 26) hingewiesen worden, so auf die *Neuro-Epistemologie* von Oeser u. Seitelberger (1988).

Linke (2005) hielt es für sinnvoll, von einer *Parallelität* von Gehirn und Psyche auszugehen, bei der die Differenz beider Bereiche, des Kodierten und des Unkodierten, aufrechterhalten wird. Die Bewahrung dieser Differenz sei ein wesentlicher Ermöglichungsgrund unserer Freiheit (100).

In seiner Kritik am einseitig naturalistischen Determinismus stellte auch J. Habermas die Frage, ob wir die Welt nicht aus *beiden Perspektiven gleichzeitig* betrachten müssten, um sie besser verstehen zu können. An Attraktivität gewänne heute ein *Perspektivendualismus*, der unser Freiheitsbewusstsein zwar nicht der Evolution, wohl aber der Erklärungsperspektive der heute bekannten Naturwissenschaften entzieht: Beide Erklärungsperspektiven sind für uns „nicht hintergehbar". Das erkläre die Stabilität unseres Freiheitsbewusstseins gegenüber dem naturwissenschaftlichen Determinismus. Wir könnten den organisch verwurzelten Geist nur solange als eine Entität in der Welt verstehen, als wir den beiden *komplementären* Wissensformen keine Geltung a priori zuschreiben. Für Habermas ist dieser „*epistemische* Dualismus" (nicht zu verwechseln mit einem Zwei-Substanzen-Dualismus!) aus einem evolutionären Lernprozess hervorgegangen. Er habe sich in der kognitiven Auseinandersetzung des homo sapiens mit den Herausforderungen einer riskanten Umwelt bewährt.

Auch Libet setzt sich in seinem Buch „Mind Time" (2005) im Sinne einer Ausweitung des Modells von Sperry mit einer eigenen Theorie der „bewussten mentalen Felder" (BMF) für ein *einheitliches Modell* subjektiver Erfahrung ein. Gemeint ist ein „Vermittler zwischen den physischen Aktivitäten der Nervenzellen und dem Auftauchen von subjektivem Erleben" (212). Diesen „Feldern" käme auch die *kausale* Fähigkeit zu, bestimmte neuronale Funktionen zu beeinflussen und zu verändern. Im Sinne der Identitätstheorie würden die geistigen und physischen Phänomene als zwei Aspekte eines einheitlichen Substrats bzw. als ein *Doppelaspekt* betrachtet (228). Libet hält seine BMF-Theorie sogar für überprüfbar. Die Unterscheidung zwischen monistischen und dualistischen Theorien hält er für nicht mehr förderlich und deshalb überholt.

Hier bleibt freilich die Frage offen, wie ein Interagieren der neuronalen Erregungszustände mit dem Erlebnis der Motivation durch Gründe bzw. einer kulturellen Programmierung zu verstehen sei. Unser kognitiver Apparat ist offensichtlich nicht darauf eingerichtet, das Zusammenwirken von

Determiniertem und Nicht-Determiniertem zu begreifen oder, in der Terminologie Kants gesprochen, es scheint uns nicht begreiflich zu sein, wie die Kausalität der Natur und die Kausalität aus Freiheit in Wechselwirkung treten können. Kant hatte an der Kompatibilität von Freiheit und Naturwissenschaft festgehalten.

Auch der Physiker B. Hamprecht (2001) hält einen „Dualismus" von subjektiver Willensfreiheit und objektiver Determiniertheit menschlichen Handelns für logisch praktikabel und vergleicht diesen mit dem Welle-Teilchen-Dualismus in der Quantentheorie: Auch dort hätten die Physiker lernen müssen, dass entgegen gesetzte Modelle der Natur, die sich nach dem gesunden Menschenverstand scheinbar ausschließen, trotzdem gleichzeitig „wahr" sein können.

Wenn man den belasteten Begriff Dualismus weglässt, wird die Vorstellung plausibel, dass es in erster Linie auf die *Relation* der zwei zu unterscheidenden, aber nicht in eins zu verschmelzenden Begriffe ankommt. Demnach wären mein Bewusstsein und mein Körper Aspekte derselben Wirklichkeit, ohne dass beide deckungsgleich würden (Weizsäcker 1972, 317). Man habe es mit zwei Aspekten *ein und desselben Wirklichkeit* zu tun. Ein solcher *Zwei-Aspekte-Ansatz* ist für die Naturwissenschaften nicht ungewöhnlich. Der einstige Welle-Teilchen-Streit der Physiker konnte dadurch überwunden werden, dass man beide Größen in einem komplementären Verhältnis zueinander sah und die Antwort auf die gestellte Frage davon abhängig machte, von welchem Aspekt aus sie gestellt und beantwortet wird. Werner Heisenberg, der am Zustandekommen der damaligen *Kopenhagener Deutung* der Physiker beteiligt war, bemerkte hierzu später, dass man mit Hilfe des Begriffes der „Komplementarität" ein und dasselbe Geschehen unter zwei verschiedenen Betrachtungsweisen beschreiben und erfassen könne, und dass „erst durch das Nebeneinander der beiden widersprechenden Betrachtungsweisen [...] der anschauliche Gehalt des Phänomens voll ausgeschöpft" werden könne (1976, 98).

Bei der Suche nach einem wissenschaftlich brauchbaren *Vereinbarkeitsmodell* für die Relation von neuronalen und mentalen Prozessen ist zunächst davon auszugehen, dass selbst bei einer Unterscheidung *naturgesetzlicher* und *phänomenologisch-subjektiver* Aspekte *beiden Realität* zuzusprechen ist, ohne damit den überwundenen Dualismus einer substanziellen Trennung von Materie und Geist neu aufleben lassen zu müssen.

Ein ganzheitliches Modell, das neuronale und mentale Prozesse zu einer systemischen *Zwei-Einheit* verbinden könnte, ließe sich als nicht rein physikalistische *Identitätshypothese* verstehen. Materie (Physis) und Bewusstsein gälten als *zwei Aspekte derselben Wirklichkeit* (Weizsäcker 1972). Mit *Identität* mentaler und neuronaler Prozesse wäre dann gemeint, dass „sich bestimmte neurobiologische Erkenntnisse auf den gleichen Vorgang bzw. die gleichen Eigenschaften beziehen wie gewisse Bewusstseinserfahrungen, die uns aus der Perspektive der ersten Person zugänglich sind" (Pauen 2001, 92). Das Entscheidende seien stabile und spezifische Korrelationen zwischen beiden Aspekten. Dabei wird nicht angenommen, dass mentale Prozesse in der Weise autonom wären, dass sie direkt und unabhängig von physiologischen Prozessen auf die neuronale Aktivität Einfluss nehmen könnten. Erklärungen bestimmter neuronaler Prozesse seien vielmehr gleichzeitig auch Erklärungen der zugehörigen mentalen Vorgänge. Man habe es mit einem *einzigen Prozess* zu tun, der von zwei verschiedenen Perspektiven her beschrieben wird (93).

Neurobiologische Erklärungen mentaler Prozesse genügten demnach nicht, um behaupten zu können, dass es sich „in Wirklichkeit" um physikalische Prozesse handele und nicht um mentale. Die Realität des Bewusstseins könne nicht deshalb verworfen werden, weil dieses auch physiologisch erklärt werden könne. Der besondere Status des *Menschen als Person* sei nicht aufgebbar. Als Person verfüge er über Subjektivität, d.h. er ist „sich selbst als einer Person mit einer bestimmten Lebensgeschichte und mit bestimmten charakteristischen Merkmalen bewusst", und als diese Person erkennt er „die von ihr initiierten Handlungen *als* eigene Handlungen" und kann deshalb „auch die Verantwortung für diese Handlungen übernehmen" (104f).

Die Verständigung über ein integratives Einheitsmodell zweier Sicht- oder Beschreibungsweisen war lange Zeit dadurch verbaut, dass die verschiedenen Teileinheiten linear und auf der Basis von Entweder-oder-Annahmen gedacht wurden. Durch die *Systemtheorie* oder Kybernetik wurde eine Durchlässigkeit und Dynamik der Informationsverarbeitung in der Weise denkbar, dass diese über *Regelkreise* erfolgt und so ein *nicht-hierarchisches* Steuern der Teil-Einheiten oder Teil-Systeme erklärbar wird. Dieser Komplexität und Relationalität der Systemzusammenhänge wegen könnte man sich das Ganze als *systemische Einheit mentaler und neuronaler Prozesse mit wechselndem Regler* vorstellen.

Dieser systemische oder relationale Erklärungsansatz lässt sich gerade am Gehirn selber veranschaulichen: Es ist unser komplexestes und leistungsfähigstes Organ. Seine außerordentlich hohe Funktions- und Steuerungsfähigkeit verdankt es im Besonderen den Verknüpfungen seiner Teile, nicht so sehr den Teilen selber. Entscheidend ist also das, was sich *zwischen* den Neuronen vollzieht (Vernetzungen, Beziehungen). Es existiert kein separates Zentrum, das alles steuert. Seine Aufgaben löst das Gehirn vielmehr dezentral und über zirkulär ablaufende Prozesse in einem koordinierten Zusammenspiel. So entstehen durch Selbstorganisation Einheiten, wie die Einheit unseres Selbstbewusstseins und dessen, was wir als unseren freien Willen erleben. Es sind Eigenschaften, die das System hervorbringt, „Systemeigenschaften" (Searle 2004). Wenn also Neuronales und Mentales eine *Systemeinheit* bilden, so kann man zwar beides unter bestimmten

Aspekten unserer Erfahrung unterscheiden, aber es verbietet sich, einem Teilaspekt allein, etwa dem Physikalischen, die Regie und Erklärungshoheit, zuzusprechen.

Die in diesem Sinne verstandene „systemische Einheit" erscheint als Basis geeignet, um in dem von der Hirnforschung ausgelösten Streit einer akzeptablen gegenseitigen Verständigung näherkommen zu können, und zu verhindern, dass alles Mentale und damit das typisch Menschliche als nur noch physikalisch-neuronales Geschehen verstanden und abgewertet wird, der Mensch also als vollständig determiniert gilt und äußerer Kontrolle voll ausgeliefert ist.

Auf die Frage eines Interviewers, ob nicht ein zunehmend naturalistisches und rationalistisches Weltbild zu einer Entmenschlichung führen könnte, antwortete Singer: „Wenn man den Himmel leerfegt von lenkenden Göttern, dann nimmt natürlich das Gefühl der Geworfenheit stark zu. Und das ist sicher ein großes Problem" (93). Er fügte allerdings hinzu, dass die neurobiologischen Erkenntnisse nicht als Angriff auf die *Menschenwürde* missverstanden werden dürften. Im Gegenteil: Wenn das neue Wissen Gemeingut würde, müsste es eigentlich zu einer „enormen Solidarisierung der Menschen untereinander führen" (94). Für diese Annahme und Aussicht fehlen allerdings nähere Ausführungen aus sozialwissenschaftlicher Sicht, wobei vor allem auch beachtet werden müsste, zu welchen Mentalitätsveränderungen es kommen könnte, wenn Techniken der Neurobiologie immer mehr in die Lebenswelt des Einzelnen eingreifen und ihm persönliche Vorteile einbringen (Habermas 2005, 156). Die Moral der Moderne orientiert sich mehr an Nutzen und Erfolg auf Kosten von Gerechtigkeits- und Solidaritätsmaximen.

Die Konsequenz daraus dürfte sein, dass die gegebenen und entstehenden Probleme und deren Ursachen klar ins Bewusstsein geholt werden müssen. Neues Wissen ist immer auch eine Herausforderung, die es zu nutzen gilt. Je mehr wir wissen, desto wichtiger und notwendiger wird es, dass die Menschen lernen, bewusster, gerechter, kooperativer und verantwortlicher miteinander zu leben und zu handeln – als bisher! Damit erklärt sich auch die von den Neurobiologen immer wieder hervorgehobene Bedeutung der *Erziehung* angesichts der Verunsicherungen, die das neue Wissen verursacht.

Dass neues Wissen immer nur hypothetisches oder vorläufiges Wissen ist, bestätigte sich erst unlängst wieder: Der renommierte amerikanische Genforscher Craig Venter, der im Jahr 2000 die Entschlüsselung des menschlichen Genoms zu 99% verkündet hatte, musste schon nach acht Jahren auf Grund neuerer Forschungen feststellen: „Im Rückblick waren unsere damaligen Annahmen über die Funktionsweise des Genoms dermaßen naiv, dass es fast schon peinlich ist" (Süddeutsche Zeitung v. 16.07.08).

II Neurobiologische Grundlagen der Erziehung zu humanem Zusammenleben

Die neurobiologischen Erkenntnisse sind nicht nur in Hinblick auf das einzelne Gehirn von pädagogischer Bedeutung, sondern auch in Bezug auf die biologischen Grundlagen menschlichen *Zusammenlebens*. Fragen nach der Koexistenz, nach den Formen und Prozessen menschlicher Sozialität und sozialer Systeme sind an sich primär Fragen der Sozialwissenschaften. Beiträge aus der Biologie und Verhaltensforschung waren im pädagogischen Raum lange Zeit auf deutliche Distanz gestoßen (zumal seit der sozialwissenschaftlichen Wende der Pädagogik in den 70er Jahren des 20. Jahrhunderts), da ihre Befunde und Thesen die soziale Veränderbarkeit des Menschen und der Gesellschaft in Frage zu stellen schienen. Erinnert sei beispielhaft an die vehemente Ablehnung der biologischen Thesen des Verhaltensforschers Konrad Lorenz zur menschlichen *Aggressivität*.

Inzwischen gilt diese Einseitigkeit der Lorenz'schen Erklärung sozialen Verhaltens und sozialer Prozesse als überholt. Dazu beigetragen haben u.a. zahlreicher gewordene wissenschaftliche Belege der Evolutionspsychologie und der Soziobiologie dafür, dass und wie weit auch biologische Determinanten im Spiele sind, die nicht vernachlässigt werden dürfen, wenn es darum geht, soziale Prozesse besser zu verstehen, und Perspektiven für ein künftig konstruktiveres Zusammenleben der Menschen zu finden.

Während es im ersten Teil dieses Buches um Klärungsversuche ging, die vornehmlich auf die *kognitiven* Fähigkeiten und damit auf das *individuelle* Gehirn bezogen waren, sollen nun neurobiologische Befunde referiert und pädagogisch ausgewertet werden, die sich auf das *Miteinander* und das *Kooperieren* von Einzelnen und von Gruppen beziehen. Damit soll die *biologische Basis* des menschlichen Zusammenlebens und damit auch des Wertes der *Menschlichkeit* deutlich werden. Es ist in diesem Zusammenhang bemerkenswert, dass ein Neurobiologe wie Joachim Bauer seinem 2006 erschienenen Buch den Titel gab: „Prinzip Menschlichkeit. Warum wir von Natur aus kooperieren".

Menschlichkeit als Prinzip gründet auf einem evolutionären Fortschritt, der den Menschen über die bloße Natur hinaus hob und seine *Kultur* begründete. S. J. Gould, Harvard-Professor für Biologie, verteidigt damit die Sonderstellung des Menschen (1994). Er sei zwar unauflöslich Teil der Natur, aber nicht einfach „Tier", und das Erkennen seiner Einzigartigkeit sei nicht eo ipso Ausdruck von Hybris und Arroganz. Vielmehr habe diese Sonderstellung eine neue Art Evolution in Gang gesetzt, die darauf gerichtet war, ständig hinzu gelerntes Wissen und Können auf die nachfolgenden Generationen zu übertragen und weiter zu entwickeln, und diese Einzigartigkeit habe ihren Sitz vornehmlich im Gehirn, das sich auf Grund seiner Größe von den Gehirnen aller vergleichbaren Tiere unterscheidet; und diese Einzigartigkeit äußere sich in der *Kultur*. Diese wiederum baue auf unserem Verstand und auf der Macht auf, die dieser uns über die Welt gewährt (359).

Es sind also *zwei Phasen der Evolution* des Menschen zu unterscheiden, wobei die zweite, die *kulturelle*, wesentlich rascher als die erste, die Darwinsche, abläuft, und deren Produkte sind nicht durch unsere Gene determiniert. Ob die Produkte der kulturellen Evolution zum Segen oder Schaden der Menschheit eingesetzt werden, ist eine andere Frage; je größer die Reichweite einer Ideologie oder einer technischen Entwicklung, desto mehr kann damit auch Schaden angerichtet werden.

Man kann also sagen, dass das Besondere unseres Gehirns evolutionär gesehen darin liegt, dass es auf die Entwicklung von mehr (kultureller) *Flexibilität* angelegt ist. Flexibilität und Offenheit sind demnach Wesensmerkmale des menschlichen Gehirns. Ohne sie wären menschliche Kultur und menschlicher Geist nicht entstanden. Die Funktion unseres Gehirns kann also nicht allein unter biologisch-naturgesetzlichen Aspekten gesehen werden.

1 Das soziale Gehirn – seine Prägung durch die Umwelt

Das Gehirn ist ein soziales Organ. Man spricht auch vom *sozialen Gehirn* (social brain). Dieser zentrale, vor allem auch pädagogisch wichtige neurobiologische Befund bedeutet, dass das Gehirn kein Organ ist, das sich aus sich selbst, d.h. einzig durch das angelegte Genom festgelegt, entwickelt, sondern dass es in seiner individuellen Entwicklung wesentlich von seiner *Umwelt* bestimmt und geformt wird. Dass vor allem die *frühen sozialen Erfahrungen*, insbesondere die *Bindung* an die Mutter oder an sonstige stabile Bezugspersonen, für die weitere Entwicklung des Kindes entscheidend wichtig sind, ist an sich längst bekannt. Neu ist die differenzierte empirische Bestätigung dieser Zusammenhänge durch die Erforschung der neuronalen Wachstumsprozesse im Gehirn.

Dieses entwickelt sich u.a. dann günstig zur vollen Funktionsfähigkeit seiner *sozialen Intelligenz*, wenn das kleine Kind in stabilen sozialen Verhältnissen aufwächst. Ansonsten gerät die Entwicklung wichtiger neurophysiologischer Prozesse aus dem Gleichgewicht. Eine sichere *Bindung* in der frühen Kindheit fördert die kognitiven, sozialen und emotionalen Fähigkeiten sowie Selbstständigkeit. Aus einer frühen Bindung lassen sich auch gewisse Vorhersagen für die weitere Entwicklung machen.

Umgekehrt können bei einer *sozialen Deprivation* in der frühen Kindheit schwere Störungen der sozialen Entwicklung eintreten. Von deprivierenden sozialen Erfahrungen (Hospitalismus) oder gravierenden psychophysischen Misshandlungen werden die Hirnstrukturen und -prozesse substantiell betroffen, so dass man sagen könnte, hier entstehen neuronale Prägungen, die u.U. annähernd so schwerwiegend und nachhaltig sein können wie „Hirnschädigungen“, die auf organisch-genische Bedingungen zurückzuführen sind. Die Irreversibilität früher sozialer Deprivation beruht auf verfestigten neuronalen Fehlentwicklungen.

Eine Erklärung für die hohe Bedeutung der sozialen Beziehungen für die neuronale Entwicklung kann in der *Evolution* gesehen werden. Im Unterschied zu anderen Lebewesen ist der neugeborene und junge Mensch nicht aus eigener Kraft lebensfähig. Er ist relativ lange Zeit auf Hilfe von seiner sozialen Umwelt angewiesen. Diese Tatsache hoher sozialer Abhängigkeit steht offensichtlich im Zusammenhang mit der Größe des menschlichen Gehirns. Diese verleiht dem Menschen gegenüber allen anderen Lebewesen entscheidende Vorteile. Sein Gehirn muss ein wesentlich größeres Maß an Informationen aus der Umwelt aufnehmen und verarbeiten können. Die entsprechende und volle Funktionsfähigkeit aber kann sich nur ausbilden, wenn es zu einer möglichst differenzierten Auseinandersetzung mit der Umwelt kommt, damit sich die entsprechenden neuronalen Vernetzungen im Gehirn ausprägen können und zwar sowohl in kognitiver wie in emotionaler Hinsicht. Dieser außerordentlich komplexe Vorgang aber erfordert *Zeit* und ein entsprechend anregendes und *emotionale Sicherheit* gebendes soziales Umfeld. Umgekehrt behält die soziale Interaktion für die (auch neuronale) Weiterentwicklung des Menschen eine hohe Bedeutung. „Nichts ist wichtiger als der erzieherische Prägungsprozess unserer Kinder“ (Singer 2003, 34).

Ein bedeutsamer Aspekt der Interaktion mit der Umwelt ist die Echtheit der Auseinandersetzung mit den Personen und den Dingen der Lebenswelt. Die Hirnforschung konnte nachweisen, dass ein bloßes Wahrnehmen von *Bildern* von Personen und Sachen relativ unergiebig für die neuronale Verankerung und damit für die Entwicklung des Gehirns ist. Bei Kindern, die vornehmlich virtuell, also über Bilder und sonstige Medien die Wirklichkeit kennen lernen, die sich nicht selber, d.h. auch physisch, mit anderen auseinandersetzen, die sich nicht selber in das Ungewisse ihrer Umwelt hineinwagen und nicht unmittelbar die Folgen ihres Tuns mit allen echten Konsequenzen erleben, erfolgt keine klare bzw. nur eine unzureichende Strukturierung und Verankerung des Erfahrenen im Gehirn.

Eine derartige Aneignung vornehmlich virtueller Welt dürfte sich nicht nur in der Weise auswirken, dass das Wissen vieler Kinder in der hoch differenzierten und medial-abstrakten Lebenswirklichkeit heute ein in den realen Details unzureichendes ist, sondern dass auch ihr Verhalten gegenüber anderen vielfach zu Folgen führt, die sie vorher nicht übersehen konnten. So kann es zu Rücksichtslosigkeiten und psychischen oder physischen Verletzungen kommen, die sich die Täter selber nicht erklären können bzw. die sie in ihrer tatsächlichen Auswirkung auf den Anderen nicht beabsichtigt hatten.

Der Mangel an unmittelbarem Erleben psychophysischer Auseinandersetzung mit anderen und deren realen psycho-physischen Folgen verhindert offensichtlich eine vollständige und ganzheitliche Erfahrung der Auswirkungen des eigenen verletzenden Tuns. Was eine Verletzung anderer wirklich ist, muss manchen Kindern und Jugendlichen erst eigens vermittelt werden. Ihr sozio-emotionales Wahrnehmungssystem und Erfahrungsgedächtnis (limbisches System) scheinen unterentwickelt zu sein.

Die Wirksamkeit der Erziehung als Verhaltensänderung beruht biologisch gesehen auf der sozialen Offenheit und Interaktionsabhängigkeit der Hirnentwicklung. Wir sind in unserem Verhalten und Erleben nicht einfach vom Gehirn determiniert, sondern können auch selber das Gehirn determinieren, bzw. es wird auch von der Umwelt determiniert. Pädagogisch wichtig ist die Einsicht, dass die soziale Einwirkung, also auch die Erziehung, auf einer *Wechselwirkung* beruht. Die Spuren, die soziale Einflüsse im Gehirn hinterlassen, z.B. frühe emotionale Zuwendung oder Deprivation, haben Auswirkungen auf die eigene soziale Wahrnehmung, aber auch auf das reaktive soziale Verhalten der Umwelt. Das Gehirn entwickelt neuronale Muster, die ihm bzw. seinem Träger geeignet erscheinen, bei den gegebenen Umweltbedingungen zu bestehen, z.B. bei deren sozialen Härten. Das Gehirn kann sich zu einem „unsozialen" Gehirn entwickeln, das schließlich sozialen Zuwendungen kaum noch zugänglich ist. Es fehlen die entsprechenden Muster. Die vorhandenen verhärteten Verschaltungen sind nur schwer beweglich, zumal sie erfahrungsbedingt emotional und damit vom limbischen System beherrscht sind.

Wie weit das neue und differenzierte Wissen über die Hirnfunktionen die pädagogische Praxis tatsächlich befruchten kann, muss also offen bleiben. Wir haben damit zu rechnen, dass wir zwar über immer mehr Wissen verfügen, nicht aber ohne weiteres in der Lage sind, dieses in eine verbesserte Praxis umzusetzen, weil es nicht unmittelbar in diese hineinreicht. Adressat von Erziehung ist nicht das Gehirn, sondern der ganze Mensch. Erzieherisches Handeln ist auf soziale Interaktionen und deren Sinn gerichtet. Neurophysiologische Beschreibungen und Erklärungen reichen also prinzipiell nicht aus, um aus ihnen abzuleiten, was pädagogisch konkret erforderlich und praktikabel ist. Dienlich wären u.U. diagnostische Instrumentarien, die in bestimmten kritischen Fällen zeigen könnten, ob und gegebenenfalls welche Veränderungen sich auf Grund heilpädagogischer oder psychotherapeutischer Einwirkungen beobachten und kontrollieren lassen (Schramme 2005, 401).

Bei aller Bedeutung, die die Neurobiologie in auffallendem Maße der *Erziehung* als einer fundamentalen umweltlichen Einwirkung auf das offene Gehirn beimisst, muss doch auch die sich daraus ergebende deterministische Konsequenz gesehen werden: *Nach* der biologisch zeitlich begrenzten Erziehungsphase bestünden nur wenig oder keine Chancen für eine Verbesserung der Persönlichkeit, etwa durch Bildung oder sonstige Lebenshilfen. Alle Zukunft des Menschen wäre dann durch seine Erziehung in der Phase seiner Hirnentwicklung und damit seiner sozialen Abhängigkeit in den ersten zwanzig Lebensjahren festgelegt.

So sehr es pädagogisch zu begrüßen ist, dass die fundamentale Bedeutung der Erziehung nun auch durch eine Naturwissenschaft bestätigt wird, so eröffnen deren deterministische Konsequenzen nicht gerade ermutigende Aussichten für den heranwachsenden Menschen, sein Leben nun selbst zu bestimmen und gegebenenfalls zu verbessern, wenn er in seiner Erziehung benachteiligt worden ist.

2 Sozialdarwinismus – Biologie geschichtlich im Zwielicht

Die Neurobiologie kann heute Befunde vorlegen, die das darwinistische Menschenbild entkräften, wonach die Evolution primär nach dem Prinzip des „Kampfes ums Dasein“ und des erblich bedingten Egoismus voranschreite, und das menschliche Leben biologisch gesehen, also „von Natur aus“, vor allem auf *Konkurrenz und Auslese* der Stärksten, angelegt sei. Was die Menschheit in der ersten Hälfte des 20. Jahrhunderts in ihre schwersten Katastrophen und in die schlimmsten Kriege führte, und was in Eugenik, Rassenwahn und Vernichtung ganzer Völker seinen Ausdruck fand, lässt sich auf die darwinistische Ideologie des *„war of nature“* bzw. des *„struggle for life“* zurückführen, den einige Wissenschaftler, Politiker und auch Pädagogen im Interesse rassistischer Zielsetzungen einst aus den Lehren von *Charles Darwin*, dem bedeutendsten und einflussreichsten Biologen des 19. Jahrhunderts, gezogen hatten. Dieser *Sozialdarwinismus* war eine einseitige Deutung der Evolution. Sie gipfelte im Bild des „Übermenschen“ oder „Herrenmenschen“ (Nietzsche) einerseits und hatte über politische Aktionen andererseits verheerende Auswirkungen auf den *schwächeren Teil* der Menschheit: Zwangssterilisation der „Geistesschwachen“, „Ausmerze lebensunwerten Lebens“.

Die Aussicht auf künftige soziale und pädagogische Chancen, die sich aus der neurobiologischen Forschung ergeben könnten, dürfte auf Skepsis stoßen, zumal einige Formulierungen auch auf Darwin selber zurückgehen und damit Gelegenheit für einseitige, ideologische Ableitungen boten. Diese wurden im Wesentlichen von der damaligen Interessenslage der Öffentlichkeit und der Politik genährt, die vom Streben bzw. „Kampf“ und schließlich „Krieg“ um nationale und wirtschaftliche Macht und Vorrangstellung der miteinander konkurrierenden Nationalstaaten bestimmt war. Ohne Zweifel war auch Darwin von der zeitgenössischen Fortschrittsideologie des europäischen Kulturkreises beeinflusst. Auf jeden Fall wurden seine Lehren auch dazu benutzt, üble Zivilisationspraktiken, wie die Ausbeutung im industriellen Zeitalter, die Rücksichtslosigkeiten des Merkantilismus, die sozialen Kämpfe, die Rassenlehre und schließlich auch die „Ausmerzung lebensunwerten Lebens“ im deutschen Nationalsozialismus zu rechtfertigen.

Es muss aber auch gesehen werden, dass auch Darwin selber sich der sozialen und moralischen Problematik bewusst war, zu der seine zeitgenössisch angepassten Interpretationen Anlass gaben. Schon 1859 hatte er in seinem ersten Buch „Die Entstehung der Arten durch natürliche Auslese“ betont, dass sein Begriff „Kampf ums Dasein“ nur „in einem weiten metaphorischen Sinne“ zu verstehen sei, „der die Abhängigkeit der Wesen voneinander“ einschließt (1859; 2004, 101). Vor allem in seinem zweiten Buch „Die Abstammung des Menschen“ (1871) finden sich wiederholt Stellen, mit denen er quasi das *Gegenprinzip* der Auslese, die *Humanität,* in ihrer unverzichtbaren Bedeutung für alle Menschen herausstellte, die Bedeutung der Moral, der Menschlichkeit, des Wohlwollens gegenüber jedermann, des Helfens, der Gemeinschaften, der Sympathie für die Menschen aller Nationen und Rassen. Die Idee der Humanität hielt er für eine der *edelsten Tugenden*, die dem Menschen eingepflanzt seien. Die uneigennützige Liebe zu allen lebenden Wesen bezeichnete er als die edelste Errungenschaft des Menschen (1874; 2002, 160). So gesehen ginge es zu weit, ihm generell ein „Prinzip der Unmenschlichkeit“ zu unterstellen. Es ist wahrscheinlich so, dass seine *humanitären Ideen* damals und in der Folgezeit wenig Resonanz fanden, da die öffentliche Meinung primär am „Kampf ums Überleben“ und an der Durchsetzung der Stärkeren bzw. an der negativen Auslese der Schwachen, die das Volkswohl belasteten, interessiert war.

Mit dieser Bemerkung soll u.a. deutlich werden, dass zum einen bei der Rezeption neuerer wissenschaftlicher Thesen darauf zu achten ist, wie weit diese in Zusammenhang mit Zeitströmungen stehen und von diesen ideologisch beeinflusst sind. Zum anderen sollte bei der Publizierung wissenschaftlicher Befunde sehr auf die dabei verwendete Sprache geachtet werden, um Ideologen keine Chance zu geben, sie zu verfälschen, wie es die Epigonen Darwins, die *Sozialdarwinisten* taten, die in der Nachfolgezeit unter Berufung auf die wissenschaftliche Autorität Darwins in wesentlichem Maße zum späteren Unheil beitrugen (Bauer 2006b).

Das Menschenverachtende des darwinistischen Menschenbildes lag darin, dass hier der „Kampf ums Dasein“, von Darwin als „natürliche Auslese“ und „Selektionsziel“ beschrieben, in ein bewusstes Vernichtungsprinzip, man könnte auch mit *Thomas Hobbes* sagen, in einen „Krieg aller gegen alle“, umgemünzt wurde. Das *Menschlichkeitsprinzip* musste dabei auf der Strecke bleiben. Ein biologisch-wissenschaftliches Erklärungsmodell wurde kurzschlüssig, d.h. über politische Interessen und gängige öffentliche Meinungen, zu einem politischen Programm stilisiert. Diese Feststellung hat nicht nur *geschichtlichen* Wert. Sie gilt auch für Tendenzen in der Gegenwart, z.B. wissenschaftliche und technologische Fortschritte für wirtschaftliche und merkantilistische Zwecke zu nutzen – ohne Rücksicht auf *inhumane Nebenwirkungen*.

Ausläufer dieses „Kampfes ums Überleben“ sind auch heute im globalen *wirtschaftlichen Konkurrenzkampf* zu beobachten. Das Leben ist zudem unter den Druck von Überbevölkerung und Umweltverschmutzung, von individualistischen Tendenzen und einer fortschreitenden sozialen Spaltung der Gesellschaften in Reiche und Arme geraten und scheint, sich erneut und diesmal indirekt dem sozialdarwinistischen Modell anzunähern. Der immer schärfer gewordene Marktwettbewerb hinterlässt als Opfer „Überflüssige", gewissermaßen einen „Rest", der nicht mehr gebraucht wird. Man spricht vom *Wirtschaftsdarwinismus*!

Eine menschliche Entwicklung, die die Tüchtigeren erfolgreicher macht und die – aus welchen Gründen auch immer – weniger Tüchtigen im Wesentlichen marginalisiert, bedroht sich selbst. Möglichkeiten, „nicht-perfektes" Leben biotechnologisch zu überwinden, werden im Allgemeinen auch nur den Reicheren zur Verfügung stehen. Eine Welt ohne Behinderte wäre eine Illusion (Speck 2005). So viel scheint sicher: Eine Neuauflage des Sozialdarwinismus ist keine Lösung. Die jetzige Entwicklung zeigt bei allen wirtschaftlichen und technologischen Fortschritten und Vorteilen auch Züge eines insgesamt und weltweit destruktiven Prozesses, der natürliche, wirtschaftliche und menschliche Ressourcen vernichtet.

Man kann in diesem Umstand bestenfalls eine Herausforderung für ein Umsteuern sehen. Die Entdeckung bisher nicht gekannter *naturhafter* Bedingungen für ein besseres menschliches Zusammenleben könnte wichtige Aspekte für eine Neuorientierung eröffnen, und zugleich den Auswüchsen eines (rücksichtslosen) Kampfes gegeneinander und der Hybris einer egoistischen Durchsetzungsideologie besser entgegenwirken, vor allem auch dazu beitragen, dass die Zuversicht auf eine menschenwürdige Zukunft nicht verloren geht. „Der Mensch ist nicht für gesellschaftliche Modelle ‚gemacht', in denen Kampf und Auslese vorherrschen" (Bauer 2006b, 202). Die Frage nach den biologischen Grundlagen der sozio-kulturellen Weiterentwicklung bleibt pädagogisch aktuell.

3 Gen-Egoismus im soziobiologischen Verständnis

Die *Soziobiologie* als Teilgebiet der Verhaltensforschung unternimmt den Versuch, soziale und moralische Phänomene, wie Egoismus und Altruismus, auf biologische und evolutionäre Grundprozesse zurückzuführen. Moral sei „eine *biologische* Kategorie“ (Wuketits 1993, 10). Die moralischen Normen, die der Mensch erfunden habe, lägen „*in seiner eigenen Natur*“ (22). Es gehe um eine *Biologie* der Moral. Von ihr verspricht man sich eine moralische *Entlastung*, da die idealistische Ethik die Natur des Menschen zu wenig beachte und ihn deshalb oft überfordere. Ein Menschenbild, das den Menschen über seine Natur erhebe, sei nicht mehr akzeptabel. „Der Biologe, der sich mit Fragen der Physiologie und Evolutionsgeschichte beschäftigt, bemerkt, daß Selbsterkenntnis von den emotionalen Kontrollzentren im Hypothalamus und limbischen System des Gehirns limitiert und geformt wird. Diese Zentren überfluten unser Bewusstsein mit all den Emotionen – Haß, Liebe, Schuldgefühl, Angst und andere –, die von Moralphilosophen angerufen werden, die die Maßstäbe für Gut und Böse zu erfassen wünschen. Was aber, so müssen wir fragen, hat den Thalamus und das limbische System gemacht? Sie evolvierten durch natürliche Auslese“, schrieb 1975 der Begründer der Soziobiologie, Edward O. Wilson (zit.b. Wuketits 52).

In neuerer Zeit hat der englische Biologe *Richard Dawkins* mit seiner Lehre vom „egoistischen Gen“ (2004) für Aufsehen gesorgt. Danach sind es die *Gene*, die radikal selbstbezogen und unbewusst den – darwinistischen – Kampf ums Dasein führen, um die eigene Stabilität zu erhöhen, und die der Rivalen zu vermindern, und „wir sind ihre Überlebensmaschinen“, geschaffen von den Genen (50f). Mit „wir“ sind nicht nur wir Menschen, sondern alle Tiere, Pflanzen, Bakterien und Viren gemeint (52). Das Gen sei die Grundeinheit der natürlichen Auslese und als solche „die grundlegende Einheit des *Eigennutzes*“ (70). Genauer gesagt, eine vorherrschende Eigenschaft eines erfolgreichen Gens sei ein „skrupelloser Egoismus“, der für gewöhnlich zu einem egoistischen Verhalten des Individuums führe (25). Dies schließe allerdings nicht aus, dass in begrenztem Maße und unter besonderen Umständen auch *altruistisches* Verhalten möglich und sinnvoll sein könne, nämlich dann, wenn man dadurch seine letztlich egoistischen Ziele besser erreichen könne.

Diesen im Grunde nicht nur naturwissenschaftlichen, sondern auch normativen und teleologischen Thesen gegenüber wirkt es nicht überzeugend, wenn Dawkins im Nachhinein bemerkt, dass er mit seinen Thesen *keine Ethik auf der Grundlage der Evolution* begründen wolle. Um einen naturalistischen Fehlschluss (aus dem Sein ein Sollen ableiten) zu vermeiden, wolle er keine Aussage machen, wie sich die Menschen verhalten *sollen*. Das Leben in einer Gesellschaft, die lediglich auf dem Gesetz des universellen Gen-Egoismus beruhte, wäre auch für ihn ein „sehr unangenehmes". Er wolle nur ausdrücken, dass von der biologischen Natur her wenig Hilfe zu erwarten sei, wenn es darum ginge, eine Gesellschaft aufzubauen, „in der die Einzelnen großzügig und selbstlos zugunsten eines gemeinsamen Wohlergehens zusammenarbeiten" (26).

Nichtsdestoweniger leiten Soziobiologen – wenn auch indirekt – durchaus auch klare normative Thesen aus ihren Forschungsergebnissen ab, so Richard Alexander (1979), der fünf Regeln nennt, die die Gene in die Menschengehirne einprogrammiert hätten:

„1. Hilf nur deinen nächsten Verwandten!
2. Gib jemandem nur dann etwas, wenn du sicher sein kannst, dass du mehr zurückbekommst, als du investiert hast!
3. Hilf dann, wenn du damit rechnen musst, bestraft zu werden, wenn du nicht hilfst!
4. Hilf anderen, wenn du beobachtet wirst und wenn du erwarten kannst, dass dir daraus in Zukunft Vorteile erwachsen!
5. In allen anderen Situationen: ‚Do not give'!" (zit.b. Hüther 2003, 53).

Das daraus zu folgernde Menschenbild ist ein *egoistisches*. Es begegnet einem immer häufiger im gesellschaftlichen Alltag seit der individualistischen Wende und der Forcierung des wirtschaftlichen und sozialen Wettbewerbs. Es ist das Menschenbild einer *Marktkonkurrenz*, die nicht nach den (un-)sozialen Folgen fragt. Es spiegelt biologistische Auffassungen wider, nach denen Liebe und Wohlergehen einer ganzen Menschengruppe Begriffe seien, die evolutionsbiologisch „einfach keinen Sinn ergeben" (Dawkins 2004, 25). Die soziale Komponente sei eine wichtige, aber biologisch nachgeordnete Funktion, um nicht zu sagen, ein Appendix. Der Egoismus der Gene rufe für gewöhnlich egoistisches Verhalten hervor. Altruismus sei nur in begrenztem Maße möglich, müsse aber gelehrt werden; „denn wir sind egoistisch geboren" (26).

Wenn wir die gegenwärtige allgemeine Entwicklung ins Auge fassen, so geht sie zum großen Teil in Richtung größerer individueller Fitness und Chancen für diejenigen, die „fitter" sind. Da aber die Chancen gesellschaftlich gesehen begrenzt sind und nicht alle die Fittesten sein können, werden immer mehr von dieser positiven Selektion abgehängt. Sie werden zu *Verlierern*. Neurobiologisch gesehen verlieren sie auch ihre möglicherweise ererbte *Begabung* zu mehr Erfolg, weil sie sie nicht nutzen können. Ein solcher Mensch verliert auch seinen Selbstwert, zumal wenn er sich überflüssig fühlen muss. Es sind dies allerdings Kategorien, die nicht im Erkenntnisbereich der Soziobiologie liegen.

Das egoistische Menschenbild gibt nur Teilaspekte des Menschen wieder. Es kann keine universelle Geltung beanspruchen. Es schließt einen Teil der Gesellschaft von der Weiterentwicklung aus. An Stelle der *Solidarität* tritt die *Konkurrenz* der nur vermeintlich „Chancengleichen", die sich nun genötigt sehen, ihr besseres Können in den Vordergrund zu stellen, um gegenüber anderen die eigenen Lebensbedingungen zu verbessern (Castel 2005, 59). Nur die Fittesten unter ihnen können in diesem individualistischen Anpassungs- und Wettbewerbsprozess (Selektion) bestehen und ihre Chancen erhöhen, eine Zielvorstellung, die heute unter dem Motto verbreitet wird „Jeder ist seines Glückes Schmied", jedoch von vielen Jugendlichen als zynisch empfunden wird, weil sie kaum Möglichkeiten sehen, in diesem verschärften Kampf um einen Arbeitsplatz und um Wahrung ihrer sozialen Anerkennung und Menschenwürde zu bestehen.

Man kann zwischen dem hier angesprochenen gesellschaftlichen Spaltungsprozess und der biologistischen Analyse Parallelen sehen. Die *analytische* Methode der Naturwissenschaft besteht im Zerlegen der Wirklichkeit. Wird sie auf lebende Systeme angewandt, so erhält sie zwar immer mehr Teile, über die sie immer mehr weiß, zugleich aber geht „unwiederbringlich etwas verloren – eben das Leben" (Cramer 1993, 28); denn bei lebenden Systemen ist das Ganze immer mehr als die Summe der Teile. „Durch Zerlegen kann man immer nur Totes anschauen; denn Leben ist eine Systemeigenschaft, und das System wird durch Zerlegen zerstört". Die Ordnung der Zusammenhänge löst sich auf. Es verbleiben im Bewusstsein immer mehr Teile, die immer weniger sinnvoll miteinander verbunden werden können. Der *Sinn* des Ganzen geht dabei verloren. Diesen zu finden oder zu erhalten, ist aber nicht Aufgabe und Interesse der analysierenden Naturwissenschaft. Die Wissenschaft löst keine *Lebensprobleme* und keine Sinnfragen, sondern immer nur *wissenschaftliche* Probleme. Der *Sinn* des Sozialen, wie es unsere Kultur konstitutiv bestimmt, ist auf biologischem Wege nicht hinreichend erklärbar.

4 Altruismus aus evolutionsbiologischer Sicht

Während sich die Soziobiologie primär an den „egoistischen" Genen orientiert und deshalb den für die Selbsterhaltung notwendigen Egoismus des Menschen in den Vordergrund stellt, sieht die Evolutionsbiologie und -psychologie den Menschen mehr unter dem Gesichtspunkt der *Kooperativität*, wie sie sich aus der Evolution zwingend ergeben hat. Auf der Basis bloßer Selbsterhaltung wäre sie nicht möglich gewesen. Der Mensch ist ein soziales Wesen, das sich zwar selbst zu erhalten und u.U. auch gegen andere durchzusetzen hat, das aber nicht ohne Rücksicht auf das Wohlergehen anderer, also ohne Altruismus, überleben kann. *Altruismus* ist die Fähigkeit zu kooperativem Handeln, zu selbstlosem Verhalten und zur Verlässlichkeit gegenüber anderen, und zwar auch dann, wenn dies eigene Nachteile bedeutet (Lütterfelds 1993). Wie die Evolution des Menschen zeigt, ist altruistisches Verhalten für seine Weiterentwicklung immer wichtiger geworden und dürfte in der Zukunft noch wichtiger werden, wenn ein humanes Zusammenleben in der enger und sozial chaotischer werdenden Welt erhalten bleiben soll.

Evolutionär verankerter Altruismus bedeutet, dass er biologisch auch im Gehirn angelegt ist. Es kann also kein Zweifel bestehen, dass das entsprechende Wissen um die hirnbiologischen Zusammenhänge in Verbindung mit sozialwissenschaftlichen Gesichtspunkten auch von *pädagogischer* Bedeutung ist. Vom sozialwissenschaftlichen Aspekt her ist es notwendig, diejenigen Befunde der Evolutionsbiologie, auch der Neurobiologie, zur Kenntnis zu nehmen und auszuwerten, die Hinweise auf die natürlichen Grundlagen der menschlichen Sozialität und Moral geben (Gierer 2005). Da Ansätze altruistischen Verhaltens auch bei den Tieren zu beobachten sind, liegt es nahe, diese zunächst näher ins Auge zu fassen.

Wie die Affen?

Die *Biologie*, zumal die Soziobiologie, bezieht einen Großteil ihrer Erkenntnisse aus der *Verhaltensforschung*, also aus der Beobachtung von Tieren. Sie versucht nachzuweisen, wie weit und wie sehr die Verhaltensgrundlagen bei Menschen und Tieren, insbesondere bei den Primaten, durch die Evolution bedingt, sich ähneln bzw. die gleichen sind. Ohne hier auf die Fülle der entsprechenden Literatur näher eingehen zu können, sei nochmals der Soziobiologe Wuketits (1993, 9) zitiert: „Wir Menschen sind Affen und verhalten uns auch so."

Zur Veranschaulichung soll hier nur kurz auf ein Buch des englischen Wissenschaftsjournalisten Richard Conniff verwiesen werden, es trägt im Original den Titel „The Ape in the Corner Office. Understanding the Workplace Beast in All of Us". Die deutsche Übersetzung trägt den Titel „Wie tierische Verhaltensmuster unseren Büroalltag bestimmen" (2006). Aus der Erfahrung im Management wird aufgezeigt, wie wichtig es sei, neue Konsequenzen aus dem gründlich veränderten Lebensalltag der Menschen zu ziehen, um im wirtschaftlichen Wettbewerb besser bestehen zu können. Die neuen Einsichten lassen sich auch auf andere berufliche Arbeitsfelder, z.B. Lehrerkollegien oder sonstige Teams, übertragen.

Der Autor geht davon aus, dass heute der *Arbeitsplatz* und *nicht mehr die Familie* der Lebensmittelpunkt geworden sei, und dass es angesichts der unsicheren Arbeitsplätze wichtiger denn je geworden sei, die evolutionsbedingten Veranlagungen in uns zu verstehen und zu beachten, um in einem Konkurrenzkampf überleben zu können, „der immer darwinistischere Züge annimmt" (14). Wir sollten quasi mehr den Affen in uns sehen; denn wir seien „durch und durch gefühlsgesteuerte Tiere" (14). Ein entsprechendes Verständnis unseres Arbeitslebens von unseren biologischen Wurzeln her könnte weiterhelfen, meint der Autor.

Das Ganze klingt zunächst befremdend, hat aber etwas Realistisches an sich. Es will dazu beitragen, dass wir das oft merkwürdige Verhalten anderer – auch unser eigenes Verhalten – in der *verfremdenden*, von Wettbewerb und Selbstdurchsetzung beherrschten Arbeitswelt besser verstehen und darin noch überleben können. Der Mensch lege heute Verhaltensmuster an den Tag, die nach Jahrmillionen der Evolution fest in unserem Bios verwurzelt sind. Das Einzige, was sich nicht verändert habe, sei das Tier, z.B. das *Alpha-Tier* oder der *unterwürfige Schimpanse in uns*, der dem Stärkeren die Läuse sucht (16). Das ist nicht abwertend gemeint. Conniff bezieht sich ausdrücklich auf neueste Ergebnisse der Verhaltensforschung. Es könne sogar Spaß machen und den öden Arbeitsalltag auflockern, wenn man den eigenen Arbeitsalltag *durch die Brille der Tierwelt* betrachte und z.B. die eigenen Kollegen mit Schimpansen vergleiche oder über den eigenen Chef als den Oberpavian lachen könne. Conniff bringt eine Fülle von Beispielen, wie Tiere mit schwierigen Situationen fertig werden, und welche Praktiken sie anwenden, um in einem ersprießlichen *Miteinander* leben zu können.

Es sei deutlich erkennbar, dass die *Natur* uns dazu erschaffen habe, „nett zueinander zu sein" (27). Nettigkeit sei eine natürliche Verhaltensweise unter Affen, Investmentbankern und vielen anderen Tieren. Gegenseitiges Beachten und Helfen, sogar Altruismus, seien eben auch bei den Tieren zu beobachten, dies allerdings mehr im Sinne eines „reziproken Altruismus", etwa bei Affen: *Suchst du meine Läuse, such' ich deine Läuse.*

Auch wenn diese Gegenseitigkeit – vom Menschen her gesehen – nur eine Grundbedingung für menschlich-soziales Handeln nach moralischen Maximen darstellt, ist sie doch auch ein für das Überleben wichtiger Teil der menschlichen Natur geworden; sonst wäre der Altruismus längst aus dem menschlichen Genpool verschwunden (30).

Dazu wäre anzumerken: Bei aller genischen Fundierung und aller Verwandtschaft mit tierischem Verhalten kann nicht übersehen werden, dass soziales oder altruistisches Verhalten sich beim Menschen anders entwickelt hat als bei den auf den Bäumen lebenden Affen. Es ist im Wesentlichen ein sozio-kulturelles Ergebnis. Es wird also *gelernt* und noch dazu von Generation zu Generation neu modifiziert und durch Aufzucht und Erziehung weitergegeben. Dabei bildet die biologische Fundierung eine unverzichtbare Voraussetzung und Bedingung. Wenn wir uns dieser natürlichen Bedingtheit des Sozialen mehr bewusst würden, könnten wir sogar ein Stück mehr Hoffnung haben, dass der heute vielfach beklagte Verlust an Solidarität in der Gesellschaft kein Dauerzustand bleiben muss.

Analoges gilt von der Bedeutung der *Hierarchien* in tierischen und menschlichen Gemeinschaften. Conniff zeigt eine Fülle von Beispielen auf, die darauf schließen ließen, dass unsere Vorliebe für hierarchisch geregelte Ordnungen in unsere Gene eingeschrieben ist. Sie haben gewisse Vorteile. Stabile Hierarchien seien geeignet, den Hausfrieden zu erhalten, und das Zusammenleben von ständigen Rivalenkämpfen zu entlasten. Wenn z.B. in Gruppen von Schimpansen nicht klar ist, wer der Boss ist, so komme es fünfmal so häufig zu *aggressiv* ausgetragenen Streitereien wie in geregelten Gemeinschaftsordnungen. In einem Hühnerstall mit klarer Hackordnung kämpften die Hennen weniger miteinander und legten mehr Eier (93).

Niemand will Schimpansen-Gruppe und Hühnerstall mit menschlichen Gemeinschaften gleichsetzen; aber Ähnlichkeiten lassen sich nicht übersehen. Sie können Aufschluss über tief sitzende naturhafte Bedürfnisse und Mechanismen geben, die man beachten sollte, wenn es darum geht, notwendige Ordnungen in menschlichen Gemeinschaften aufzubauen und zu stabilisieren. Conniff konnte übrigens auch aufzeigen, dass die *Wieder-Versöhnung* oder *Entschuldigung* nach einem Streit durchaus auch in der Naturgeschichte verankert ist. Schimpansen z.B. seien darin Meister. Sie küssten sich, nachdem sie gegeneinander gekämpft haben, und vertragen sich wieder. Freilich entschuldigen sich Affen, Delphine, Hyänen oder andere Tiere – wie Menschen – *nicht immer*.

Menschliches Kooperieren

Für den Evolutionsbiologen Alfred Gierer besteht kein Zweifel, dass das – im Unterschied zu allen Primaten – sehr hohe Maß an *Kooperationsfähigkeit* des Menschen in den Genen und in der Epigenese angelegt ist. Dies bedeutet, dass Menschen gegenüber anderen ihre individuellen Eigeninteressen in gewissem Maße hinter die Interessen anderer zurückstellen bzw. sich an gemeinsamen Unternehmungen beteiligen *können* (müssten). Das Gleiche gelte für *altruistisches Verhalten*, bei dem jemand Anderen auf eigene Kosten und ohne absichtliche Ausrichtung auf eine Gegenleistung hilft, aber auch für das Helfen aus Mitleid und für Formen der Kooperation, die nicht primär auf das eigene Wohl, sondern auf das aller Partner abzielen (79). Die Fähigkeit zum Mitfühlen, also *Empathie*, sei ganz offensichtlich ein Nebenprodukt der Evolution: Sie hilft letztlich weiter und sichert eine bessere Zukunft im Zusammenleben in der Gruppe. Wer sich in andere gut *einfühlen* kann, tue sich leichter, deren Handlungen und Reaktionen vorherzusehen, und sich darauf einzurichten. Er hat also davon auch Vorteile. Im Ganzen gesehen bleibe die Grundtendenz des eigenen Verhaltens eine positive gegenüber anderen, d.h. eine auch auf uneigennützige Hilfe und Solidarität ausgerichtete (86).

Wie wichtig das Soziale oder der Gemeinsinn für die Weiterentwicklung des Menschen ist, zeigte u.a. Friedrich Cramer als Molekularbiologe und ehemaliger Direktor im Max-Planck-Institut für Experimentelle Medizin in Göttingen auf. Die hohe Bedeutung des Sozialen ginge u.a. daraus hervor, dass nach dem Ende der *biologischen* Evolution des Menschen und seiner weitgehenden Befreiung von den – z.T. barbarischen – Zwängen der Natur und seiner damit gewonnenen Befähigung, in die Natur einzugreifen, und sie sich zunutze zu machen, die Weiterentwicklung nun in seine Hände und in seine Verantwortung gegeben sei (Cramer 1993, 292f). Er agiere in Freiräumen, die nicht mehr nur von Naturgesetzen, sondern von immer *komplexeren Systemen* bestimmt werden.

Wenn also das Leben weiter gehen und nicht durch einen schrankenlosen Individualismus zerstört werden soll, muss diese Komplexität reduziert werden, und zwar so, dass einerseits seine Freiheit erhalten bleibt, er aber zugleich auch in die Gesellschaft eingegliedert und – soweit nötig – auch kontrolliert wird bzw. sich selber kontrolliert. Dazu müsse er sich selber, gemäß seiner *Autonomie*, entsprechende (moralische) Gesetze, Regeln oder Konventionen geben, die als allgemein verbindlich akzeptiert werden; eine in Freiheit gestaltete Gesellschaft sei immerhin effektiver als eine reglementierte. Eine Bindung an solche Regeln, Normen und Konventionen aber setze, wenn sie nicht als Zwang aufoktroyiert werden soll, Selbstdisziplin und gegenseitiges *Vertrauen* voraus. „Ohne ein Mindestmaß an Vertrauen ist ein Leben in Freiheit nicht zu meistern“ (299). Auch wenn dieses immer wieder missbraucht würde und gewisse Kontrollen nötig seien, bleibe es doch schlechthin unersetzbar. Gegenseitiges Vertrauen sei ein zentrales Prinzip menschlichen Zusammenlebens. Vertrauen wiederum sei nicht möglich ohne *Liebe*. „Liebe ist also ein notwendiges Prinzip in unserer Menschenwelt“ (300).

Diesen Gedanken setzte Gerald Hüther mit seiner kleinen Schrift „Die Evolution der Liebe“ (2003) fort. *Liebe* sei gegenüber dem seit Darwin priorisierten Prinzip der *Konkurrenz*, das zu mehr Spaltung führe und die Entwicklung der Lebensformen auseinandertreibe, als komplementäres Gegengewicht unverzichtbar. Es sei einfach eine Halbwahrheit gewesen zu behaupten, die auseinander treibende Kraft der Konkurrenz sei „Fortschritt“ schlechthin. Ohne eine Kraft, die das Ganze im Innersten zusammenhält, würde es keinen Fortschritt im Ganzen geben. Es sei deshalb die große Aufgabe der Biologie im 21. Jahrhundert, diese das Ganze zusammenführende und zusammenhaltende Kraft und die damit verbundenen Zusammenhänge zu erforschen und zu klären. Es gelte, sich mehr als bisher an den an sich schon immer geltenden „Gesetzen eines zusammenfließenden, alle Energie in einem Punkt vereinigenden Universums“ und dem Zusammenspiel der verschiedenen Teile zu orientieren, d.h. in mehr gegenseitige *Resonanz* zu treten. „Resonanz ist das Ganzheit vermittelnde Prinzip unserer Welt“, und Liebe Ausdruck und Ziel dieses Prinzips (63f).

Ein wichtiges biologisches Forschungsfeld in diesem Zusammenhang bezieht sich auf das, was früher als *Prägung* und heute als *Bindung* bezeichnet wird. Es ist für das weithin hilflose Neugeborene und für die initialen Verschaltungen des *frühen Gehirns* entscheidend wichtig, wie weit es über *emotionale Zuwendung* seiner Eltern oder sonstiger Bezugspersonen das Gefühl von *Sicherheit und Geborgenheit* erlebt. Die anfangs aufgebaute Bindung bleibt normalerweise ein Leben lang erhalten. In diese Bindung einbezogen sind auch die ansonsten beteiligten Mitglieder einer Gruppe oder Familie; der familiäre Zusammenhalt wirkt stabilisierend. Ist ein Mitglied aus einem solchen schützenden und bindenden Verbund ausgeschlossen und bleibt es mit seinen Ängsten und Stress-Erlebnissen weithin allein, so können sich die Prägungen im Gehirn und die moralischen Bindungen lockern. Je stärker die Bindungslosigkeit, umso eher zerfällt dann auch die ganze Gruppe.

Mit dem *Prinzip der Bindung* konkurriert heute weithin das des Erwerbs eigener *Unabhängigkeit* und *Verfügungsmacht*. Die Erfahrung zeigt jedoch, dass mit dem Aneignen von Macht und materiellem Reichtum keine Garantie für innere Stabilität und Sicherheit gegeben ist, zumal in der heutigen sich immer mehr aufspaltenden und den Einzelnen allein lassenden Gesellschaft. Es sei wichtig, dass Wege gewagt und gegangen werden, die den Einzelnen wieder mehr in Gemeinschaften einbinden, und dass mehr *soziale Verantwortung* wahrgenommen wird. „Lange geht es so nicht weiter“ (84).

Die Bedeutung der *frühen Bindungen* ist an sich aus der Entwicklungspsychologie schon seit längerem bekannt (Bowlby 1953; 2005; Grossmann/Grossmann 2004). Auf biologische Grundlagen der Ethik und damit auch der Liebe hatte schon der chilenische Biologe Maturana verwiesen

(1998). Liebe als emotionale Grundlage für alles Soziale, für gegenseitige Annahme, gegenseitigen Respekt und gegenseitige Fürsorge, sei *biologisch begründet* und konstitutiv für die menschliche Existenz (305). Umgekehrt entstehe der größte Teil menschlichen *Leidens* durch die Ablehnung der Liebe. Die Negation der Liebe und der Ethik als konsensuelle Fundamente der verschiedenen Arten menschlichen Zusammenlebens bedeute die Negation von Menschlichkeit (319).

Der Bezug auf evolutionsbedingte Verhaltensmuster kann nur als vage Möglichkeit angesehen werden, menschliche Verhaltensweisen besser zu verstehen, und sich auf sie einzustellen. Einerseits können aus bloßen gattungtypischen Verhaltensweisen keine ethischen Normen abgeleitet werden, und zum anderen sind die Verhaltensmuster, die uns die Evolution mitgegeben hat, nicht eindeutig. Sie reichen in den verschiedenen Kulturen etwa vom Kannibalismus bis zu Menschenopfern, von rituellem Mord bis zur Folter und sind auch nicht in jedem Fall von Dauer (Pauen 2007, 214). Sie bedürfen also einer zusätzlichen Bestimmung, einer Begründung, warum diese oder jene Norm allein sinnvoll und gerechtfertigt und für alle geboten ist. Unverzichtbar sind also zusätzlich *moralphilosophische Prinzipien*, zumal die modernen Lebensbedingungen sich wesentlich von denen unterscheiden, die durch die Evolution geprägt worden sind. Die sozialen und moralischen Instinkte sind nicht für die Komplexität der modernen Welt entwickelt worden. Singer betont, die Gesetze der biologischen und der kulturellen Evolution seien nicht die gleichen; evolutionäre Prinzipien reichten zur Erklärung unseres jetzigen Zusammenlebens nicht aus (2003, 18).

5 Menschlichkeit auf neurobiologischer Basis

„Wir sind auf soziale Resonanz und Kooperation angelegte Wesen. Kern aller menschlichen Motivation ist es, zwischenmenschliche Anerkennung, Wertschätzung, Zuwendung oder Zuneigung zu finden und zu geben“, resümiert der Psychiater Joachim Bauer auf Grund seiner neurobiologischen Forschungen in seinem Buch „Prinzip Menschlichkeit“ (2006b, 21). Wenn eine solche grundlegende anthropologische Feststellung über das soziale Wesen des Menschen und seinen Lebenswillen aus biologischer Sicht gemacht wird, so ist zwar noch nicht alles über die Sozialität des Menschen gesagt, aber sie bedeutet viel angesichts aktueller und immer stärker werdender Trends eines (selektiven) Kampfes um mehr soziale Vorteile des Einzelnen gegenüber anderen.

5.1 Soziale Beziehungen durch neuronale Motivationssysteme

Bauer zieht neurobiologische Befunde heran, die zeigen, dass der Mensch von Natur aus auf *Kooperation* und *soziale Bindung* angelegt ist. Wettkampf mit anderen stehe an *zweiter* Stelle. Nichts motiviere den Menschen stärker als sein Wunsch, von den Anderen als Person geachtet und geliebt zu werden. Soziale Isolation und Ausgrenzung dagegen führten zum biologischen Kollaps der Motivationssysteme im Gehirn. Der Kampf um Spitzenplätze, sei es in Schule, Betrieben, Gesellschaft oder Politik, könne nicht oberstes Leitprinzip sein. Wenn der Mensch keine Chance für ein menschenwürdiges Leben in sozialen Bindungen habe, brächen seine Motivationssysteme zusammen und lösten erhöhte Gewaltbereitschaft, mehr Aggressivität oder mehr Depressionen aus. Die gegenwärtig verbreiteten *Lernleistungsschwächen* und *Verhaltensstörungen* in den Schulen ließen sich auch biologisch auf *Beziehungs- und Motivationsstörungen* zurückführen. Die Erschütterung des Lebenswillens kann so stark werden, dass rein strukturelle und verwaltungsmäßige Maßnahmen des *Bildungssystems*, auch neue und einheitliche Bildungsstandards, die Probleme nicht mehr lösen könnten.

Den neurobiologischen Beleg für diese Thesen lieferte die Entdeckung der *neuronalen Motivationssysteme*. Darunter sind biologische Antriebsaggregate für den Lebenswillen zu verstehen, die vergleichsweise eine ähnliche

Wirkung haben wie Drogen, und die als Mittel zu einer Steigerung oder einer Dämpfung von Antrieb, Verlangen und Motivation eingesetzt werden. Der Kern der neuronalen Motivationssysteme hat seinen Sitz im Mittelhirn und ist über Nervenbahnen mit den verschiedenen Hirnarealen verbunden, vor allem mit den Emotionszentren.

Die von diesen Motivationssystemen ausgehenden Wirkungen beruhen auf neuro-chemischen Botenstoffen *(Neurotransmittern)*. Es sind dies vor allem *Dopamin, Opioide* und *Oxytozin*.

(1) Durch die Freisetzung von *Dopamin* wird ein Gefühl des Wohlbefindens und psycho-physisch ein Zustand vermehrter Konzentration und Handlungsbereitschaft ausgelöst, die auch eine verstärkte Bewegungsfähigkeit des Körpers bewirkt und insgesamt die nötige Energie erzeugt, um zielgerichtet agieren zu können. Dopamin-Mangel führt bei der Parkinson'schen Erkrankung bekanntlich zur Verminderung der Bewegungsfähigkeit.

(2) Weitere körpereigene Botenstoffe bilden die sogenannten *endogenen Opioide*. Sie wirken auf die Emotionszentren des Gehirns und haben wohltuende Effekte für das Ich-Gefühl, für die emotionale Gestimmtheit und für die Lebensfreude.

(3) Einen sehr wichtigen weiteren Wohlfühlbotenstoff bildet das *Oxytozin*. Es unterstützt das Entstehen sozialer, auch erotischer Beziehungen und hat umgekehrt den Effekt, dass sich psychische Bindungen erhöhen und stabilisieren und sich die Bereitschaft erhöht, anderen Vertrauen zu schenken.

(4) Es gibt noch andere Botenstoffe, so u.a. das gehirneigene *Serotonin*, das auch die Aggressivität mit beeinflusst. Eine bestimmte Konzentration des Serotonins kann dazu führen, dass jemand „praktisch durch nichts aus der Bahn zu werfen ist, weder durch Misshandlungen in der frühen Kindheit noch durch Stressoren im späteren Leben" so Spitzer (2004, 121). – Liegt hier möglicherweise eine Mitbedingung für die aktuell diskutierte *Resilienz* oder Invulnerabilität mancher Kinder und Jugendlicher vor?

Die Bedeutung dieser Botenstoffe und Motivationssysteme für den Gesamtorganismus, für den menschlichen Lebenswillen und im Besonderen für soziale Beziehungen könne nicht hoch genug eingeschätzt werden, wenn uns dies auch kaum bewusst sei. Mit ihnen habe die Evolution eine entscheidende Voraussetzung und Grundlage für etwas menschlich sehr Wichtiges geschaffen: Das *Bestehen-Können als Individuum in Bindung an andere*. Ihr Sinn und Zweck liege nach neurobiologischer Auffassung in der Regelung, Förderung und Sicherung der zwischenmenschlichen Beziehungen und der Zusammenarbeit und im Stiften sozialer Gemeinschaften: *„Kern aller Motivation ist es, zwischenmenschliche Anerkennung, Wertschätzung, Zuwendung oder Zuneigung zu finden und zu* *geben*" (Bauer 2006b, 34, kurs. J. B.). Wir seien auf *soziale Resonanz und Kooperation* mit anderen angelegte Wesen.

Amerikanische Hirnforscher prägten in diesem Zusammenhang den Begriff „social brain". Nichts aktiviere die Motivationssysteme unseres Gehirns so sehr wie das Bedürfnis, „von anderen gesehen zu werden, die Aussicht auf soziale Anerkennung, das Erleben positiver Zuwendung und – erst recht – die Erfahrung von Liebe" (35). Man könnte auch sagen, alles Tun und Denken in unserem Alltag, in Familie, Schule, Beruf oder Freizeit sei darauf gerichtet, zwischenmenschliche Beziehungen aufzunehmen und zu pflegen, und als Person geachtet zu werden. Dieses Bedürfnis sei stärker als der Selbsterhaltungstrieb (37). Die genannten Botenstoffe leisteten einen Beitrag dazu, dass unser Gehirn soziale Zuwendung und Kooperation sucht und feste Bindungen entstehen. Umgekehrt – und das ist gerade aus heilpädagogischer Sicht bedeutsam – schalteten sich die Motivationssysteme ab, wenn *keine Chance auf soziale Zuwendung* bestehe; sie könnten jedoch wieder anspringen, wenn Anerkennung und persönliche Zuwendung (Liebe) ins Spiel kommen.

Mit diesen für die Entwicklung und die Erziehung wichtigen Befunden wird etwas biologisch-empirisch belegt, was schon seit Langem unter Begriffen wie „Hospitalismus" oder „soziale Deprivation" bekannt ist: der *biologische Kollaps der Motivationssysteme* des Gehirns bei länger anhaltendem Mangel an sozialen Beziehungen und Ausgrenzungen, der sich im Zerfall der Lebensmotivation bzw. in Apathie oder Aggression äußere und die Gesundheit in Mitleidenschaft ziehe. Umgekehrt sind gute soziale Beziehungen wichtige Bedingungen für eine gute Gesundheit, erzieherische Erfolge und inneres geistiges Wachstum.

Das Bedürfnis nach motivierenden und aktivierenden sozialen Beziehungen ist generell in den *Genen angelegt*, also angeboren. Es bedarf aber der synaptischen Entwicklung, und dabei ist vor allem die *Frühphase* der Individualentwicklung wichtig. Durch eine verlässliche Zuwendung der Eltern oder sonstiger Bezugspersonen zum Säugling, durch freundlichen Augenkontakt, durch Lächeln, zärtliches Streicheln und Umarmen oder durch Wiegenlieder werden die *Botenstoffe* im Gehirn angeregt und bewirken eine neuronale Stabilisierung des Wohlbefindens und der Bindung. Dagegen hinterließen „*frühe Erfahrungen von mangelnder Fürsorge* [...] *eine Art biologischen Fingerabdrucks, indem sie das Muster verändern, nach dem Gene in späteren Jahren auf Umweltreize reagieren*" (66, kurs. J. B.). Eine Beziehungs- oder Gefühlsschwäche könne eintreten. Hier bestätigt sich wiederum das neuronal und psychologisch wichtige Prinzip der Abhängigkeit der neuronalen Entwicklung von den Erfahrungen mit der Umwelt: Benutze deine Anlagen oder sie gehen verloren!

Die besondere Bedeutung der motivierenden Botenstoffe für die *Erziehung* liegt auf der Hand: Ohne tragende und förderliche Beziehungen keine dauerhafte *Motivation* (61), etwa zum Lernen, und auch weniger sinnvoll gerichtete *Aktivität*. Das dabei ausgeschüttete Dopamin sorgt für Konzentration und mentale Energie, und Oxytozin und endogene Opioide reduzieren Stress und Angst. *Kurzzeitige* Aktivierungen von Stress haben keine negative Folgen, bedeuten vielmehr eine Herausforderung, um sich zu bewähren. *Lang andauernde* zwischenmenschliche Konflikte oder nicht lösbare Beziehungsstörungen dagegen können zur Überforderungsstress führen. Nervenzellen und neuronale Netzwerke können dabei geschädigt werden, so z.B. bei psychischen Verletzungen durch andere. Bauer sieht hierin einen eindrucksvollen Beleg dafür, dass unser Gehirn nicht primär auf Gewalt und Kampf ausgerichtet ist.

Die Argumente dafür, der Mensch ein biologisch auf soziale Beziehungen und Kooperation angelegtes Wesen ist, fasst Bauer in drei Punkten zusammen:

(1) Die Motivationssysteme des Gehirns unterstützen und fördern soziale Zuwendung bzw. stellen ihre Funktion bei andauernder sozialer Isolierung ein.
(2) Schwere Störungen wichtiger zwischenmenschlicher Beziehungen führen zu einer Steigerung der biologischen Stresssysteme und können gesundheitliche Beeinträchtigungen nach sich ziehen. Damit werde deutlich, dass der Mensch nicht primär für ein Leben in Isolation oder ständigem Kampf und Stress geschaffen ist.
(3) Ein weiterer Beleg für die naturhaft angelegte soziale Bestimmung des Menschen sind die sogenannten *Spiegelneuronen*, auf die im nächsten Abschnitt eigens eingegangen werden soll.

5.2 Intuitive Kommunikation durch Spiegelneurone

Geht man neurobiologischen Fragen nach, so konzentriert man sich im Allgemeinen auf das individuelle Gehirn und seine Leistungsfähigkeit. Man stellt sich kaum die Frage, wie es kommt, dass man fühlen kann, wie *ein anderer fühlt*, und was momentan *im anderen Gehirn* vor sich geht. Gemeint ist damit aber eine ganz wesentliche Voraussetzung für gegenseitiges Verstehen und für jegliche Erziehung. Wie kann ich als Heilpädagoge zugleich *auf der anderen Seite sein* und *mich in ein Kind hineinversetzen?* Einen unmittelbaren Zugang zum Gehirn des Anderen gibt es nicht. Was pädagogisch als dialogischer Bezug von *Ich und Du* abläuft und wie *Empathie* wirkt, das muss auch eine biologische Grundlage haben. Diese ist in den sogenannten *Spiegelneuronen* zu sehen (Bauer 2006a).

Neurobiologische Befunde

Spiegelneurone sind Nervenzellen, die im eigenen Gehirn das zur Resonanz bringen, was andere tun, fühlen oder denken. Sie ermöglichen es, die Bedeutung des Verhaltens anderer intuitiv und spontan zu verstehen. Die italienischen Physiologen G. Rizzolatti und V. Gallese hatten sie 1996 bei Forschungen an Affen entdeckt (Rizzolatti/Sinigaglia 2008). Spiegelneurone sind in verschiedenen Hirnarealen angesiedelt, vor allem in solchen, die für das Verständnis von Bewegungsabsichten, Emotionen und sprachlichen Äußerungen wichtig sind. Sie ermöglichen ein spiegelbildliches Erkennen dessen, was im anderen vor sich geht, so dass man sich darauf einstellen kann (Dalferth 2007). Sie aktivieren im eigenen Gehirn Verhaltensmuster, die denen entsprechen, die wir im Verhalten des Anderen beobachten. Der Beobachter erlebt das Verhalten des anderen, als ob es in ihm abliefe. Es spiegelt sich in ihm, und zwar jeweils ohne Absicht, also spontan und intuitiv.

Die Spiegelneurone sind schon beim neugeborenen Säugling in Aktion. Er ist in der Lage, sich auf seine nächste Bezugsperson einzustellen, indem er z.B. spontan Mundbewegungen der Mutter nachahmt und etwa ebenfalls die Zunge herausstreckt, wenn dies die Mutter tut. Besonders wichtig sind die ersten *emotionalen* Spiegelungen. Eine stetige und echt freundliche Zuwendung bewirkt ein glückliches Strahlen des Säuglings. Dagegen wendet er sich impulsiv ab, wenn der Erwachsene sich uninteressiert zeigt oder eine Maske emotionaler Teilnahmslosigkeit aufsetzt. Über die Spiegelnervenzellen setzt das Gehirn für die Wahrnehmung und innere Abbildung anderer Menschen dieselben Programme ein, mit denen es sich auch sein Bild von sich selbst modelliert (Bauer 2006a, 166).

Spiegelneurone sind die biologische Grundlage für das, was wir *Intuition* und *Empathie* nennen. Sie ermöglichen es, Mitgefühl gegenüber anderen zu erleben, und den Schmerz und die Freude anderer nachzuerleben, eine ganz wesentliche menschliche Fähigkeit, ohne die ein mitmenschliches Zusammenleben undenkbar wäre.

Ebenso ist die positive *Wechselwirkung* wichtig: Auch in den Bezugspersonen sprechen die eigenen Spiegelneurone an, wenn das Kind lächelt und seiner Freude Ausdruck gibt. Die Beziehung kann sich stabilisieren. Diese Fähigkeit, sich in den Anderen hinein versetzen zu können, ist *pädagogisch* außerordentlich wichtig. Lehrerinnen und Lehrer fühlen sich bestätigt und neu motiviert, wenn sie positive Rückmeldungen von den Schülern erhalten. Für Pädagogen bedeutet es viel, wenn sie sich in ihre Schüler hineinversetzen können, wenn sie z.B. intuitiv spüren können, wie es einer einzelnen Schülerin zumute ist, ob sich etwas in ihr bewegt, ob sie bedrückt ist, oder welches Verhalten im nächsten Augenblick von ihr zu erwarten ist. Natürlich gibt es für derartige intuitive Einschätzungen keine Sicherheit. Man kann sich auch irren oder kann getäuscht werden. Pädagogisch belastend und entmutigend könnte der negative Effekt sein, dass man zu einem Kinde „keinen Zugang“ oder bei ihm „keine Resonanz“ findet, was u.U. seine Ursache auch im Pädagogen haben kann.

Mit Hilfe der Spiegelneurone können wir auch *im Voraus erahnen*, was in einer bestimmten Situation eintreten wird, oder welches Verhalten aus einem beobachteten Verhaltensdetail eines Kindes folgen kann. Dabei kann bereits der Anfang einer uns bekannten Handlungssequenz genügen, also eine Momentaufnahme der entsprechenden Mimik oder Gestik, um daraus zu schließen, worauf dieser motorische Anfangsteil im Ganzen hinauslaufen dürfte. Zum Beispiel wird so das zu erwartende Verhalten eines in Zorn geratenden Kindes mit einer gewissen Wahrscheinlichkeit vorhersehbar und damit u.U. verhinderbar. Viele Situationen sind allerdings auch mehrdeutig. In ganz bestimmten Situationen kann man auch nur *ein ungutes Gefühl haben*, weiß jedoch nicht recht, warum. Es sind Signale, die von den Spiegelneuronen ausgehen.

Das In-Funktion-Treten von Spiegelneuronen dürfte auch bei einem *ethisch* relevanten Phänomen mitbeteiligt sein, nämlich bei der normalen *Scheu*, einen Anderen zu *verletzen* oder gar zu *töten*. Sie tritt normalerweise intuitiv auf und verstärkt sich, wenn man dem Anderen *direkt ins Gesicht* oder, wie es Lévinas (1998) ausgedrückt hat, ins „Antlitz“ schaut. Was der Philosoph aus phänomenologischer Sicht beschrieben hat, ist aus der menschlichen Erfahrung allzu bekannt. Schreibtischtäter haben weniger Hemmungen, andere töten zu lassen, als wenn sie ihrem Opfer ins Gesicht schauen müssten. Was hier als Hemmung wirksam wird, ist ein natürliches *moralisches Gefühl*. Man kann es nicht als lediglich „mysteriös“ abtun; es ist neurobiologisch begründet, und zwar in der Weise, dass ich mein eigenes Bedürfnis, nicht verletzt zu werden, im Anderen widergespiegelt sehe. „*Im Antlitz des anderen Menschen begegnet uns unser eigenes Menschsein*“ (Bauer 2006a, 115, kurs. i. Orig.). Ich will einem Anderen nicht das antun, was ich nicht möchte, dass es mir geschieht.

Die Fähigkeit, das Verhalten, auch das voraussichtliche Reagieren eines Anderen zu deuten, ist individuell *verschieden ausgeprägt*. Bei *Pädagogen* ist diese Befähigung unverzichtbar. Pädagogisch wichtig ist auch der neurobiologische Befund, dass die Spiegelneuronen bei Angst, Leistungsdruck und Stress ihre Signaltätigkeit massiv reduzieren, u.a. mit der Folge, dass die *Lernfähigkeit abnimmt*. Damit wird die Erfahrung bestätigt und begründet, dass die Erhöhung des Lerndrucks in der Schule kontraproduktiv ist und Lernversagen vielfach durch Überforderungen und psychische Belastungen, etwa in der Familie, durch Mitschüler oder unverständige Lehrer, bedingt sein kann. Das Analoge gilt für überforderte Lehrer und Eltern: Unterrichtsstress und familiäre Probleme setzen die Funktion der Spiegelneurone herab. Es kommt zu keiner gegenseitigen Ergänzung und Verstärkung.

Eine pädagogisch aufschlussreiche Nebenerscheinung sei hier noch angemerkt: Spiegelneurone werden wesentlich weniger durch *Bilder* Anderer, also z.B. Abbildungen in den Medien, aktiviert als durch *in vivo erlebte Personen*. In Bildern oder Filmen erlebte Personen hätten eine nur begrenzte Modell bildende Wirkung (Bauer 2006a, 38). Die heute massenhaft konsumierten, Gewalt verherrlichenden Filme müssten sonst eine viel verheerendere Wirkung haben! Umso bedeutsamer für das Kind sind unmittelbar in Aktion erlebte Andere, wie der Lehrer oder der Vater, die Lehrerin oder die Mutter oder eine sonstige wichtige Bezugsperson. Was hier als Vorbildwirkung entsteht, auch als *sympathische Ausstrahlung* einer Person empfunden wird, geht auf Spiegelungseffekte zurück, die vor allem dann eintreten, wenn das beobachtete Verhalten einer Person *authentisch* ist, d.h. das an ihnen beobachtete Verhalten mit deren innerer Stimmung, Überzeugung und wirklicher Absicht übereinstimmt. Das kleine Kind ist auch auf lebende Vorbilder als *Spielakteure* angewiesen, um das *Spielen* zu erlernen. Es übernimmt zunächst auch die optisch erkennbaren Wertungen seiner Bezugspersonen bei bestimmten Erlebnissen, z.B. beim Empfinden von Ekel oder von Schmerz. Durch die Identifikation mit anderen findet es zu seiner Identität.

Wenn die Funktion der Spiegelneurone extrem vermindert ist, kommt es zu schweren *Kommunikationsstörungen,* vor allem in *emotionaler* Hinsicht. Wenn Gefühle bei sich und anderen nur schwer oder gar nicht wahrgenommen und beantwortet werden können, also krankhaft geworden sind, spricht man von *Alexithymie* (Nicht-Lesbarkeit von Gefühlen). Als krankhafte Störung der emotionalen Resonanz gilt der *Autismus*. Nach neueren neurobiologischen Untersuchungen liege diesen Störungen auch eine Fehlfunktion der Spiegelneurone zu Grunde (Dalferth 2007, 73). Autistische Menschen haben Schwierigkeiten oder sind nicht imstande, sich in andere hineinzuversetzen, deren Gefühle zu erkennen, deren Sicht der Dinge zu reflektieren und intuitive und emotional bedeutsame Bindungen zu anderen einzugehen, sozialen Kontakt aufzunehmen, sprachlich zu kommunizieren, Handlungen zu imitieren, auf den Gesichtsausdruck anderer adäquat zu reagieren, sich vorzustellen, was andere vorhaben, oder den Schmerz anderer nachzuempfinden, den sie möglicherweise (unbewusst) selbst erzeugt haben. Ihr Verhaltensrepertoire ist insgesamt reduziert. Die Welt der Gefühle anderer bleibt ihnen weithin fremd. Ihre Interaktionen sind im Wesentlichen rational bestimmt, so dass sich bei ihnen eine relativ hohe rationale Intelligenz ausbilden kann. Zu beachten ist, dass die Ausprägung derartiger autistischer Störungen auch dadurch mitbedingt wird, dass die vom Ausbleiben emotionaler Resonanz ihres Kindes betroffenen Bezugspersonen ihrerseits weniger eigene Spiegelneurone aktivieren und zu wenig Resonanz ihrem Kind gegenüber entwickeln. Es tritt ein sich verstärkender negativer Wechselwirkungsprozess ein.

Dass der länger andauernde *Entzug sozialer Zuwendung* nicht nur zu psychischen, sondern auch körperlichen Erkrankungen führen kann, geht auch auf die Unterfunktion der Spiegelneurone zurück. Das eigene Wohlbefinden wird durch das Ausbleiben der neuronalen Botenstoffe beeinträchtigt. Das systematische Verweigern positiver sozialer Resonanz, etwa durch das sogenannte *Mobbing*, kann zu schweren Gesundheitsstörungen führen.

Defizite im Spiegelneuronensystem dürften auch bei rücksichtslos brutalen *Gewalttätigkeiten* im Spiele sein. Wenn bestialisch und ohne Mitgefühl auf andere eingeschlagen oder eingetreten wird und dabei schwerste körperliche und seelische Schädigungen in Kauf genommen, diese dann auch noch zum nachträglichen Ergötzen gefilmt werden, dann kann vermutet werden, dass beim Täter neuronale Deprivationen vorliegen. Sie können durch das dauerhafte Erleben von Lieblosigkeit, Rücksichtslosigkeit, Erniedrigung oder Gewalt entstanden sein. Möglicherweise genisch angelegt gewesene Spiegelneurone konnten nicht über das Erleben von Empathie, sozialer Verständigung und Mitgefühl aufgebaut und entwickelt werden.

Wenn, wie aus wissenschaftlichen Untersuchungen hervorgeht (Bauer nennt in 2006a die „Jugendgesundheitsstudie Stuttgart 2000"), knapp über 50% der Jugendlichen heute chronische psychosomatische *Gesundheitsstörungen* aufweisen, wenn psychiatrische Störungen, wie Depressionen, Angst- und Essstörungen oder Borderline-Syndrome bei etwa 15% zu beobachten sind, und etwa 20% der Schulkinder unter dem sogenannten Aufmerksamkeits-Defizit- und Hyperaktivitäts-Syndrom (ADHS) leiden, so sind dies statistische Werte, die die gesellschaftlichen Alarmglocken läuten lassen müssten: „Schön für die Produzenten von Medikamenten, schlecht für die Kinder" (Bauer 2006a, 118)!

Aus wissenschaftlichen Untersuchungen (Bauer 2006a) geht auch hervor, dass extreme *soziale Isolation, Zurückweisung, Beschämung, Verachtung oder schwere Gewalt* sogar zu einem plötzlichen, organpathologisch nicht erklärbaren *Tod* oder auch zum *Suizid* führen können und zwar aus einer spiegelnden Aktivierung der neuronalen Handlungsprogramme: Das Handlungsprogramm des Täters geht auf das Opfer über. „Du bist nichts wert. Ich kann dich behandeln wie eine wertlose Sache, man darf und sollte dich zerstören" (114). Die erlittene Gewalt suggeriert intuitiv, die zerstörerische Tat zu vollenden. Dem Anderen die zwischenmenschliche Anerkennung und Achtung systematisch zu verweigern, sei ein Akt der Unmenschlichkeit (115).

Im umgekehrten Sinne kann von der Aktivierung hochgeladener Spiegelneurone auch eine *heilende*, also therapeutische bzw. heilpädagogische Wirkung ausgehen. Sozio-emotional gestörte Kinder, die eine Person erleben, die sich ihnen unerschütterlich und liebevoll zuwendet und authentisches Verständnis für deren Nöte und überzeugende Zuversicht für deren Zukunft ausstrahlt, können ihr Verhalten oft überraschend normalisieren.

In der Wirksamkeit der Spiegelneuronen haben wir es auch mit einer biologischen Bestätigung der Erfahrung des *dialogischen Prinzips* zu tun, wonach in der liebenden Zuwendung durch einen anderen Menschen der Schlüssel zu uns selbst und zu unserer seelischen und körperlichen Gesundheit liegt, und der Mensch erst am Du zum Ich wird (Martin Buber). Erst in der Spiegelung des Kindes in seinen Bezugspersonen kann sein Selbstgefühl wachsen und sich stabilisieren.

Das System dieser speziellen Nervenzellen kann als zentral wichtige biologische *Grundlage für menschliches Kommunizieren* und *Kooperieren* angesehen werden. Dies kann anthropologisch so gedeutet werden, dass der Mensch mit seinem Gehirn – im Unterschied zur sozialdarwinistischen Deutung – nicht primär auf den Kampf, d.h. auf Kosten anderer angelegt, sondern auf gute soziale Beziehungen geeicht ist (Bauer 169). Er ist von Natur aus nicht für Lebensmodelle geschaffen, in denen Kampf und Auslese *vorherrschen* (202). Das Bevorzugen des kooperativen Zusammenlebens ist auch bei anderen Lebewesen zu beobachten und sollte menschlich gesehen als wichtiger gelten als ein kämpferisches Sich-Durchsetzen der Fittesten. Das bedeutet nicht, dass das Leben nicht auch gegen Hindernisse, Bedrohungen und Benachteiligungen zu verteidigen und zu verbessern wäre. In diesem Sinne hat auch die *Aggression* ihre Bedeutung, nämlich dann, wenn soziale Beziehungen und Bindungen gefährdet sind und verteidigt werden müssen.

Hinweise dafür, dass es menschlich sinnvoller ist zusammenzuarbeiten, als sich auf Kosten anderer Vorteile zu verschaffen, liefert u.a. die *Spieltheorie*. Sie ist als eigene Disziplin der Wirtschaftswissenschaften bekannt und wird in experimenteller Weise angewandt, um im Spiel zweier Partner gegeneinander aufzuzeigen, was erfolgreicher ist, das Kooperieren miteinander oder der Versuch, den Anderen zu übervorteilen. Das wohl bekannteste Spiel ist das „Gefangenen-Dilemma".

Ein Großversuch 1981 in den USA, über den Bauer berichtet (2006b, 179), brachte folgendes Ergebnis: Generell waren primär auf Kooperation setzende Strategien optimal erfolgreich, allerdings nur dann, wenn im Falle einer partiellen Nicht-Kooperation des Partners Gleiches mit Gleichem vergolten wurde. Man darf sich nicht alles gefallen lassen! Nicht-kooperative oder auf Übervorteilen des Partners abgestellte Strategien waren ebenso wenig erfolgreich wie blind-vertrauensvolle Handlungsweisen. Kooperation und Bindung sind demnach wichtiger, und Aggression hat ihre Bedeutung nur im Dienste von Bindung und Kooperation.

Was sich in der Spieltheorie zeigt, ist die *Doppelnatur* des Menschen, wie sie aus der Evolution hervorgegangen ist: Er muss über beides verfügen, über Altruismus und Egoismus, über Liebe und Ablehnung, über Hilfsbereitschaft und Aggressivität, über Verzichten-Können und Haben-Wollen. Entscheidend sei, dass sich keine Verhaltensvariante auf Dauer gegen die andere durchsetzt (Mohr, in: Lütterfelds 1993, 27).

Pädagogische Folgerungen

Was die gesellschaftlichen und pädagogischen Folgerungen betrifft, so wird es darauf ankommen, dass neben der – gegenwärtig forcierten – Förderung von Spitzenleistungen die *Kooperation* nicht zu kurz kommt. Vielmehr müsste um der wirklichen Leistungsfähigkeit aller wegen sowohl das autonom gesteuerte Lernen als auch die Kreativität des Einzelnen mehr Beachtung erfahren. Die Schwachen dürften nicht abgehängt, sondern müssten gestützt und eingegliedert werden. Kooperativität und Menschlichkeit müssen als Werte *vor* maximaler Rentabilität rangieren (Bauer 2006a, 203). Die gesellschaftlichen Ordnungen müssten stark genug sein, um Missbrauch und Ausbeutung abzuwehren.

Gegenwärtig wird unter dem Druck des globalen Leistungswettbewerbs und des unbefriedigenden Leistungsstandes deutscher Schülerinnen und Schüler mehr auf *externe* Einflüsse zur Verbesserung der Schulleistungen gesetzt, auf *strukturelle Organisation*, auf Forcierung des *Leistungsdrucks*, auf qualitätssichernde *Lernkontrollen*, auf einheitliche *Bildungsstandards* und die Durchsetzung eines bestimmten *Bildungskanons*. So wichtig solche Maßnahmen für sich auch sein mögen, sie treffen nicht das eigentliche Problem. Dieses ist eher in einem grundlegenden *Fehlen von Lernmotivation* zu sehen, die möglicherweise auch die *Motivation* der Lehrenden beeinträchtigt. Gefragt wäre ein Unterricht, der mehr auf sozialen Beziehungen und Kooperation als auf Konkurrenz beruht, und bei dem auch die Schwächeren ihre Chancen haben, also eigene Lernmotivation entwickeln können. Dies wäre vor allem für Kinder und Jugendliche mit niedrigem sozio-ökonomischen Status wichtig.

Über das Ausmaß psychosomatischer Störungen bei Kindern und Jugendlichen, die mit Sicherheit auch mit sozio-emotionalen Entwicklungsbedingungen in Zusammenhang stehen, liegen neuere Zahlen aus der „*Kinder- und Jugendgesundheitsstudie*“ vor, die das Robert-Koch-Institut durchgeführt hat (KiGGS 2007). Untersucht wurden insgesamt fast 18.000 Kinder und Jugendliche im Alter von 3 bis 17 Jahren. Danach ist die psychische Entwicklung bei 9,5% als defizitär und bei 8,7% als grenzwertig einzustufen (bei Mädchen mehr als bei Jungen). Der familiäre Zusammenhalt wird bei 8,7% als defizitär und bei zusätzlich 11,7% als deutlich defizitär angegeben. Dieser ist umso höher, je niedriger der sozio-ökonomische Status ist. Als verhaltensauffällig gelten 11,7% der Mädchen und 17,8% der Jungen. Das Aufmerksamkeits- und Hyperaktivitätssyndrom

(ADHS) wurde bei 7,9% der Jungen und 1,8% der Mädchen diagnostiziert. Im Bereich Gewalttätigkeit wurden 19,6% der Jungen und 9,9% der Mädchen als Täter bzw. Täterin ermittelt. Zitiert wurde auch das Ergebnis einer pädiatrischen Untersuchung von 1998, wonach 23,7% der jungen Eltern angaben, in ihrer Familie sei ein chronisch krankes Kind.

Die öffentliche Resonanz auf derartige Befunde hält sich in Grenzen. Mehr Aufmerksamkeit gilt dem Bildungssystem als ganzem bzw. im Besonderen den Tüchtigeren. „Wir müssen wieder Spitze sein!" Umgekehrt verringern sich die Investitionen für die weniger Tüchtigen. Sie haben ohnehin weniger Chancen. Es werden nicht alle gebraucht. Was das Leben außerhalb des Unterrichts und nach der Schulzeit betrifft, fühlen sich viele Jugendliche allein gelassen. Für viele wird dies eine Zeit der Leere und der Resignation, was z.T. damit zusammenhängt, dass sie im Elternhaus zu wenig soziale Zuwendung erfahren haben bzw. Eltern sich nach wie vor mit der irrigen Annahme zu trösten versuchen, die Lernlust und soziale Kompetenz wüchsen von selber, vor allem dann, wenn man die Kinder *selbstständig* werden lässt, d.h. sich selbst überlässt. Die Schule wäre weithin überfordert, sollte sie alles nachholen, was innerfamiliär vernachlässigt worden ist bzw. nicht mehr geleistet werden kann. Auch Eltern werden überfordert.

Die Neurobiologie kann erklären, warum geradezu ein *Motivationskollaps* eintreten kann, wenn Kinder zu wenig persönliche Zuwendung erhalten. Ohne Beziehung keine Motivation (Bauer 2006a, 210)! „Das Kind kann nur dann ein individuelles, autonomes Selbst entwickeln, wenn es konstante, persönliche Bezugspersonen hat, die es in seiner Eigenart (Besonderheit) wahrnehmen und ihm seine Individualität spiegeln". Was in seinen Genen an Fähigkeiten angelegt ist, aber nicht in Aktivität umgesetzt und benutzt wird, also neuronal nicht aufgebaut wird, stirbt ab. Heilpädagogische oder psychologisch-therapeutische Hilfe sollte daher *rechtzeitig* einsetzen, um die noch erhaltenen Neurone und Botenstoffe wirkungsvoll aktivieren und damit dem Kind neue Orientierung geben zu können.

Dies können z.B. überraschende Heilerfolge nach schweren Unfällen belegen. In einem Fall, über den auch in den Medien berichtet worden war, handelte es sich um einen jungen Mann, der schwerste Verletzungen, u.a. auch seines Schädels, erlitten hatte. Ärztlicherseits war ihm kaum eine Überlebenschance gegeben worden. Er lag 56 Wochen im Wachkoma. In dieser Zeit spürte und erlebte er aber täglich die ganz unmittelbare und liebevolle persönliche Zuwendung und Pflege durch seine Freundin. Was „wie ein Wunder" wirkte, war ein Prozess, der u.a. von den neuronalen Botenstoffen in Gang gehalten worden sein dürfte, und der völlig im Unbewussten ablief. Später lebte dieser Mann, durch Rehabilitationsmaßnahmen wieder relativ selbstständig geworden, mit seiner verbliebenen Behinderung und getrennt von seiner Freundin, in einem Wohnheim.

Diese Einsichten in die heilpädagogisch-therapeutische Wirkung von persönlicher emotionaler Nähe und Bindung sind in der Psychologie und Heilpädagogik an sich bekannt. Da sie jedoch einen relativ hohen Aufwand an Zeit erfordern und letztlich in ihrem Effekt nicht berechenbar sind, haben sie wenig Chancen in einem System, das unter dem Druck von Kostenersparnis und Rentabilität steht. Als kostengünstige Alternative dürften stattdessen Psychopharmaka an Verbreitung gewinnen.

6 Neuronale Grundlagen moralischen Verhaltens

Ein Verdienst der neurobiologischen Forschung ist darin zu sehen, dass sie auch wichtige neuronale Grundlagen *sozialen* und im engeren Sinne auch *moralischen* Verhaltens aufzeigen kann. So dürfte sie inzwischen nachgewiesen haben, dass sozial angemessenes Verhalten nicht allein durch Erziehung und Sozialisation zustande kommt, sondern auch vom Funktionieren des Gehirns abhängig ist, dass es vor allem die *moralischen Gefühle* sind, die in stärkerem Maße unsere moralischen Urteile bestimmen als bisher angenommen. Wir haben gewissermaßen von Natur aus einen „moralischen Kompass" in uns, wie es der Primatenforscher Frans de Waal (2006) bezeichnete. Der Mensch komme mit einem angelegten Moralsinn oder Moral-Instinkt für Gut und Böse auf die Welt, schrieb der Harvard-Psychologe Hauser (2006). Moral sei also im menschlichen Gehirn evolutionär tief verwurzelt und funktioniere auch unbewusst. Der Mensch könne moralische Entscheidungen treffen, auch ohne sich ihrer bewusst zu sein.

Eine solche Behauptung scheint die herkömmliche Moralauffassung zu erschüttern, die besagt, der Mensch lerne erst durch die Erziehung Sitte und Anstand, also die Unterscheidung von Recht und Unrecht, Gut und Böse. Kann somit Kant ad acta gelegt werden, der die Moral in der Vernunft begründet sah? Durchaus nicht; denn Kant hat auch die Bedeutung moralischer Gefühle gesehen, was freilich in aller Regel übersehen wird (Speck 1997). Er bezeichnete moralische Gefühle als subjektive Bedingungen der Moralität. Jeder Mensch habe sie ursprünglich in sich. Dabei handle es sich zwar um *natürliche* Gemütsanlagen, die allerdings erzieherischer Kultivierung bedürften (Kant Bd. VIII, „Metaphysik der Sitten", 530). Diesen Sachverhalt belegen nun neurobiologische und neuropathologische Befunde.

So konnte inzwischen durch bildgebende Verfahren bei gesunden und kranken Menschen nachgewiesen werden, dass bei ethischen Entscheidungen mehrere Hirnregionen beteiligt sind. Dieses neuronale moralische Netzwerk sei durch die Evolution entstanden und funktioniere durch die Aktivierung von Gefühlen. Verwiesen wird auch darauf, dass die grundlegenden und allgemein gültigen moralischen Auffassungen vom Zusammenleben *in allen Kulturen* zu finden sind: Fairness, Rücksicht, Mitgefühl, Scham, Schuld, Verurteilung absichtlicher Verletzungen o.ä. Im Übrigen verfügen schon Kleinkinder über die Fähigkeit, „böses" Verhalten von gutem zu unterscheiden. Das war an sich auch bisher schon bekannt (Herzog 1991; Edelstein et al. 1993). So können sich schon 1- bis 2-Jährige über unmoralisches Tun eines Anderen empören, also zu einem Zeitpunkt, an dem sie noch nicht rational über Recht oder Unrecht urteilen können.

Die Auswertung spektakulärer Unglücksfälle und wissenschaftlicher Experimente konnte zuletzt deutlich machen, dass das moralische Verhalten durch *Schädigungen des Gehirns* in Mitleidenschaft gezogen wird, u.U. gänzlich verloren gehen kann. Das in der Literatur wohl bekannteste Beispiel ist ein amerikanischer Bauarbeiter mit Namen *Phineas Gage*. Im Jahre 1848 war ihm bei einer unvorsichtigen Sprengung eine Eisenstange durch das Gehirn gedrungen und hatte sein Stirnhirn zerstört. Er überlebte jedoch und konnte sich binnen weniger Monate wieder erholen. Er konnte wieder sprechen und denken lernen, wie vor dem Unglück; aber er war *moralisch* ein anderer Mensch geworden: In den 13 Jahren seines restlichen Lebens war er im Unterschied zu vorher launisch, verlogen und unzuverlässig. Eine digitale Autopsie nach etwa 150 Jahren durch Damasio ergab, dass ihm ein Hirnarreal aus dem Kopf gesprengt worden war, das für soziales Verhalten wichtig ist.

Über einen jüngsten, sehr aufschlussreichen Versuch mit Menschen, die auf Grund einer *Hirnschädigung* soziale Auffälligkeiten (Gefühlsblindheit) zeigten, berichtete der Neurowissenschaftler Michael Koenigs (in der Zeitschrift „Nature", zit.n. Blech/Bredow 2007). Er verwendete Geschichten mit moralischen Dilemmata, die er zum Vergleich auch gesunden Versuchspersonen vorlegte. Das Ergebnis kurz zusammengefasst: Während die gefühlsblinden Versuchspersonen keine Hemmungen hatten, einen anderen Menschen potentiell eigenhändig zu töten, um andere zu retten, wurde in der Vergleichsgruppe mehrheitlich gegen das Opfer eines Unschuldigen votiert. Ganz offensichtlich ist für diesen moralisch abweichenden Lösungsvorschlag der gefühlsblinden Personen das Fehlen moralischer Gefühle auf Grund einer Hirnschädigung verantwortlich. Sie lösten das moralische Problem einzig rational.

Damasio (2006) konnte nachweisen, dass es generell bei präfrontalen Hirnschädigungen zu tief greifenden *Persönlichkeitsveränderungen* kommen kann. Den Betroffenen fehlt u.a. das Gespür für sozial angemessenes Verhalten. Sie verletzen gesellschaftliche Konventionen ebenso wie moralische Regeln (166). Emotionen wie Mitleid oder Schuldgefühle sind nur schwach oder gar nicht vorhanden. Eine Hirnschädigung zerstöre die Hirnregion, in der normalerweise soziale Emotionen ausgelöst werden. Diese Phänomene seien im allgemeinen stärker bei Personen ausgeprägt, die schon im frühen Alter eine Hirnschädigung erlitten hätten.

Damasio berichtet über eine Patientin, die mit fünfzehn Monaten einen Autounfall erlitten hatte, der zunächst folgenlos blieb. Erst im Alter von drei Jahren zeigten sich Verhaltensauffälligkeiten: Das Mädchen reagierte nicht mehr auf verbale oder körperliche Strafen; es fiel durch kontinuierliche Regelverletzungen und durch Übergriffe und Konflikte mit anderen, durch ständiges Lügen und durch Diebstahl auf; es zeigte nie Schuldgefühle oder Reue wegen ihres unangemessnen Verhaltens, auch kein Mitgefühl für andere. Verhaltenstherapie und Psychopharmaka blieben erfolglos. Bei einer Kernspintomographie wurde dann eine präfrontale Schädigung ihres Gehirns als Folge seines weit zurückliegenden Autounfalls bemerkt. Die angeborenen Emotionen und Gefühle hatten sich nicht weiterentwickeln können und zu den genannten Verhaltensstörungen geführt (180f).

Mit der Feststellung, dass moralisches Verhalten biologisch auf angelegten moralischen Gefühlen und Intuitionen beruht, wie sie auch in der Grundstruktur bei Tieren anzutreffen seien, ist nicht gesagt, dass mit den biologischen Mechanismen eine Garantie für moralisches Verhalten gegeben ist. Auch bei Primaten ist neben der Bereitschaft zu altruistischem Verhalten auch das Gegenteil zu beobachten.

Zum anderen heißt es, die angelegten moralischen Gefühlsstrukturen funktionierten in erster Linie innerhalb einer engeren und vertrauten Gruppe, in der ein Mensch aufwächst, nicht also in gleichem Maße beim Zusammentreffen mit Fremden. Dieser Unterschied erklärt sich aus der evolutionären Herkunft des Menschen. In der Gruppe, in der man sich zusammenschließt und aufeinander Rücksicht nimmt, um sich besser gegen andere behaupten zu können, waren die Überlebenschancen größer. Diese angelegte moralische Intuition setzt freilich ein normal funktionierendes Gehirn voraus, was aber nicht heißt, dass bestimmte neuronale Funktionen oder Funktionsstörungen in jedem Fall Ursache bestimmter Verhaltensweisen sind. Die neuronalen Funktionen können dafür verantwortlich sein, müssen es aber nicht (194). In diesem Zusammenhang bestreitet Damasio, dass es „moralische Zentren“ im Gehirn gibt; es handle sich vielmehr um neuronale Netzwerke, die nicht nur für moralische, sondern auch für andere Funktionen zuständig sind, nicht nur für moralische.

Die biologische Fundierung der moralischen Gefühle bedeutet nicht, dass allein sie für die moralische Orientierung des Menschen ausreichten, zumal in der modernen hochkomplexen Welt. Moralische Gefühle helfen im Wesentlichen bei der Steuerung *alltäglicher Lebensvorgänge*, u.a. als biologische Korrektoren in schwierigen Situationen oder zum raschen Entscheiden, wenn nicht viel Zeit zum Überlegen gegeben ist. Die moralischen Gefühle, wie z.B. die Neigung zur Uneigennützigkeit, das Mitgefühl oder die Empathie, können einen *Beitrag* zur *rationalen* Begründung moralischen Verhaltens leisten. Ihre diesbezügliche Bedeutung und Funktion ist aber dadurch begrenzt, dass sie nur *subjektiv* erlebt und bestimmt werden und zudem individuell veränderlich sind (Höffe 2007, 314).

Es dürften vor allem zwei Bedingungen oder Voraussetzungen sein, unter denen die moralischen Gefühle am ehesten eine sinnvolle moralische Funktion ausüben bzw. zur Geltung kommen können:

- Zum einen müssen die moralischen Gefühle von der moralischen Vernunft bestimmt sein. Sie müssen Ausdruck der *Achtung* vor dem Moralgesetz sein. Gerade heute ist der Mensch in einem höheren Maße als früher genötigt, permanent seine Entscheidungen auch *begründen* zu müssen und zwar nicht mehr nur vor einem tradierten und relativ einheitlich gültigen Moralkodex, sondern gegenüber relativ abstrakten, globalisierten ethischen Maximen bzw. verwirrend vielfältigen gesetzlichen Regelungen.
- Daraus ergibt sich der zweite Punkt: Der intuitive Moralsinn bedarf, um hinreichend wirksam zu werden, einer ausreichenden *Abstützung durch lebensweltliche Verhältnisse*, in denen das Zusammenleben im konkreten Alltag auch durch allgemein anerkannte Lebensweisen oder – wie man früher sagte – *Sitten* geregelt ist. Das ist heute im Wesentlichen nur in kleineren Gemeinschaften möglich. Für die normativ verwirrende pluralisierte Welt von heute sind die moralischen Instinkte offensichtlich nicht entwickelt worden.

Damit wird die Aufgabe der *Erziehung* deutlich. Sie hat sich an einem zweistufigen Lernprozess der moralischen Entwicklung zu orientieren: Zunächst gilt es, die angelegten moralischen Intuitionen durch Belehrung und praktisches Einüben in moralische Regeln zu pflegen und zu festigen. Der Mensch ist von Natur aus nicht nur gut, wie Rousseau meinte. Das kleine Kind ist nicht nur mit altruistischen, sondern auch mit egoistischen Neigungen ausgestattet (Nunner-Winkler 1993). Es kann spontan hilfsbereit, aber ebenso auch aggressiv verletzend sein. Erst im zweiten Schritt lernt es, seine spontanen Neigungen gemäß moralischen Maximen zu ordnen, zumal in der normativ komplexen Welt außerhalb der Familie, d.h. sein Verhalten moralisch-kognitiven Rechtfertigungen zu unterziehen, und moralische Motivation für sich aufzubauen. Über dieses Erlernen rationaler und sprachlich gebundener Begründungen hinaus sollte sich im Sinne einer charakterlichen Habitualisierung auch die persönliche Bereitschaft ausbilden, die pädagogisch und sozialisatorisch erworbenen Maximen als Leit- und Grundsätze im eigenen Leben zu verwirklichen, d.h. zum eigenen Lebensziel zu machen bzw. zur „zweiten Natur“ werden zu lassen.

Diese Entwicklung wird wesentlich davon abhängen, in welcher Lebenswelt ein Kind aufwächst und wie weit es der Erziehung gelingt, das durch die gesellschaftliche Entwicklung entstandene normative Chaos nicht übermächtig werden zu lassen. Die institutionalisierte Bildung hat hier nur begrenzte Chancen, zumal in den öffentlichen Schulen. Wenn heute z.B.

immer mehr Eltern an Privatschulen interessiert sind, so hat dies auch mit einem wachsenden Bedürfnis nach normativ abgestimmten Lebenswelten, also kleinen, oft religiös begründeten Gemeinschaften zu tun. Dies bedeutet keinen Widerspruch zur allseits geforderten und bejahten gesellschaftlichen Toleranz in der multikulturellen Gesellschaft.

Die den ganzen Menschen durchdringende Bedeutung der sozialen und moralischen Gefühle für das menschliche Zusammenleben zeigt sich im Besonderen und initial beim neugeborenen Kind, das ganz auf die Fürsorge anderer, in erster Linie der Eltern, angewiesen ist. Diese gefühlsmäßig und intuitiv in der Natur des Menschen verankerte Zuwendung und Sorge ist „die einzige von der *Natur* gelieferte Klasse völlig selbstlosen Verhaltens“ (Jonas 1980, 85). Ohne sie gäbe es keinen weiterlebenden Nachwuchs, da der neugeborene Mensch völlig auf Hilfe angewiesen zur Welt kommt. Für Jonas handelt es sich um den „Archetyp alles verantwortlichen Verhaltens“ oder um den Ursprung aller selbstlosen Fürsorge überhaupt.

Es sind normalerweise mächtige Gefühle, die hier lebendig werden. Sie können den ganzen Menschen zutiefst – in seiner „Seele“ – erfassen und bestimmen. Wir sagen auch, diese Zuwendung oder Liebe komme „vom Herzen“. Das Reden vom „Grunde des Herzens und den Tiefen der Seele“ hält u.a. der Neurologe Damasio für ganz und gar nicht abwegig (2006, 211). Pädagogen wiederum werden an H. Pestalozzi erinnert, der für sich bekannte: „Ich bin durch mein Herz, was ich bin.“

7 Droht eine Biologisierung der Erziehung?

Pädagogik, die von ihrem Ansatz her schlechthin dem Prinzip des unzureichenden Grundes ausgesetzt ist, war immer schon anfällig für *Trends*, Erziehung unter einen durch Zeitströmungen dominant werdenden Teilaspekt zu bringen, und sie damit einseitig und ideologisch zu akzentuieren. Kann der sich gegenwärtig abzeichnende *naturalistische* Trend zu einer *biologistischen* Veränderung der Erziehung führen, zu einer Erziehung, in der die biologische Orientierung auf Kosten sozialwissenschaftlicher Maßgaben bestimmend würde? Die Heilpädagogik z.B. hatte in ihrer Geschichte mehrere derartige Vereinseitigungen ihres fachlichen Ansatzes durchzustehen, so etwa eine anfängliche Medizinierung und eine spätere Soziologisierung. Es könnte nun eine *Biologisierung* folgen. Sie bedeutete, dass Erziehungsprobleme *übermäßig stark* unter der Maßgabe neurobiologischer Theorien und Begriffe gesehen und zu lösen versucht würden, und das hieße, auf Kosten sozialwissenschaftlicher bzw. pädagogisch-interaktionaler Gesichtspunkte.

Ein neuer Biologismus dürfte speziell in Deutschland auf Skepsis stoßen, denkt man an die geschichtliche Pervertierung des Darwinschen Selektionskonzeptes durch den „Sozialdarwinismus". Wenn die Biologie nun wiederum – aus welchen Interessen auch immer – zur Leitwissenschaft werden sollte, so sollte diese historische Last und die sich daraus ergebende ethische Verpflichtung der Biologen nicht in Vergessenheit geraten. Bei den neuen Erkenntnissen der Neurobiologie geht es vordergründig zwar nicht um Selektion, aber es stellen sich doch, zumal aus pädagogischer Sicht, einige *kritische Fragen*. Sie beziehen sich vor allem auf mögliche Auswirkungen eines neuen *Naturalismus*, der einige bisherige, zentrale anthropologische Positionen, wie das verantwortlich und bewusst handelnde Subjekt, in Frage stellt und einen naturgesetzlichen Determinismus in den Vordergrund stellt. Im Detail könnten sich kritische Auswirkungen auf eine verstärkte *Kartierung* des menschlichen Gehirns (Hirndiagnostik), eine *Reduzierung sozial-interaktiver Veränderungsansätze* und auf eine erhöhte *biotechnische Manipulierbarkeit* erstrecken:

1. Der biologische Ansatz erfordert ein differenzierteres Wissen um die individuelle Beschaffenheit der Gehirne. Eine daraus folgende differenziertere *Hirndiagnostik* und eine entsprechende Auswertung und Beachtung

neurobiologischer Faktoren könnte damit für die Erklärung auffallenden Verhaltens dominant werden. Generell könnte eine fugendichte *biologische Kartierung* jedes Menschen zur Zielvorstellung werden. Schon jetzt sind seitens der Wirtschaft Bestrebungen im Gang, bei bestimmten Berufen Testate über gesundheitliche (erbliche) Risiken einzuführen (Gendiagnostikgesetz in Deutschland).

Die individuelle Hirndiagnostik stünde im Vordergrund, und für die Behandlungsmaßgaben wären die Neurospezialisten die wichtigsten Fachleute. In den Hintergrund träten die Klärung der subjektiven Befindlichkeit des Kindes in seiner Lebenssituation und die Orientierung der Pädagogen an spezifisch pädagogischen Frage- und Aufgabenstellungen, wie z.B. dem dialogischen Gespräch, der Beziehungsgestaltung oder dem Erschließen von Lebenssinn und Vertrauen.

Sicherlich könnte die Kenntnis neuronaler Schaltungen und Prozesse auch dazu beitragen, belastete Jugendliche besser zu verstehen, und sie vor Diskriminierungen zu schützen; sie kann aber auch das Bild eines solchen Menschen in seinem sozialen Umfeld negativ determinieren: „Mit seinem Gehirn stimmt etwas nicht!“ Die Realität dürfte aber wahrscheinlich die sein, dass ein Pädagoge in den meisten Fällen doch nichts Genaueres darüber erfahren wird, was in individuellen Gehirnen „seiner“ Kinder und Jugendlichen vor sich geht oder programmiert ist.

Das Interesse an biologischen Faktoren impliziert die Selektion biologisch abweichender individueller Gegebenheiten. Das, was die Einmaligkeit jedes Menschen ausmacht und sie voneinander unterscheidet, ihre Eigenheiten, „Macken“, Fehler, Krankhaftigkeiten, also das, was bisher als irgendwie menschlich-allzu-menschlich oder undefinierbar, aber als im Ganzen gesehen normal galt, so dass es für das Zusammenleben eher einen akzeptablen Originalitätswert unbekannter und unwichtiger Herkunft hatte, würde nun, da es biologisch definierbar und über Bio-Tests im Einzelnen diagnostizierbar würde, das Bild von Kindern und Jugendlichen schärfer prägen und im Detail objektivieren. Neurobiologische Daten dürften beim Vergleich und beim gegenseitigen Bewerten eine stärkere und u.U. belastende Rolle spielen.

2. Eine *Dämpfung der Erziehungschancen* kann die Folge sein, wenn ständig die *Determiniertheit* des Verhaltens betont wird. Die naturgesetzlichen Faktoren der menschlichen Entwicklung, d.h. die von außen oder sozial nur bedingt beeinflussbaren physischen Determinanten würden dann bestimmend. Mit dem Biologischen in seiner Determiniertheit wird das Grenzen-Setzende und Nicht-mehr-Veränderbare fokussiert. Für eine auf sozialen *Optimismus* und auf Verbesserung der Entwicklungschancen durch Erziehungshilfe und Therapie sowie durch entsprechende Einstellungen der Hoffnung auf positive Veränderungen bliebe dann weniger Raum, da das Kind oder der Jugendliche als von seinem neuronalen System

determiniert, d.h. festgelegt, angesehen würde. Es ist zu befürchten, dass der pädagogische Ansatz unterminiert wird, wenn freier Wille und das Bemühen um Selbstbestimmung und Selbsthilfe als Illusionen gelten müssten. Da es sich um physikalische Gesetzmäßigkeiten handle, sei dann pädagogisch „nichts zu machen", so die gängige Meinung.

Es ist sicherlich kein Zufall, wenn Roth seinem Buch über „Persönlichkeit, Entscheidung und Verhalten" (2007) – es sind im Wesentlichen psychologische Themen – einen tendenziell resignativen Untertitel gibt, nämlich: „Warum es so schwer ist, sich und andere zu ändern". Das Glas ist nun „halbleer"; bisher galt es als „halbvoll"! Die allzu pauschale Behauptung Roths, die Phase der Sozialisierung des Menschen sei „mit 15 bis 18 Jahren abgeschlossen", die Hirnentwicklung komme mit diesem Alter langsam zu ihrem Ende (2003, 65), widerspricht der Erfahrung, vor allem wenn damit gemeint ist, pädagogische und psychotherapeutische Bemühungen nach diesem Alter brächten keine Sozialisationseffekte mehr. Fakt ist, dass die Adoleszenz, die heute weit in die zwanziger Jahre hinein reicht, wesentlich größere Probleme bereitet als früher. Ein beachtlicher Anteil der Heranwachsenden heute weist Probleme auf, die klinisch-psychiatrischer Hilfen bedürfen. Eine Grenzziehung bei 18 Jahren dürfte auch in *rechtlicher* Hinsicht fatale Folgen insofern haben, als die notwendigen Sozialisationshilfen für Heranwachsende nicht mehr gewährt würden. Fragwürdig würde dann auch das Programm eines „lebenslangen Lernens", obwohl die Neurobiologie auch entdeckt hat, dass sich noch im höheren Alter neue Hirnzellen bilden können.

3. Bei einer Dominierung biologischer Maßgaben droht eine *Vernachlässigung des Lebensweltaspektes*. Die Bedeutung seines Einflusses auf die kindliche Entwicklung dürfte dann zurücktreten. Gerade im Hinblick auf psychische und soziale Störungen ist es wichtig, die gegebene Situation eines betroffenen Kindes oder Jugendlichen in seiner *Lebenswelt* zu erfassen und zu klären; denn pädagogische und soziale Hilfe setzt auf der *sozialen* Ebene an. Der neurobiologische Ansatz kann zwar wichtige objektivierende Aufschlüsse über neuronale Verfestigungen oder pathologische Zustände liefern, aber sozio-emotionale Störungen sind komplexer angelegt, als es die Mechanismen oder Dysfunktionen des einzelnen Gehirns erkennen lassen. Die subjektive und die „lebensweltliche Perspektive" (Schramme 2005) kämen zu kurz. Zum einen ist jedes Kind anders, hat andere Erfahrungen und erlebt auch subjektiv seine Umwelt jeweils anders, und zum anderen liegt der Schwerpunkt pädagogischen Handelns immer in der *Kommunikation* und sozialen *Interaktion* mit dem Kind auf der Basis intersubjektiver Beziehungen, die sich nur begrenzt biologisch objektiv fassen lassen bzw. bei denen der Mensch letztlich unverfügbar bleibt.

Eine Biologisierung sozialer Probleme könnte auch dazu führen, dass insgesamt das soziale *Umfeld als determiniert* angesehen würde, z.B.

Unterschiede der soziokulturellen Schichtung, was zur Folge hätte, dass man darauf verzichtete, soziale Unterschiede mit kommunikativen Mitteln überwinden oder ausgleichen zu wollen. Es könnte eine Mentalität entstehen oder überhand nehmen, wonach es sich nicht lohnt, die nötigen Mühen und Gelder zur Überwindung sozialer Differenzen und zu mehr Zusammengehörigkeit, aufzuwenden, und stattdessen das „Nicht-zusammen-Passende" zu *trennen*, also mehr *Selektion* zu betreiben. Beispiele aus der Gegenwart wären die schon jetzt abgeschotteten Communities für Gleichgesinnte in den USA oder die mit Mauern oder ohne Zäune entstehenden sozialen Ghettos in den großen Städten, in gewissem Sinne auch die enorm wachsende Präferenz für Privatschulen oder die zur „Restschule" werdende Hauptschule.

4. Bei einer Fokussierung der physikalisch-chemischen Bedingtheiten des Verhaltens, verbunden mit einer Verbreitung des neurowissenschaftlichen Vokabulars, könnte es zu einer allgemeinen *Reduktion der heilpädagogischen und therapeutischen Hilfen* kommen, die primär auf Kommunikation und Interaktion abgestellt sind. Der zu behandelnde oder zu erziehende Mensch drohte dann, primär unter dem Aspekt der Funktionalität seiner neuronalen Systeme gesehen zu werden. Er könnte zur bloßen Summe seiner Synapsen werden, wie es in dem Buche „Das Netz der Persönlichkeit" von Joseph LeDoux (2003) heißt (zit.b. Wolf 2005). Daraus könnte sich die handlungsleitende Vorstellung entwickeln, Hirnzustände allein seien kausale Bedingung für Bewusstsein und geistiges Leben bzw. neurologische und psychische Erkrankungen würden als bloße elektrochemische Funktionsstörungen des Gehirns angesehen. Therapie dürfte sich dann im Wesentlichen als eine „technisch-mechanische Reparaturleistung an den ausgefallenen Funktionen des Gehirns" verstehen (Wolf 2005, 373). Die sozialen Determinanten dürften dabei in den Hintergrund gedrängt werden.

5. Eine *erhöhte Manipulierbarkeit* des Menschen ergäbe sich zwar nicht als direkte Folge einer stärkeren biologischen oder naturalistischen Orientierung der Pädagogik, aber indirekt aus der fortschreitenden biotechnologischen Beherrschbarkeit von Lebensvorgängen. Der Leser sei an das eingangs zitierte Interview mit Wolf Singer erinnert, in dem es um die Frage ging, wie die Neurobiologie zu der verbreiteten Angst vor den „ungeheuren Möglichkeiten" stünde, „die sich in manipulativer Hinsicht aus den Neurowissenschaften eröffnen." (Roth/Grün 2006. 84)

In dem bereits mehrfach genannten „Manifest" der Neurowissenschaftler, in dem diese sich von einer Erforschung des Zusammenhangs zwischen neuroelektrischen und neurochemischen Prozessen neue Chancen für die Therapie erhoffen, heißt es, dass diese möglicherweise mit „beträchtlichen Erschütterungen unseres Menschenbildes" verbunden sein könnten.

Es ist nicht klar, was damit gemeint ist. Es kann aber vermutet werden, dass hier vor allem die Manipulierbarkeit eines homo neurobiologicus oder

„des neuronalen Menschen" gemeint ist, der zu einer neuronalen Maschine und damit von außen beherrschbar werden könnte. Es dürfte sich sicherlich um mehr projektive Befürchtungen im Sinne der theoretischen Möglichkeit handeln, dass die biotechnologische Entwicklung noch mehr Menschen in ihren Bann zieht.

Interessant ist die Antwort W. Singers auf die Frage nach der erhöhten Manipulierbarkeit: Da seien unsere *Erziehungssysteme* gefordert! Ob sie aber in der Lage sein werden, uns die nötigen „moralischen Kategorien und Handlungsmaximen an die Hand zu geben, um der Zunahme des Machbaren gewachsen zu sein", kleidet Singer selber in eine *Frage*. Das kann nur heißen, dass diese Gefahr der erhöhten Manipulierbarkeit des Menschen auch von den Neurowissenschaften gesehen wird.

Die gestellte Frage ist auch für Pädagogen eine offene. Geht man von der *Natur* aus – und um diese geht es eigentlich, wenn von den *natürlichen* Grundlagen des Denkens, Fühlens und Handelns die Rede ist – so sollte kein Grund für eine ernsthafte Bedrohung bestehen, d.h. für eine Gefährdung unserer Kultur der Freiheit und der selbst bestimmten Kooperation durch die Natur; denn gerade die Natur gilt angesichts der technologischen Umbrüche als ein stabilisierendes Fundament. Dies wird uns freilich nicht von der Aufgabe entbinden, Auswüchsen einer biotechnologischen Entwicklung entgegenzutreten, z.B. wenn diese in Richtung einer vermehrten Manipulierbarkeit des Menschen ginge und der Mensch seinen ethischen Status als *Zweck an sich* verlöre. Fatal wäre es, wenn das neue Wissen und die neuen Verheißungen einer mehr naturgesetzlich orientierten Pädagogik sich als *Illusion* erweisen sollten und der Mensch, auch die Pädagogen, mit den eigentlichen Problemen, die in erster Linie subjektive und soziale Probleme sind, allein blieben und die Beziehungsebene verkümmerte.

8 Chancen, Risiken und Missbrauch

Auf der Basis der neurophysiologischen Erkenntnisse konnten biotechnologische Möglichkeiten entwickelt werden, die es einerseits erlauben, Ausfälle von Hirnfunktionen therapeutisch zu kompensieren, die aber andererseits auch ethische Bedenken implizieren. Das neue Fachgebiet, das Neurophysiologie und *Elektronik* verbindet, wird *Neurobionik* („Bionik" zusammengesetzt aus Biologie und Technik) genannt (Wolf 2005). Bei den therapeutischen Hilfen geht es darum, motorische und sensorische Funktionsausfälle, die durch irreversible Schädigungen des Gehirns entstanden sind, u.U. durch künstliche informationsverarbeitende Systeme zu *ersetzen*. Zu denken ist z.B. an das *Cochlea-Implantat* oder die *Tiefenhirnstimulation*.

Im Falle von Verletzungen des Zentralnervensystems ist es möglich geworden, unterbrochene Nervenleitungen durch molekularbiologische Manipulation wieder zusammenzubringen. Auf diese Weise würden sich demnächst auch *Querschnittslähmungen* heilen lassen (Singer 2003, 47).

Sinnesprothesen, *Hirnschrittmacher* und die Verbindung von Mensch und *Computer* können therapeutische Hilfe bringen, können aber auch *unberechenbare Veränderungen* der kognitiven Leistungsfähigkeit und der Persönlichkeit nach sich ziehen. Es können auch kritische psychische Nebenwirkungen eintreten.

Von einem *Beispiel* dafür berichtete der amerikanische Neurologe Damasio (2006). Es handelte sich um eine 65-jährige Patientin, die am Krankenhaus Salpêtrièr in Paris wegen ihrer Parkinson-Symptome untersucht wurde. Sie hatte nie Anzeichen von Depression gezeigt und auch noch nie unter Stimmungsschwankungen gelitten. Ihr wurden Elektroden im Gehirn angebracht, die zunächst ihre Symptome erheblich milderten. Als dann der elektrische Strom durch eine der vier Kontaktstellen auf der linken Seite der Patientin floss, genau zwei Millimeter unterhalb der bisherigen Kontaktstelle, veränderte sich plötzlich ihr Zustand: Sie unterbrach das Gespräch, lehnte sich zur Seite und zeigte den emotionalen Ausdruck von Traurigkeit. Sie weinte und schluchzte und erklärte hoffnungslos und erschöpft, wie unendlich traurig sie sich fühle, und keine Kraft mehr zum Leben habe. Auf eine Rückfrage, was denn passiert sei, antwortete sie:

„Ich stürze in meinem Kopf ab, ich möchte nicht mehr leben, niemanden sehen, nichts hören, nichts fühlen... Ich habe das Leben satt, ich habe

> *genug… Ich möchte nicht mehr leben, das Leben ekelt mich an… Alles ist sinnlos… Ich fühle mich wertlos. Ich habe Angst in dieser Welt. Ich möchte mich in einer Ecke verstecken… Ich weine natürlich um mich selbst. Es ist alles so hoffnungslos, warum belästige ich Sie damit?"* (Auslassungen und Kursivsetzung im Orig.)

Der behandelnde Arzt schaltete den elektrischen Strom ab und nach etwa 90 Sekunden normalisierte sich das Verhalten der Frau wieder. Sie lächelte wieder, wirkte entspannt und wurde sogar fröhlich. Sie fragte, was denn geschehen sei, dass sie sich so schrecklich gefühlt habe. Der elektrische Strom war unbeabsichtigt an eine Stelle des Hirnstammes geraten, wo die Emotion der Traurigkeit hervorgerufen wurde (84).

Schon heute können künstliche *Ersatzgliedmaßen* mit den eigenen Gedanken gesteuert werden (Neuroprothetik). Neurobionische Implantate könnten aber auch im Sinne eines brain enhancement zur Beeinflussung und Erweiterung sensorischer und kognitiver Leistungen im Alltag oder in der Arbeitswelt genutzt werden.

Ethische Bedenken richten sich vor allem gegen die biotechnologische Entwicklung invasiver und nicht-invasiver Neurotechniken, durch die computergesteuert auf die Sinneswahrnehmung und auf das Verhalten von außen her Einfluss genommen wird bzw. Gedanken gelesen werden können. Es gibt bereits Helme, die *lernschwachen Kindern* aufgesetzt werden, um ihre Aufmerksamkeit zu erhöhen, und zwar dadurch, dass von diesen Helmen aus kleine elektrische Stromstöße abgegeben werden können.

Die Perspektiven reichen aber weiter, wie aus dem Buch des amerikanischen Bioethikers Jonathan Moreno (2006) hervorgeht. Es trägt (ins Deutsche übersetzt) den Titel „Hirnkriege, Neurowissenschaften und nationale Verteidigung". Unter „Hirnkriegen" ist der Versuch zu verstehen, mehr Macht über die Gehirne oder Köpfe bestimmter Personen zu gewinnen, etwa um bessere Reaktionszeiten zu gewinnen (Interesse der Autoindustrie), um Schlaf zu verhindern (Militär), die allgemeine Sicherheit zu erhöhen oder abweichendem Verhalten zuvorzukommen. Gedacht ist an Maschinen, die intelligenter sind als wir, an Autopilot-Systeme mit Strahlen, Strom und Chemie, die auf Fehlerquellen im Gehirn angesetzt werden, die es kontrollieren, und die gegebenenfalls auch die Regie übernehmen (Arndt 2007). Eine derartige *mind control* läge auch im Interesse des Staates, der sich in zunehmendem Maße genötigt sieht, die Sicherheit seiner Bürger zu garantieren. So sei auf einem von offizieller Seite her veranstalteten Workshop von Wissenschaftlern tatsächlich der Vorschlag gemacht worden, Stadtviertel, aus denen heraus Übergriffe „marodierender Horden sozial Unzufriedener" zu befürchten sind, durch Drogen im Trinkwasser ruhig zu stellen – als ob es möglich wäre, soziale Probleme mit psycho- oder biotechnischen Mitteln zu lösen!

Die „Europäische Akademie zur Erforschung und Beurteilung von Folgen wissenschaftlich-technischer Entwicklungen“ hat im Mai 2007 eine Studie vorgelegt, die die heute möglichen Eingriffe in das Gehirn und die wichtigsten Bedenken gegen diese Interventionen aufzeigt (Merkel u.a. 2007). Während Anwendungen zu *therapeutischen* Zwecken eher befürwortet werden, werden hier Praktiken zur Verbesserung der psychischen Funktionen von *gesunden* Menschen skeptisch bewertet und zwar aus zwei Gründen: Zum einen wegen möglicher schädlicher Nebenwirkungen und zum anderen wegen möglicher kritischer Ungleichgewichte innerhalb der Gesellschaft. Schließlich wird sich nicht jeder eine solche Behandlung zur Steigerung seines gesundheitlichen Befindens auf eigene Kosten leisten können. Es könnte dann dazu kommen, dass der Staat zu Gunsten derjenigen Bürger eingreift, die eine solche Optimierungsbehandlung („enhancement“) ablehnen oder sich nicht leisten können. Neurobionische Behandlungen bei *schweren Psychopathien* seien gegenüber Sicherheitsverwahrungen vertretbar, wenn das Nutzen-Risiko-Verhältnis „vernünftig“ sei. Die Autoren der Studie resümieren, dass sich durch die Manipulation von Gehirn und Bewusstsein mittels chemischer und elektronischer Eingriffe der Mensch und damit auch unsere Kultur und Gesellschaft tiefgreifender verändern werden als durch bisherige wissenschaftliche Revolutionen.

Julia Wolf (2005) macht auf spezielle psycho-soziale Risiken aufmerksam, die sich nicht nur bei der Tiefenhirnstimulation zur Behandlung von Parkinson-, Dystonie- und Epilepsie-Kranken durch „Hirnschrittmacher“, sondern auch aus den neurotechnischen Möglichkeiten ergeben können, durch die man über eine Verbindung von *Computer und Gehirn* Menschen in ihrem Verhalten auch *von außen her* kontrollieren und steuern könnte, um z.B. im Kriegsfall deren Kampfbereitschaft zu erhöhen. Entsprechende Versuche würden vom US-Militär finanziert. Es könnte sich dadurch insgesamt eine mechanistische Sichtweise des menschlichen Körpers einstellen: der Körper als *Maschine*, deren Bauteile nach Bedarf ausgetauscht bzw. an- oder ausgeschaltet werden könnten (366). Es stellen sich damit weitere ethische Probleme.

Für Heilpädagogik und Psychotherapie könnten sich aus einer Dominanz neurobiologischer Einsichten bedenkliche Schwerpunktverlagerungen des pädagogisch-therapeutischen Ansatzes ergeben: In dem Maße, in dem Verhaltensprobleme dank biotechnischer und neuropharmazeutischer Möglichkeiten zu Indikatoren für physikalisch-chemische Eingriffe in die neuronalen Verschaltungen werden, dürften die relativ zeit- und geldaufwendigen und schwerer kontrollierbaren *pädagogisch-therapeutischen Interventionen* ins Hintertreffen geraten (Birbaumer 2006). Die Kostenfrage spielt eine zunehmend wichtige Rolle: Psychopharmaka sind billiger als Personal! Derartige Entwicklungen dürften also vor allem durch die ökonomische Situation (Kostenreduzierung) und die hohen merkantilen

Verwertungschancen der Pharmaindustrie bzw. der Biotechnologie begünstigt werden.

Wie stark die Macht von Modetrends und Zeitströmungen ist, und wie sehr diese die Mentalität der Menschen, auch die von Fachleuten, in ihren Bann ziehen kann, also Wirkungen hervorrufen kann, die von den wissenschaftlichen und technologischen Fortschritten gar nicht intendiert waren, zeigt gegenwärtig u.a. der Boom des *Body-Kults* und der kosmetischen Chirurgie. Es sind Massenphänomene, deren Wirksamkeit auf individuellen Optimierungsbedürfnissen, auf merkantilistischen Profitinteressen und auf der Werbung, vielfach in Verbindung mit esoterischen Heilslehren, beruht. Die Verbreitung solcher Trends hat auch eine neurobiologische Basis: Es sind die *Spiegelneuronen*, die Mitgefühl und Identifizierungen mit Anderen ermöglichen (s.o. S. 136f). Derartige *Resonanzphänomene* sind für die sozialen Beziehungen zentral wichtig, können aber auch ein hohes *destruktives Potential* entwickeln. Die dabei entstehenden Trends können bis zur Zerstörung der Gesundheit oder menschlicher Werte führen (Nationalsozialismus).

Die Gefahr, dass sich in dieser Weise implizit auch das für Erziehung und Therapie zu Grunde zu legende *Menschenbild* verschiebt mit der Folge einer Biologisierung menschlicher Probleme, ist bereits angesprochen worden. Es könnte sich eine Mentalität ausbilden, bei der *utilitaristische Werte* der eigenen Perfektionierung dominant werden, psychische und soziale Probleme zu biologischen Fehlleistungen umdefiniert werden, die durch biotechnische Mittel korrigiert bzw. verbessert würden, während diejenigen, die nicht fit genug sind oder sich nicht genügend fit machen lassen können, das Schicksal eines „Restes“ im Sinne einer ausgegrenzten Minderheit der Erfolgsgesellschaft verbleibt. Es sind also Skepsis, Wachsamkeit und Aufklärung angezeigt, und zwar nicht gegenüber den theoretischen Erkenntnissen der Neurowissenschaften, die für das Selbstbild des Menschen und seine Stellung im Ganzen der Natur wichtig sind, sondern gegenüber einem *radikalen Naturalismus*. Dieser könnte die wissenschaftlichen Erkenntnisse zu einem ideologisch geprägten naturwissenschaftlichen *Weltbild* umformen, das alles entwertet, was sich nicht auf naturgesetzliche Erklärungen zurückführen lässt, z.B. moralische, wertende, rechtliche oder religiöse Aussagen (Habermas 2005, 147). Skepsis bedeutet jedoch nicht, dass eine so kritische Entwicklung eintreten muss und den Menschen auf Dauer in ihren Bann ziehen wird. Es gibt eher Anzeichen dafür, dass die Natur selber über die notwendigen Kräfte und Muster zur Korrektur verfügt – wenn der kultivierte Mensch mitmacht.

III Naturalismus und normative Erziehung

Die Erforschung der *natürlichen Grundlagen* des Lernens, des Sozialverhaltens und der Erziehung rückt die *Natur* des Menschen stärker ins Gesichtsfeld der Erziehungswissenschaft. Es dürfte kein Zweifel bestehen, dass sie dadurch wichtige Einsichten und Reflexionsangebote erhält. Es stellt sich aber auch die Frage, ob sich aus der stärkeren Gewichtung der Natur und ihrer Gesetzmäßigkeiten nicht ein naturalistischer Trend entwickeln könnte, der die Erziehung in eine grundlegend andere Richtung drängen könnte, bzw. ob und wieweit diese bestimmte Auswirkungen für den Menschen und seine Persönlichkeitsbildung haben könnte. So könnte z.B. für die soziale und damit auch moralische Erziehung die „Natur der Moral“ ebenso bestimmend werden, wie biotechnische Eingriffe in die Natur des Menschen dessen Funktionstüchtigkeit verbessern könnten. Die Eingewöhnung in neue „natürliche“ Lebensweisen könnte ein naturalistisches Selbstverständnis der Subjekte fördern (Habermas 2005, 248). Der Zwang zur Individuierung habe jetzt schon das Normenbewusstsein erschüttert und zu einer „entgleisenden Modernisierung“ geführt. Die Individualisierung der Wertorientierungen habe zur Folge, dass der Anspruch auf eine universelle Anerkennungswürdigkeit dieser Werte nicht unbedingt erhoben wird. Markt, Bürokratie und gesellschaftliche Solidarität seien aus dem Gleichgewicht geraten und unterlägen weithin wirtschaftlichen Imperativen.

Könnte dieser *Naturalisierungsschub* dazu führen, dass der Mensch, bisher verstanden als Natur- und Geistwesen, nun verstärkt unter dem Aspekt seiner Natur und damit seiner Abhängigkeit von ihr gerät, also sein Selbstsein als handelnde *Person* einbüßt? Was bedeutet es, wenn sich die Erziehung stärker an den biologischen Grundlagen des Menschen und des menschlichen Zusammenlebens, also an seiner Natur, orientierte?

1 Die menschliche Natur als eine pädagogische Orientierungsgröße?

Die Entdeckungen der Neurobiologie verstärken in einer Gesellschaft, für die die Natur und deren Schutz und Erhaltung überlebenswichtig geworden sind, den Gedanken, in der *menschlichen Natur* auch einen grundlegend wichtigen Wert für Lernen und Erziehung zu sehen, an dem sich auch die Pädagogik mehr als bisher zu orientieren hätte. Der naturalistische Trend bezieht sich nicht nur darauf, alles von der Natur her zu sehen und zu bewerten, sondern auch auf praktische Konsequenzen, auf die *Perfektionierung der menschlichen Natur* und zwar vor allem durch die wachsenden Möglichkeiten der *Biotechnologie* und der *Pharmakologie* in Richtung einer unbegrenzten Perfektionierung und Machbarkeit menschlichen Lebens (Speck 2005). Mit diesen Möglichkeiten wächst das Maß an *Beherrschung der Natur durch den Menschen*; damit vergrößern sich aber auch die Möglichkeiten und Zwänge, ihn als Natur zu objektivieren und zu manipulieren. Andererseits ist der Mensch angesichts der fortschreitenden Technisierung der Lebensvollzüge heute in besonderem Maße bestrebt, „natürlich“ zu leben, sich also wieder mehr und bewusst an der Natur, d.h. jenseits der Technologie, zu orientieren.

Um die Frage nach dem Orientierungswert der *menschlichen Natur* zu klären, ist es zunächst nötig, den Begriff zu definieren. Francis Fukuyama, der in seinem Buche „Das Ende des Menschen“ (2002) den Versuch unternimmt, das menschliche Erbe gegen biotechnische Eingriffe zu schützen, versteht darunter den Gesamtkomplex von Verhaltensweisen und Eigenschaften, die gattungstypisch für den Menschen sind und aus seiner Evolution (dem Gen-Erbe und der Kultur) hervorgegangen sind (185). Als solche hat sie im Laufe der Evolution ein sehr hohes Maß an Stabilität erreicht, das nur schwer und nicht ohne Schaden zu verändern ist. Was aber sind diese gattungstypischen Verhaltensweisen, die gefährdet sein könnten?

Man könnte sie an einem aktuellen Beispiel veranschaulichen, nämlich der Verhaltensunsicherheit männlicher Jugendlicher heute, die mit ihrer evolutionär bedingten gattungstypisch männlichen Eigenschaft der körperlichen Überlegenheit und des betonten und aggressiven Rivalisierens nach der Emanzipation des weiblichen Geschlechts nichts mehr Rechtes anzufangen wissen. Vielfach fühlen sie sich durch die Lernüberlegenheit der weiblichen Jugendlichen aus ihrem gattungstypischen Vorrang verdrängt, sehen sich nicht mehr durch „typisch männliche“ Berufe herausgefordert und suchen nun in Extremerfahrungen wie besinnungslosem Ausloten der eigenen Grenzen oder in lustbetonter Gewalttätigkeit, Bestätigung. Es kann nicht davon die Rede sein, aus dieser gesellschaftlichen Problematik ein Zurück-zur-Natur abzuleiten, zumal nicht die Masse der Jugendlichen diese Probleme zeigt. Im Übrigen wäre es ein *naturalistischer Fehlschluss*, wenn man aus der Natur Verhaltensnormen für den Menschen ableiten wollte. Aus dem (naturhaften) *Sein* lässt sich kein *Sollen* ableiten. Erkennen aber lässt sich, dass sich unter dem Druck der Anpassung an neue gesellschaftliche Bedingungen auch die Natur des Menschen wandeln kann. Das, was in seiner Natur angelegt ist, etwa an sozio-emotionaler und moralischer Grundorientierung, könnte aufs Spiel gesetzt werden.

Die Natur an sich ist wertneutral. Was das normativ Richtige und Gute ist, lässt sich nicht aus der Natur allein ableiten, also auch nicht naturwissenschaftlich bestimmen. Seine volle Moralfähigkeit ist ihm nicht mit seiner biologischen Existenz mitgegeben. Sie bedarf einer von der Vernunft geleiteten Selbstbestimmung. Diese wiederum orientiert sich an ethischen Maximen oder Imperativen, wie sie die kulturelle Entwicklung hervorgebracht hat und durch Erziehung weitergegeben wird.

Für Kant war Moral von der *praktischen Vernunft* bestimmt. Das, was in der Natur vor sich geht, stellt sich als eine in alle Extreme reichende Vielfalt dar, aus der das Verschiedenste hervorgehen kann, Fluch und Segen, aber keine allgemein und überdauernd gültigen und für das menschliche Zusammenleben unbedingt erforderlichen Normen und Werte. Die nötigen Unterscheidungen (zwischen Gut und Böse) vorzunehmen und zu erlernen, ist eine immerwährende Aufgabe unserer Kultur und damit der Erziehung. Kant sprach von der „Behandlung der moralischen Anlagen unserer Natur“ (Bd. VII, „Kritik d. praktischen Vernunft“, 301).

Und doch kann nicht bestritten werden, dass die Evolution im Menschen Gesetzmäßigkeiten grundgelegt hat, die als solche schlechthin unverzichtbar für den Menschen und auch in einem globalen Sinne teleonomisch ausgerichtet sind, also das ziel- und sinngerichtete Streben des Menschen unterstützen. In seinem „freien“ Handeln erfährt er die Ordnung der Dinge, die in ihren fundamentalen Gesetzlichkeiten zwar von seinem Handeln unbeeinflussbar sind, die aber umgekehrt gerade deswegen eine Verlässlichkeit bieten, ohne die er nicht intentional handeln könnte (Spaemann 1973, 966).

In der Natur des Menschen liegen die biologischen Grundlagen für *Selbstbestimmung* und für ein *kooperatives Zusammenleben*. Ohne das dem Menschen eigene Gehirn wäre die für das moralisch geordnete Zusammenleben wichtige Vernunft nicht gegeben. So kann man von einem natürlichen menschlichen Sinn für Sittlichkeit sprechen, erkennbar u.a. an der gattungsspezifischen Emotionalität, an angelegten moralischen Gefühlen. Die *Goldene Regel* („Was du nicht willst, das man dir tu, das füg auch keinem anderen zu!“) ist eine universelle, über alle Kulturen hinweg reichende Norm. Auch die *Menschenrechte* lassen sich von der Natur des Menschen her (mit)begründen. Freilich haben diese natürlichen Grundlagen ihre Geltung erst durch unsere *Kultur* erhalten, sind also von ihr nicht zu trennen. Dies gilt im Besonderen für die Achtung der *Menschenwürde*. Auch sie beruht auf der *natürlichen* Sonderstellung des Menschen. Auch wenn diese von vielen Naturwissenschaftlern bestritten wird, gilt die Menschenwürde doch auch bei ihnen als zentraler Wert.

Die evolutiv gewachsene Verklammerung von *Natur und Kultur* in Bezug auf die Selbstbestimmung und das Zusammenleben der Menschen verträgt keine Reduktion des einen auf Kosten des anderen Phänomens. Unsere spezifisch *menschlichen Gefühle* sind zwar auch in unserer *Natur* verankert; was aber den *Sinn* des Zusammenlebens ausmacht und damit unsere Ethik und Moral konstituiert, geht über das Natürliche hinaus. Es ist Ergebnis der *kulturellen* Entwicklung, und deren Gesetzmäßigkeiten sind nicht die gleichen wie die der Natur (Singer 2003, 18). Sinn und Werte zu konstruieren, ist nicht Sache der Naturwissenschaften. Die Verantwortung, das Handeln im Einzelnen zu bewerten und zu begründen, ist jedem als Aufgabe gegeben. Das Sinnhafte hat zwar seine materielle Basis im Gehirn, und dieses ist unser zentrales Organ, aber seine Funktion ist nicht alles, was den Menschen ausmacht. Unter dem bloßen physikalischen Aspekt bekommt man nicht alle menschlich bedeutsamen Phänomene in den Blick (13).

Die Erziehung hat sich an *Sinn und Werten* zu orientieren. Gegenwärtig ist es auf Grund der gesellschaftlich bedingten normativen Pluralität schwierig geworden, nachhaltige Ordnung in den Sinn und den Alltag des Zusammenlebens zu bringen. Durch den Verlust an motivierender geistiger und allgemein verbindlicher Orientierung ist das Erziehen erschwert, zumal sich individualistische Orientierungen weithin durchgesetzt haben. Der ursprüngliche emanzipatorische Impuls, die Kinder möglichst früh Selbstbestimmung erlernen zu lassen, läuft inzwischen insofern ins Leere, als viele Kinder zu wenig überzeugende Vorbilder für ein sinnvolles und selbstbestimmtes Leben praktisch und unmittelbar erleben, an die sie sich binden könnten. Die in Aussicht gestellten Chancen und Motivationen für ein besseres und erfolgreiches Leben sind nur über immer höhere Hürden (gesteigerte Lernanforderungen und elterliche Ressourcen) zu verwirklichen, die aber ein immer größer werdender Teil nicht schafft. Die menschliche Natur wird dabei oft überfordert, übrigens auch die von Pädagogen, wovon deren erheblich gestiegene Erschöpfungsrate zeugt. Wir befinden uns immer noch in dem großen Wandel von einer einst fest gefügten, hierarchisch geordneten Gesellschaft zu einer gesellschaftlichen Ordnung, die durch achtungsvolle Kommunikation der Individuen, die von ihrer Autonomie sinnvollen Gebrauch machen, jeweils im Miteinander (systemisch) gefunden werden muss.

In welcher Weise kann in dieser Situation die menschliche Natur als pädagogische Orientierungsgröße hilfreich sein?

- Die menschliche Natur kann anzeigen, wann der individuelle Lernorganismus überzogen und Kinder *überfordert* werden. Dies tritt vor allem dann ein, wenn sie einseitig beansprucht werden, wenn in erster Linie ihr Kopf (ihr kognitives Speichersystem) der pädagogische Adressat ist, wenn ihr Lernen im wesentlichen ein *medial vermitteltes Lernen* ist, ohne genügend Chancen für persönliche und interaktive Erfahrung und Erprobung zu haben, wenn sie nicht genügend Vorbilder *in natura* erleben, wenn sie aus Mangel an eigener natürlicher Motivation vermehrt unter externen Lerndruck gesetzt werden, wenn sie als Ausgleich für ein wenig motivierendes Lernen und für fehlende Zukunftschancen ihren Organismus durch Drogen und sonstige Ausschweifungen ruinieren, wenn als Folge der offensichtlichen Chancenlosigkeit und des ständigen Verlierens im gesellschaftlichen „Hunderennen" die Selbstkontrolle über den eigenen Körper zusammenbricht und ein Ausweg in Gewalt gesucht wird.
- Die *menschliche Natur ist ein Ganzes*, das uns davor bewahren kann, dass Teilsichten des Menschen bestimmend werden, dass z.B. der Mensch als bloßes Resultat gesellschaftlicher Prozesse oder im Gegensatz dazu als chemo-physikalischer Apparat gesehen wird, dass seine Selbststeuerung als Illusion entwertet wird, dass er sich als Marionette seines Gehirns vorkommen muss, dass er vornehmlich von seinem kognitiven Wissen her beurteilt wird, dass seine Lebensgestaltung im Wesentlichen auf die Mehrung des eigenen Nutzens und die Optimierung des eigenen Outfits ausgerichtet ist und seine soziale Natur verkümmert.
- Die menschliche Natur ist ein bio-sozialer Komplex aus menschlichen *Stärken und Schwächen*, dessen Sinn darin zu sehen ist, dass der Mensch nicht dem Perfektionswahn zum Opfer fällt und die *Beziehung zum nicht Perfekten* nicht verliert, dass er sich auch für die Schwächeren, im Besonderen die Behinderten, und ihre selbstverständliche Zugehörigkeit verantwortlich fühlt, und es nicht aufgibt, sich gegen soziale Spaltungen der Gesellschaft, d.h. gegen eine Benachteiligung eines Teils von ihr zu wehren.

In der heute verbreiteten geistigen Chaotik oder Orientierungslosigkeit ist es eine wichtige, die Zuversicht in die Zukunft absichernde Einsicht, dass die menschliche Natur das Potential für eine künftig gute, d.h. menschliche Entwicklung, also für die Förderung der Menschlichkeit enthält. Wir sind von Natur aus keine Raubtiere und nicht zu einem „Krieg aller gegen alle" verurteilt. Wir können uns vielmehr von der Neurobiologie bestätigen lassen, dass die menschliche Natur in erster Linie auf *Kooperation*, gegenseitiges Ergänzen und nur gemeinsam glückendes Leben angelegt ist. Man kann darauf setzen, dass das Menschen-Verbindende eigentlich das Stärkere und Anziehendere sein könnte und müsste als das Gegenseitig-Verdrängende. Das Potential des Gemeinsamen und des persönlich Sinnvollen aber kann nur verwirklicht werden, und ebenso können Entgleisungen des Menschen in Unmenschlichkeit und Vernichtung von Rivalen und in Exklusion der Schwachen (Sozialdarwinismus) nur verhindert werden, wenn der Mensch eine entsprechend sinnvolle und *sozial verbindende Erziehung* erhält. Sie wird die Natur des Menschen zu beachten und zu achten haben. Diese diktiert zwar keine Normen, lässt sich aber auch nicht jegliche menschliche Unvernunft (auf die Dauer) gefallen. Eine solche Erziehung vollzieht sich nicht nur in der Erste-Person-Perspektive und der Dritte-Person-Perspektive, sondern wesentlich auch in der Zweite-Person-Perspektive, im dialogischen Bezug.

Sie ist auch *nicht beliebig formbar*. Dies gilt u.a. für eventuelle Erwartungen, die Kinder auf Grund vager und vorschnell ausgewerteter neurobiologischer „Erkenntnisse" intelligenter machen zu können, indem man z.B. jedes von ihnen ein Musikinstrument erlernen lässt, wie es eine Landesregierung in Deutschland vorgesehen hatte, bis sich herausstellte, dass die neurobiologischen Erkenntnisse falsch interpretiert worden waren.

Die Erziehung des Menschen als ein konstruktives *Vermitteln gewachsener Kultur* an die nachfolgende Generation ist auch ein Erfordernis seiner *Natur*. Für eine Neubestimmung des pädagogisch Notwendigen kann deshalb der Austausch mit neuen biowissenschaftlichen Erkenntnissen hilfreich sein. Er wird dies aber nur dann sein, wenn die Biologie nicht zur neuen *Leitwissenschaft* stilisiert wird. Der Mensch ist mehr, als die Naturwissenschaft über ihn weiß. Er ist „der erste *Freigelassene* der Schöpfung", wie es J. G. Herder (1744–1803) ausdrückte (1985, 119). Statt „Schöpfung" könnte man in gewissem Sinne auch „Natur" sagen. Herder ging es im Besonderen um die Einheit von Natur und Mensch: Die Natur habe ihm den aufrechten Gang, zwei freie Hände und seine Sinne gegeben, um seinen Gang zu leiten. Er komme schwach auf die Welt, um Vernunft, Humanität und menschliche Lebensweise zu lernen. Es sei der Weg der *Bildung*, der ihn zu seiner Bestimmung, der *Humanität*, führe.

Dieser Weg ist heute durch das enorme Wissen über den Menschen breiter und z.T. auch unübersichtlicher geworden. Nicht jeder mit erzieherischer Verantwortung ist in der Lage, die neuen neurowissenschaftlichen Erkenntnisse pädagogisch zu nutzen, ja, zu verstehen. Ein Großteil der heute weithin pädagogisch verunsicherten *Eltern* ist sehr an neuen Wegweisungen und Entlastungen interessiert. Die Ratgeber-Literatur boomt. Elternbildung wird groß geschrieben. Nach einer Untersuchung des Deutschen

Jugendinstituts in München ist in unserer Gesellschaft ein bedrohlicher Verlust an grundlegender Erziehungskompetenz festzustellen (Wahl / Hees 2006). Etwa die Hälfte der Eltern sei in Erziehungsfragen unsicher. Das Erziehungsverhalten in den Familien sei sehr widersprüchlich und problematisch. Es fehle an einem ausgewogenen Verhältnis von Selbstbestimmung und Grenzen. Die Nachfrage nach Beratung steige stetig an.

Aufbauend auf diesem zunehmenden Interesse der Eltern an Erziehung kann aber davon ausgegangen werden, dass ein neues Bild von Erziehung in einer gewandelten Gesellschaft erschlossen wird. Es hat m.E. noch zu keiner Zeit ein so intensiv ausgeprägtes Interesse unter den (engagierten) Eltern gegeben, Erziehung bewusst neu zu verstehen und zu gestalten, wie heute. Es werden auch in erster Linie *die Eltern* sein, die der Erziehung und damit auch unserer Kultur wieder konkreten Sinn werden geben können, eine Folgerung, die sich u.a. auch aus den neurobiologischen Befunden zur Bedeutung der frühkindlichen Entwicklung erschließt.

Es kann aber auch nicht übersehen werden, dass *nicht alle Eltern* in der Lage sind, diesem Anspruch zu genügen. Es nützt den inhaltlich verunsicherten und von Stress überlasteten Eltern wenig, wenn sie von neurobiologischer Seite her hören, dass Stress in der Familie das Gedächtnis des Kindes schädigt. Ein beachtlich großer Teil von ihnen lebt in sozialen Verhältnissen, die u.a. von ökonomisch verursachten Zwängen bestimmt sind, die es schwer machen, in Freiheit und mit Vernunft moralischen Maximen zu folgen. Ein gewisses Maß an allgemeinem Wohlergehen scheint Voraussetzung dafür zu sein, dass der Mensch moralisch frei handeln kann (Illies 2006, 171). Zu denken wäre hier an Kinder und Jugendliche, die in „sozialen Brennpunkten" aufwachsen, oder im Extrem an die sogenannten Straßenkinder, deren „Moral" eher vom Überleben unter unmenschlichen Bedingungen diktiert wird als von ethischen Maximen. Wenn Singer betont, dass nichts wichtiger sei als der erzieherische Prägungsprozess unserer Kinder (2003, 34), so wird es sehr darauf ankommen, dass sich die immer häufiger beklagte Spaltung der Gesellschaft in Reiche und Arme, in Gewinner und Verlierer, nicht weiter fortsetzt, da sie zu gesellschaftlichen Spannungen führen kann, die auf die Dauer für alle nicht durchzuhalten sein werden. Eltern in sozialen Zwangslagen brauchen dringend die Unterstützung durch die Allgemeinheit und zwar nicht nur in deren eigenem Interesse, sondern auch im Interesse des Gemeinwohls.

2 Die Konvergenz von Natur und Moral unter pädagogischem Aspekt

Sieht man von der Gegenwart ab, so entdeckt man, dass sich die *Erziehung* seit jeher *auch an der Natur* orientiert hat, allerdings ohne in ihr aufzugehen. Als Beispiel kann Kant herangezogen werden, der zwar 1803 in seiner Vorlesung „Über Pädagogik" betonte: „Der Mensch kann nur Mensch werden durch Erziehung. Er ist nichts, als was die Erziehung aus ihm macht" (Bd. XII, 699). Er ging aber auch davon aus, dass hinter der Erziehung „das große Geheimnis der Vollkommenheit der menschlichen Natur" stecke, und dass die Erziehung dazu beizutragen habe, dass diese Natur „einen Schritt näher zu ihrer Vollkommenheit tue" (700). Diese Entwicklung aber sei nur möglich über Erziehung und diese diene der *Kultivierung* der Natur und damit letztlich einem angestrebten besseren Zustand der Menschheit. Sie habe die Naturanlagen „proportionierlich und zweckmäßig" zu entwickeln, aber auch dafür zu sorgen, dass der Mensch nicht in seiner (tierhaften) Natur stecken bleibe. Die Erziehung habe vielmehr die Aufgabe, ihm seine von der Natur her gegebene „Rohigkeit" und „Wildheit" zu nehmen, und ihn den Gebrauch eigener Vernunft zu lehren, da seine Natur, seine Instinkte, nicht ausreichten, um sein Leben nach guten Zwecken auszurichten. Es wird also ein klarer Unterschied zwischen Natur und Kultur (Erziehung) gemacht, was u.a. auch bedeutet, dass nicht das eine durch das andere vereinnahmt werden dürfe.

Einen vor allem auch pädagogisch wichtigen Unterschied zwischen beiden Aspekten bildete für Kant die *„Moralität"* des Menschen. Das, was er in seinen bloßen natürlichen Anlagen mitbringt, seien nur „Keime zum Guten", die der Erziehung bedürften, um sich entwickeln zu können. Der Mensch müsse lernen, sich selbst zu kultivieren, und sich selbst besser zu machen. Die Aufgabe, die die Erziehung dabei zu erfüllen habe, hielt Kant für das „größeste und schwerste Problem", das dem Menschen aufgegeben sei (702). Schließlich bedeutet dies, lernen zu müssen, den eigenen (naturhaften) Egoismus der Vernunft und damit der Moral unterzuordnen.

Mit dieser Gegenüberstellung sollte deutlich werden, wie groß der Unterschied zwischen Natur und Kultur ist, der durch Erziehung zu überbrücken ist. Zugleich aber hat man sich klarzumachen, dass dieses Überbrücken nur gelingen kann, wenn verbindende Voraussetzungen gegeben sind. Immerhin sei es die Natur, die den Menschen bestimmt habe, sich selbst zu führen. Auch was das Ziel betrifft, kennen wir in unserer Sprache ein Analogon für Verbindendes: Die Moralität müsse zur „zweiten Natur" werden. Angesprochen ist damit eine „Erziehung zur Persönlichkeit, die Erziehung eines frei handelnden Wesens, das sich selbst erhalten, und in der Gesellschaft ein Glied ausmachen, für sich selbst aber einen innern Wert haben kann" (712).

Aus heutiger Sicht und unter besonderer Berücksichtigung der Evolutions- und Neurowissenschaften würden wir sagen: Die Bedeutung der Erziehung des Menschen ist dadurch bedingt, dass er als *nicht festgelegtes Wesen* über eine weit reichende Offenheit seiner Entwicklung verfügt und deshalb der „Moralität" bedarf, die wiederum nur innerhalb eines von der Natur vorgegebenen Rahmens realisierbar ist (Höffe 2007). Er ist ein „funktional unterbestimmtes Naturwesen", wie es Christian Illies (2006) in seiner *Konvergenztheorie von Moral und Natur* ausdrückt. Der Mensch sei nicht nur im allgemeinen Sinne von Natur aus moralfähig und auf den Gebrauch seiner Vernunft angewiesen, sondern er scheint von der Evolution her in seinem Verhalten auch auf diejenigen Werte und Normen angelegt zu sein, die auch von der Vernunft her als gültig und richtig angesehen werden. „Die natürlichen Anlagen des Moralwesens Mensch und die Forderungen der Vernunftmoral weisen in dieselbe Richtung" (14). „Man thut am besten anzunehmen, daß die Natur im Menschen nach demselben Ziel hinwirkt wohin die Moral treibt" (Kant, zit.b. Illies).

Da sich unsere Überlegungen im Speziellen auf den *normativen* oder *moralischen* Aspekt von Erziehung in Anbetracht des neuen neurobiologischen Wissens konzentrieren, ist hier auf die Frage einzugehen, ob bzw. wieweit dieses Auswirkungen auf unser Verständnis von Ethik und Moral und damit auf die Grundlagen einer normativ-ethisch orientierten *Erziehung* oder *Persönlichkeitsbildung* hat. Man könnte auch von *moralischer Erziehung* reden, aber dieser Begriff ist hierzulande seit der von den Nationalsozialisten angerichteten Katastrophe auch bezüglich der Moral unglücklicherweise zu einem pädagogischen Tabu geworden – im Gegensatz zum Ausland (Speck 1996). Dieser Umstand zeigt u.a. auf, wie abhängig und instabil Moralsysteme sind, und wie wichtig es ist, nach deren Begründungen und nach den Bedingungen zu fragen, die eine *Erziehung zum guten und rechten* oder, einfach gesagt, zu *menschlichem* Verhalten begünstigen (Edelstein et al. 1993; Höffe 2007).

Die Fülle der evolutions- und soziobiologischen sowie der neurophysiologischen Erkenntnisse hat deutlich gemacht, dass Moral und damit auch eine ethisch begründete Erziehung sich nicht nur, wie bis dahin im Allgemeinen vertreten, an ethischen *Ideen* zu orientieren hat, sondern auch deren *biologische* Voraussetzungen zu beachten hat. Sind diese unterentwickelt, kann es zu Problemen kommen. Die menschliche Natur einschließlich ihres neuronalen Funktionssystems weist eine Fülle von Anlagen für ein *kooperatives* Zusammenleben auf, die als Vorbedingungen oder

Vorstufen für moralisches Verhalten im engeren Sinne angesehen werden können, z.B. *moralische Gefühle*. Illies zählt eine ganze Reihe von Beispielen aus der Evolutionsbiologie auf, so etwa das sich einstellende „schlechte Gewissen“, wenn moralische Überzeugungen missachtet werden, oder die Gefühle von *Schuld und Scham* einschließlich körperlicher Symptome nach einer begangenen sozialen Betrugshandlung. Auch der Sinn für *Gerechtigkeit* ist naturhaft angelegt, was man u.a. aus den generell entschiedenen, z.T. auch aggressiven Reaktionen auf ungerechtes Verteilen schließen kann.

Die evolutions- und neurowissenschaftlichen Erkenntnisse zeigen aber auch naturgegebene *Grenzen moralischer Handlungsfähigkeit* auf. Kein Mensch ist von seiner Anlage her fähig, stets alle moralischen Regeln und Normen zu beachten. Für die ethische Bewertung einer Handlung ist es wichtig zu wissen, ob und wieweit in der Anlage des Täters unüberwindlich erscheinende Schranken zu erkennen sind. Schließlich gilt in der Ethik, dass *niemand verpflichtet ist, mehr zu tun, als er kann*.

Dieses Wissen um evolutiv oder naturhaft gegebene Vorbedingungen für moralisches Verhalten machen aber – im Gegensatz zu manchen naturwissenschaftlichen Ableitungen – nicht alles aus, was in unserer Kultur als *Moral* im eigentlichen Sinne verstanden wird. Diese ergibt sich aus der Sonderstellung des Menschen gegenüber den anderen Lebewesen. *Nur der Mensch ist ein moralisch handelndes Wesen.* Er ist zur Offenheit gegenüber seiner Umwelt begabt und ist auf vernunftsgeleitete Selbstbestimmung angelegt. Voraussetzung dafür ist u.a. das, was wir *Freiheit* nennen. Mag die Neurobiologie von einer Illusion reden, die Realität des Menschen ist die, dass er sich nicht vollständig determiniert fühlen *kann*, dass er sich vielmehr auch weiterhin als ein frei und verantwortlich Handelnder erkennen und verhalten muss, als einer, dem es *aufgegeben* ist, sein Leben bewusst so zu führen, dass es ein gutes oder gelingendes Leben wird. „Als Handelnde haben wir dazu keine Alternative“ (Illies, 212). Als solche haben wir nicht nur ein *deskriptives* Bild von uns, sondern sind auch an unserer *Zukunft*, also auf *Lebenssinn* und *Ziele* hin, orientiert. Was der Mensch werden soll, wie er handeln soll, welche Werte und Normen maßgebend sein sollen, das kann er nicht einfach aus der Natur ableiten. Er hat – im Unterschied zum Tier – *aus Gründen zu handeln*. Das heißt, er muss gute Gründe für sein Handeln haben, weil er es zu verantworten hat. Aus seiner Ausgangslage erwachsen ihm bestimmte *Pflichten* gegenüber sich selbst und anderen. Die wichtigsten von ihnen gelten als universell, d.h. sind verbindlich für alle, also nicht nur in einem subjektiven Sinne und je nach den gängigen Werten und Normen einer gegebenen Gesellschaft. Der Kategorische Imperativ Kants ist so begründet.

Die *Erziehung* ist dafür verantwortlich, dass der junge Mensch die Bedeutung der Werte und Normen in seiner Lebenswelt kennen und schätzen lernt, dass seine naturhaften Anlagen zu moralischem Verhalten kultiviert werden, dass seine Begabtheit zum Guten angesprochen wird, dass ihm Handlungsspielräume für selbstgewähltes Handeln gegeben werden, um sich bewähren und verantworten zu können, und dass er den Sinn moralischen Handelns dadurch erlebt, dass er in seiner Art zu leben von anderen bestätigt wird. Entscheidend für die Bildung zur moralischen Persönlichkeit ist es, die *Freiheit* zu erwerben, das Richtige zu tun und zwar auf der Basis der *Achtung* vor jedem Anderen, der Achtung seiner Freiheit und Würde. Auf jeden Fall ist moralische Erziehung weder eine Angelegenheit bloßer Zucht oder Konditionierung noch biotechnischer Machbarkeit. Sie nimmt den Erziehenden mit in die Pflicht.

Eine moralische Erziehung hat aber auch die von der Natur her grundgelegten Voraussetzungen und Bedingungen für moralisches, insbesondere kooperatives Verhalten zu beachten und zu schaffen. Zu denken wäre z.B. an die menschliche Veranlagung zur *Aggressivität*, für deren Sinn und Zweck es zahlreiche evolutionswissenschaftliche Erklärungen gibt, das heißt, die in bestimmten Kontexten adäquat für ein weiteres Zusammenleben sein kann. Sie kann sich auf der Ebene sozialer Konkurrenz ebenso zeigen wie gegenüber Fremden oder abgelehnten Gruppen. An diesem Beispiel soziologisch begründeten Verhaltens gegenüber anderen wird jedoch auch deren *begrenzte Legitimation* deutlich. Es muss eine über die unmittelbare kulturell bedingte Erfahrung oder eine zufällige Gewohnheit, Neigung oder Macht hinausgehende Moral geben, die auf der Achtung der Freiheit und Menschenwürde begründet ist. Eine vom bloßen Erfolg des naturhaft egoistischen Einzelnen (seinem „egoistischen Gen") bestimmte Moral müsste das Gerechtigkeitsprinzip entwerten; es kann im Prinzip nicht Recht sein, *auf Kosten der Anderen* zu leben. Sie kann auch nicht indifferent sein in dem Sinne, dass *jegliches* Verhalten, das vom limbischen System gefiltert wird, in gleicher Weise Geltung zu beanspruchen hätte wie irgendeine Vorliebe oder Abneigung, z.B. in modischer Hinsicht. Eine solche „Moral" könnte vor der Vernunft nicht bestehen. *Erziehung* im eigentlichen Sinne, d.h. auf der Basis der Vermittlung von Selbstbestimmung und Berufung auf vernünftige Gründe wäre dann nicht nötig. Da die vernunftbegründete Moralfähigkeit dem Menschen nicht von Anfang an mitgegeben ist, sondern einer relativ langen Entwicklung und Erfahrung bedarf, ist Erziehung als Bedingung ihrer Möglichkeit unverzichtbar.

Die neuen Erkenntnisse der Evolutions- und Neurobiologie bedeuten, so gesehen, im Prinzip *keine Bedrohung des herkömmlichen Menschenbildes* in normativer Hinsicht. Natur und Moral lassen sich miteinander in Einklang bringen. Es ist der Mensch selber, der die Aufgabe hat, seine Natur und seine Vernunft in der sich wandelnden Welt immer wieder neu in Übereinstimmung zu bringen. Das kann er aber nur, wenn er sich frei und nicht determiniert fühlt, wie groß oder klein auch immer die Spielräume für selbstbestimmtes Handeln sein mögen. Die Natur selber ist es, die uns ständig vor Entscheidungen stellt, und „wir sind nicht frei, diese Entscheidungsfreiheit zurückzuweisen." Die Notwendigkeit, „sich entscheiden und sich und anderes bewerten zu müssen, [ist, O. S.] unhintergehbar" (Illies 213).

Für das Gelingen einer praktischen Erziehung unter moralischem Aspekt ist der soziale *Kontext* von großer Bedeutung. Von der hohen Wirksamkeit erlebter *Vorbilder* war schon die Rede. Betont werden könnte noch die Wichtigkeit der *Institutionen*, vor allem der kleinen Gruppe, in der der Einzelne eine emotional und normativ tragfähige *Gemeinschaft* vorfindet, und in der er auch relativ viel Bestätigung für sein normatives Verhalten erhält. Darüber hinaus sind aber auch *geistige* Orientierungskomplexe wichtig. Die Vorstellung, durch Erziehung die menschliche Natur verbessern zu können, war für Kant eine solche *Idee*. Die Erziehung hat Ideen zu ordnen, zu bewerten und zu lehren. Wir verfügen über derartige Kultur tragende und erneuernde Ideen aus der Geschichte. Sie wirken als allgemein anerkannte Werte und Handlungsnormen in unsere Wirklichkeit hinein.

Damit ist das gemeint, was wir gemeinhin als *Geist* verstehen, als Geist der Menschlichkeit, als Geist der Wahrung der Menschenrechte und der Achtung der Menschenwürde, als Geist der Toleranz, der Solidarität und des Friedens. Was hier mit *Geist* bezeichnet wird, schlägt sich in Menschen- und Weltbildern nieder, die für die Orientierung des Einzelnen und ganzer Gemeinschaften existentiell wichtig sind. Der Einzelne fühlt sich von ihnen „inspiriert"; er bezieht aus ihnen Energie.

Die innere Wirksamkeit solcher Leitmuster, Werte, Maximen und Ideen lässt sich auch neurobiologisch ausmachen. Gerald Hüther spricht von „inneren Bildern" und ihrer „Macht", von „Visionen", die „das Gehirn (!), den Menschen und die Welt verändern" können (2006). Es handelt sich um Menschenbilder oder Weltbilder, die wir in uns aufgebaut haben, und die unser Denken, Fühlen und Handeln zutiefst bestimmen. Sie sind neurobiologisch in uns verwurzelt. Sie wirken stabilisierend auf den Einzelnen und bilden die natürliche Grundlage für die eigene Lebensgestaltung und ihre Ausrichtung. Ein beträchtlicher Teil von ihnen ist dem Einzelnen bereits vor der Geburt über seine Gene und seine vorgeburtliche Erfahrungen „in die Wiege gelegt". Diese *genetische bzw. epigenetische Ausstattung* legt nicht starr fest, wie sich das Nervensystem entwickelt, sondern dieses öffnet sich auf Grund einer inhärenten Wachstumsdynamik für *Erfahrungen*, für die Anpassung an die Umwelt und damit für die Entwicklung der Lernfähigkeit. Dabei kommt den *frühen* Erfahrungen, insbesondere mit den Eltern, besondere Bedeutung zu, u.a. im Hinblick auf das Erleben von *Lebenszuversicht* oder *Lebensangst*, von eigener *Gestaltungsfreudigkeit* oder von *Fremdbestimmtheit*, von *Vertrauen* oder *Misstrauen*, von *Mitgefühl* oder *Rücksichtslosigkeit*, von *Miteinander* oder *Gegeneinander*.

In Anbetracht der besonderen Chancen, die in dieser frühen Prägungsphase liegen, sollte der *Elternbildung* mehr Beachtung geschenkt werden.

Die so entstehenden individuellen Selbst-, Menschen- und Weltbilder als Lebensgrundmuster sind von entscheidender Bedeutung für die Entwicklung des Einzelnen und für das Zusammenleben. Sie bestimmen intuitiv seine Entscheidungen und Interessen und damit auch seine Moral mit. Es ist daher pädagogisch gesehen nicht gleichgültig, welche Sinnvorstellungen vom Leben sich in den Köpfen bilden, zumal in der heutigen normativ pluralen Gesellschaft und bei den sich durch den technischen Fortschritt rasant verändernden Lebensbedingungen. Viele Konflikte und das ziemlich chaotisch gewordene Zusammenleben in Familie, Schule und Gesellschaft haben hier ihre Ursache.

Die heute verbreiteten „Verhaltensstörungen" und psycho-sozialen Fehlentwicklungen (bis zu 18% lt. KiGGS 2007) gehen vielfach auf verstörende Erfahrungen zurück, welche sich im Gehirn in neuronalen Verschaltungen manifestiert haben. Verstörende Erfahrungen lassen sich teilweise darauf zurückführen, dass die tradierten großen und allgemein-verbindenden, z.T. religiös verankerten Einheitsvorstellungen von einem geordneten Zusammenleben an Bedeutung eingebüßt haben und der Mensch generell auf sich selbst zurückgeworfen ist, also für sich selbst Lebenssinn und Lebensnormen finden muss. Dies hat aber zur Folge, dass die Kinder insgesamt in einer Normenvielfalt bzw. einer normativen Verinselung aufwachsen. Verständigung und das Kooperieren mit anderen sind dadurch erschwert. Dazu trägt auch die verwirrende Fülle und Vielfalt der über die Medien verstreuten Informationen und Eindrücke von einer virtuellen Welt bei gleichzeitiger Verarmung der unmittelbaren Erfahrungen mit anderen bei.

Erschwert werden kann die Entwicklung auch, wenn die von den Erwachsenen bezogenen Normen verstärkt von Eigeninteressen, ökonomischem Nutzendenken und Selbstdurchsetzungsbestreben bestimmt werden, und wenn es Kindern schon im frühen Lebensalter an unmittelbar erlebten und verlässlichen Mustern und Normen mangelt, an denen sie ihr Verhalten so ausrichten könnten, dass es später auch außerhalb der familiären Gruppe für das Zusammenleben mit anderen sinnvoll und wichtig bleibt.

Das einstige Prinzip, sie möglichst früh „selbstständig" werden zu lassen, indem man sie weitgehend ihren „natürlichen" Bedürfnissen überließ („antiautoritäre Erziehung"), ist inzwischen z.T. vom Gegenprinzip des *Überbehütens* abgelöst worden. Kinder werden, wie nie zuvor, systematisch vor allen Risiken und „Ablenkungen" möglichst geschützt. Ihre „Spielräume" für eigene Erfahrungen durch Ausprobieren und eigenes Erkunden der Welt engen sich dadurch in kritischem Maße ein. Wenn dabei die verbreitete Leitorientierung die Erwartung von Spitzenleistungen ist, können die Kinder u.U. zu „Gefangenen im eigenen Haus" werden, wo sie vor dem eigenen Computer sitzen und fett und einsam werden (Steinberger 2007, 15). Furedi (2002) spricht von einer „Elternparanoia“: Eltern und Kinder werden zu Geiseln eines „worst-case-Szenarios“, der Absicherung gegen den schlimmsten Fall. Diese Verengung auf die eigene geschützte häusliche Umwelt und ihre Alltagsnormen sowie auf das Sicherheitsprinzip behindert die Entwicklung eines starken Selbst und untergräbt zusammen mit dem Misstrauen gegenüber anderen das Solidaritätsprinzip, und diese Erfahrungen verfestigen sich im Gehirn.

Das Gleiche gilt für Kinder, die in – vom Wohlstand abgehängten – „prekären“ Verhältnissen, d.h. in Armut und Ausgeschlossensein von der Zuwachsgesellschaft leben. Viele von ihnen sind in ihrer Randexistenz nicht nur in ihren Bildungsmöglichkeiten eingeschränkt, sondern wachsen angesichts ihrer beruflichen Aussichtslosigkeiten und der erlebten allgemeinen „Ungerechtigkeit“ in die Mentalität einer normativen Gegenwelt hinein. Was ihnen vorenthalten wird, wären sinnvolle Perspektiven. Als Folge bleiben ihre inneren Bilder dürftig und u.U. kulturfeindlich.

Je mehr sich derartig selektive und verwirrende Einwirkungen verfestigen, desto schwerer, aber auch wichtiger wird die Aufgabe für *Heil- und Sozialpädagogen*, derartigen Entwicklungen entgegenzuwirken: Keine einfache und allgemein anerkannte Aufgabe! Kinder in „prekären“ Lebenssituationen, die tagtäglich erleben, dass es aus ihrer Situation keinen Ausweg gibt und sich daher – auch neuronal verschaltet – darauf eingerichtet haben, in der gegebenen Situation eine eigene innere Balance der Notbewältigung zu finden, verfügen vielfach nicht oder nur spärlich über entsprechende positive innere Bilder, d.h. ihnen zugängliche Einstellungen und Vorstellungen einer besseren Lebensmöglichkeit, um neue Chancen real als sinnvoll für sich wahrzunehmen. Das Neue erscheint ihnen fremd, sinnlos und nutzlos. Es erfolgen keine entsprechenden Aktivierungen im eigenen neuronalen System. Diese Erstarrung wird noch verstärkt, wenn die Menschen von einer allzu sehr verwirrenden Umwelt beeinflusst werden, oder wenn sie den Eindruck haben müssen, dass ihre Probleme unlösbar sind.

Die pädagogische Bedeutsamkeit dieser inneren Bilder kann darin gesehen werden, dass ihre tiefe, evolutionär begründete und bis in vorgeburtliche Prägungen hineinreichende neuronale Verankerung trotzdem auch die Chance enthält, dass sie bei einer nur temporären Verkümmerung durch pädagogische oder therapeutische Einwirkungen wieder belebt werden können. Ohne den Rückgriff auf solche inneren Bilder als natürliche Ressourcen des Menschen wäre eine Bewältigung der anstehenden Zukunftsprobleme nur schwer möglich. In diesen „inneren Bildern“ könne man eine Kraft sehen, die immer schon vorhanden war, eine Kraft, die zusammenführt und stärker ist als alles Trennende (Furedi 93).

Obwohl diese inneren Leitbilder oder Ideen auf neuronalen Verankerungen beruhen und lebendig werden können, wenn sie angeregt werden, sind sie ganz und gar nicht nur ein neuronales Geschehen. Ihre Inhalte reichen über das einzelne Gehirn hinaus, ist dieses doch ein Organ, das *verbindet*, und das dabei gleichzeitig etwas *zwischen den Menschen* hervorbringt, was als *überindividueller Geist* oder als *Idee* energetische Wirkung auf die Einzelnen ausübt und zugleich gemeinsames Glauben, Wünschen und Hoffen und damit *Sinn* fördert und sichert. Es ist ein geradezu natürliches Bedürfnis des Menschen, sich Sinnsystemen oder Wertegemeinschaften anzuschließen, seien sie institutionalisiert, wie im Bereich der Religion, der Kunst, der Literatur, der Erziehung, des sozialen und politischen Lebens, oder offene Ideengemeinschaften in Form des „Geistes" der Humanität oder der menschlichen Solidarität. Es wäre ein menschlicher („geistiger") Verlust, würde „Geist" allein auf *individuelle* neuronal-mentale Zustände reduziert.

IV Perspektiven

1 Pädagogische Gewinne und Chancen durch die Neurowissenschaften

Die neurowissenschaftlichen Erkenntnisse haben – trotz ihrer offensichtlichen Bedeutung auch für das Lernen – innerhalb der Pädagogik ein unterschiedliches und im Ganzen eher spärliches Echo gefunden. Positive Reaktionen beziehen sich vor allem auf das Prinzip Hoffnung, und zwar Hoffnung auf Möglichkeiten eines effektiveren Lernens im schulischen Bereich. „Neuropädagogen" und „Neurodidaktiker", auch die Schulbehörden, sehen eine gewisse Chance, mit Hilfe der differenzierten Erkenntnisse über die Funktionsweise des Gehirns die gegenwärtige Bildungsmisere besser meistern zu können. Die entsprechend erhöhte Nachfrage hat bei manchen Hirnforschern ein verstärktes Interesse für pädagogische Reformen und z.T. ein geradezu missionarisches Sendungsbewusstsein in die Bildungsszene hinein erzeugt. So werden von dieser Seite her zahlreiche Vorschläge zu einer „grundlegenden" Verbesserung der Schulsituation, der Lernerfolge der Kinder und auch zur Neuausrichtung des Erziehungswesens gemacht. Schließlich sei *das Gehirn ein Produkt von Erziehung* (Singer 2003, 97). Es gibt aber auch Grund zur Skepsis, zumal aus den Befunden der Neurobiologie nur sehr allgemeine Folgerungen gezogen werden können (Stern 2004).

Als wichtige und grundlegende Unterstützung des pädagogischen Ansatzes wird in den Rezeptionen vermerkt, dass bei aller Bedeutsamkeit des Wissens um das menschliche Genom die Entwicklung des Kindes eben nicht entscheidend durch die Gene, also durch bloße Vererbung festgelegt wird. Erst durch die Interaktion mit der Umwelt, also vor allem der Kultur, erhalten diese auf dem Weg über das Gehirn ihre Ausprägung. Erziehung und Sozialisation sind also nach wie vor entscheidende Größen, von denen es abhängt, wie sich das „soziale Gehirn" und sein Lernen entwickelt.

Als Gewinn lässt sich auch verbuchen, dass durch die neurobiologischen Erkenntnisse das fachliche pädagogische Wissen über wichtige Lernbedingungen erweitert wird, so dass Lernchancen und Lernhindernisse und damit auch die Kinder und Jugendlichen besser erklärt und verstanden werden können. Generell werden durch die Entdeckung der lebenslang anhaltenden *Plastizität* des Gehirns und der Neubildung von Neuronen die Chancen für Bildung, Heilpädagogik und Therapie *bestätigt*.

Grundlegend wichtig für eine Verbesserung der Entwicklungs- und Lernchancen sind die naturwissenschaftlichen Belege für die besondere

Bedeutung des *frühen Lernens.* Diese war zwar bisher schon allgemein bekannt, ist aber außerhalb der Fachszene noch nicht ausreichend beachtet worden.

Die generelle *Bedeutung des neuen Wissens* sei hier noch einmal zusammengestellt. Sie bezieht sich im Einzelnen auf

- die lebenslange Lernfähigkeit und damit auch auf die Umlernfähigkeit,
- die Einsicht, dass Lernchancen des Gehirns verloren gehen, wenn die entsprechenden Nervenzellen nicht beansprucht werden
- die Einsicht, dass Lernen jeweils in sehr hohem Maße auf dem bereits Gelernten aufbaut, und durch ständig neue Reize eher gestört wird,
- die Bedeutung der Eigenmotivation des Lernens gegenüber einem Lernen aus Angst oder unter Druck und Stress,
- die Bedeutung emotional angenehmer Lernsituationen und episodenhaften Lernens im Unterschied zu formal kanalisierten und unpersönlichen Lernanforderungen,
- die Bedeutung der Beziehungen als Voraussetzung für Lernen und gelingende Erziehung,
- die Einsicht, dass man durch eigenes Tun mehr lernt als durch bloßes Zuhören oder Zuschauen (learning by doing),
- die Bedeutung des Einübens gegenüber bloßem Belehren und Instruieren,
- die wesentlich größere Vorbildwirkung durch in vivo erlebte Personen als durch bloß virtuelle, in Medien vermittelte Personen (Authentizität der Pädagogen),
- die Wichtigkeit, die Außeneinflüsse zu strukturieren, und nicht das Kind seiner zufälligen Umwelt und damit Überforderungen zu überlassen,
- die besondere Beachtung der Lernindividualität jedes Kindes (jedes Gehirn ist anders!),
- die Bedeutung passender Schulumwelten und der Möglichkeit, diese wählen und mitbestimmen zu können, gegenüber einer starren amtlichen Vorgabe, etwa in Bezug auf gleichgerichtete Lehrpläne,
- die Chance, in Fällen von Lern- und Verhaltensschwierigkeiten durch eine spezielle Diagnostik und Beratung differenzierter helfen zu können u.a.m.

Angesichts der Schwerbeweglichkeit der öffentlichen und staatlichen Systeme im Bereich von Erziehung und Bildung in Deutschland wäre zu hoffen, dass die relativ harten wissenschaftlichen Fakten ein Stück dazu beitragen könnten, dass mehr Bewegung in die pädagogische Szene kommt. Die neurobiologischen Thesen sind wichtige empirische Belege für bisheriges psychologisches und pädagogisches Beobachtungs- und Erfahrungswissen, dem bisher zu wenig Geltung beschieden war, weil es vielfach „nur“

auf pädagogisch-psychologischen Beobachtungen beruhte. Darüber hinaus kann die Hirnforschung differenziert aufzeigen, welche Erziehungs- und Lernbedingungen kritisch zu sehen sind, wie sehr z.B. unsichere emotionale Bindungen, unverbindliche pädagogische Führung, Dauer-Fernsehen, Angst und Stress, Über- und Unterforderungen hemmend auf die Hirnentwicklung und damit auf das Verhalten und Lernen einwirken.

Mit dem Aufweisen der *natürlichen Grundlagen* der menschlichen Entwicklung und der *Erziehung* kann auch einseitigen und indifferentistischen Trends (*anything goes*) entgegengewirkt werden. Es wächst die Einsicht, dass *Erziehung keine bloße Privatsache* ist, die eine Gesellschaft der Beliebigkeit überlassen könnte. Wenn die neurobiologischen Erkenntnisse auf Seiten der Erziehungswissenschaft dort weniger Beachtung finden, wo es um *Erziehung* und *Verhaltenssteuerung* geht, so dürfte diese Zurückhaltung im Wesentlichen folgende *Gründe* haben: Zum einen bewegen sich die Ableitungen der Hirnforschung, die sich als Grundlagenforschung versteht, in einer mehr akademischen Sphäre, die mit der Realität von Erziehung noch wenig zu tun hat. Sie weist zudem in den sprachlichen Formulierungen ihrer Befunde Thesen und Begriffe auf, die im Widerspruch zum pädagogischen Grundverständnis stehen. Wenn zu lesen ist, wir sollten aufhören, von Freiheit zu sprechen, so ist dies schlechthin nicht nachvollziehbar. Ein Zugang bleibt jedenfalls erschwert, auch wenn seitens der Hirnforscher ausdrücklich betont wird, wie wichtig Erziehung sei, und dass es ein Missverständnis sei zu meinen, an der Praxis der Erziehung sollte sich Grundlegendes ändern.

Ein zweiter Grund für die Zurückhaltung der Erziehungswissenschaft in Fragen erzieherischer Konsequenzen aus der Hirnforschung kann darin gesehen werden, dass sich die Erziehungswissenschaft an sich mit dem Thema *Erziehung* schwer tut und es eigentlich vernachlässigt (Winkler 1995). Das hat nicht nur mit dem allgemeinen Verlust einer einheitlichen normativen Werteordnung zu tun, sondern vor allem mit einem Gesichtspunkt, der gerade durch die Hirnforschung deutlich geworden ist, und der generell jegliche wissenschaftliche Erforschung erschwert: Erziehung ist ein Vorgang zwischen sich selbst bestimmenden Personen. Sie ist also weithin von subjektiven Normen und Zielvorstellungen bestimmt und wenig objektivierbar. Jeder Erziehende folgt in seinem Denken und Handeln primär seinen individuellen Erfahrungen und Lebensmustern, wie sie in seinem Gehirn gespeichert sind. Jede Mutter hat *ihre* und jeder Vater hat *seine* Vorstellungen, wie sie ihre Kinder erziehen wollen. Jeder Mensch hat seine Welt und seine Werte in sich aufgebaut (konstruiert). Von dieser subjektiven Position her deutet und bewertet er sich und seine Umwelt und setzt dementsprechend seine erzieherischen Akzente und Ziele. Das Gleiche gilt auch für den zu Erziehenden. Das Kind wird weithin von seinen individuellen Erfahrungen (auf der Basis seiner Gene) geprägt, zumal von seinen

Eltern als Erziehungssubjekten, so dass es sich und die Welt nur mittels seiner Erfahrungen (und der entsprechenden Hirnprägung) sehen und bewerten kann. Dieser gesellschaftlich und subjektiv bedingten Komplexität oder Chaotik entspricht „das Sammelsurium von Ratgebern im Bereich der Pädagogik“, das u.a. auch von empirisch arbeitenden Psychologen erzeugt wird (Roth 2007, 13).

Die Schwierigkeit liegt in der wissenschaftlichen Objektivierbarkeit erzieherischer Prozesse. Die Hirnforscher nehmen für sich in Anspruch, Klärung in das Problem der komplex bedingten pädagogischen Handlungssteuerung bringen zu können. Ihr Beitrag dazu kann u.a. darin gesehen werden, dass durch sie der Unterschied zwischen dem wissenschaftlich *Objektivierbaren*, also dem, was sich durch externe Beobachtung und Messung bestimmen lässt, und dem, was die *subjektive* Komponente ausmacht, deutlich wird. Dementsprechend richtet sich das pädagogische Interesse an der Hirnforschung nicht nur auf Prozesse im Gehirn des Kindes, die für sein *Lernen* wichtig sind, sondern auch auf die *Erwachsenen*, denen Erziehung aufgegeben ist, und die dabei auf ihr ganz persönliches Gehirn angewiesen sind.

Die Erziehungswissenschaft hat sich daher immer schon mehr auf den *Schulbereich* und die pädagogischen *Institutionen* konzentriert. Die normative Erziehung oder „Charakterbildung“, wie man früher sagte, ist dabei als Thema eher in den Hintergrund getreten. Wie groß die Zurückhaltung der *offiziellen* pädagogischen Szene in Sachen *Erziehung* heute ist, geht u.a. aus dem letzten, dem 12. Kinder- und Jugendbericht der Bundesregierung (2006) hervor. Er ist thematisch nach drei fundamentalen Begriffen gegliedert, nach *Erziehung*, *Bildung* und *Betreuung*. Der Hauptakzent liegt eindeutig auf Bildung, also Schulbildung. An zweiter Stelle rangiert die sozialpädagogische Betreuung, nicht zuletzt als Unterstützung des Bildungssystems, während *zur Erziehung nahezu nichts ausgesagt wird.*

Trotzdem wird ihr heute von vielen Seiten her hohe Priorität zugesprochen. Daraus kann geschlossen werden, dass für eine Verbesserung der Erziehungssituation nicht nur ein differenzierteres Wissen um unser zentrales Organ, das Gehirn, wichtig wäre, sondern auch das Bemühen um mehr normativen Konsens und pädagogische Gemeinsamkeiten; subjektiv oder lediglich eigenwillig geprägte Erziehung wäre unzulänglich.

In diesem Zusammenhang dürfte es von Interesse sein aufzuzeigen, dass die neuen Erkenntnisse, die innerhalb der Neurobiologie als revolutionär gelten, für die Pädagogik zum großen Teil als alter Bestand gelten, und nun als willkommene Bestätigungen anzusehen sind.

Beispielhaft verwiesen sei u.a. auf *Heinrich Pestalozzi* (1746–1827), der eine Pädagogik „mit Kopf, Herz und Hand“ lehrte, der sich immer wieder auf die natürlichen Grundlagen aller Erziehung berief, auf die „hohe Natur“, auf der „die Kunst“ der Erziehung wie auf einem „ewig stehenden

Felsen" unerschütterlich ruhe, solange sie mit ihm innigst verbunden sei. Er wehrte sich gegen jegliches „Antreiben" im Unterricht und verwarf Methoden, „wo irgendeine bestimmte Übung nicht, wie von selbst und ohne Anstrengung, aus dem herausfällt, was das Kind schon weiß" (!) (1947, 45). Pestalozzi wandte sich gegen Verfrühungen und Überforderungen des Lernens und forderte, dass man warten sollte, bis die Kinder „jeden Gegenstand von allen Seiten und unter vielen Umständen ins Auge gefasst und mit den Worten, die das Wesen und die Eigenschaften derselben bezeichnen, unbedingt bekannt seien" (39).

Teile der neuen Thesen der Hirnforschung lassen sich u.a. auch bei *Maria Montessori* finden: Die Bedeutung der Eigenaktivität, der sensiblen Phasen, der intrinsischen Motivation, des Selbstsuchens der Kinder nach passenden Lerngegenständen, der Strukturierung, Ordnung und vorbereiteten Umgebung (Klein 2005). Die Parallelitäten zwischen der Montessori-Pädagogik und der Hirnforschung seien so deutlich, dass der Eindruck entstanden sei, deren Thesen seien „eher bei Montessori gefunden als aus den Ergebnissen der Gehirnforschung abgeleitet" (8).

So sehr es zu begrüßen ist, dass die Hirnforschung mit ihren empirischen Bestätigungen bekannte pädagogische Forderungen unterstützen kann, so wäre es doch überzogen, von diesen Erkenntnissen pädagogische Wunderdinge zu erwarten; wer eine direkte Umsetzung der neurobiologischen Thesen vor allem durch eine neue, eine hirngerechte Pädagogik erwartet, dürfte enttäuscht werden.

Die Gründe für diese Skepsis sind u.a. folgende:

- Lehren und Lernen lassen sich nicht auf Hirnfunktionen reduzieren. Neurobiologen kennen oft die Wirklichkeit der Schule heute nicht bzw. nur aus der eigenen Schüler-Erfahrung. Das Wissen um die neuronalen Vorgänge im Hippocampus und um die Bedeutung des limbischen Systems helfe den Lehrern bei ihren Klassenzimmerproblemen heute wenig (E. Stern, in: Die Zeit 2004, Nr. 40).
- Das neurobiologische Wissen geht nicht über die bisherigen Erkenntnisse der Lehr-Lern-Forschung hinaus. „Wir brauchen keine großen neuen Theorien; die haben wir schon" (Stern 2004). Bis jetzt gebe es keine Ergebnisse von Seiten der Hirnforschung, die uns zwingen würden, die Unterrichtsforschung anders zu sehen. Die Hirnforschung sei keine Grundlagenwissenschaft des Lernens.
- Die bis zur Formulierung von Rezepten reichenden Vorschläge von Seiten der Hirnforschung sind zu allgemein, so dass einer willkürlichen und damit schädlichen Umsetzung Tür und Tor geöffnet sind.
- Eine Neurodidaktik bleibt unzulänglich, da die Hirnforschung nichts über die *Inhalte* des Lernens sagen kann, die im Gehirn verarbeitet werden.

- Die Lern- und Erziehungsbedingungen heute sind zu komplex und insgesamt schwierig geworden, als dass Unterricht wie ein Uhrwerk funktionieren könnte. Die Vorstellungen mancher Hirnforscher, die *Lehrer* müssten „attraktiver" sein, besser ausgebildet werden und brauchten nur alle bekannten pädagogischen und neurobiologischen Prinzipien zu beachten, damit der Unterricht erfolgreich sei, entbehren einer differenzierten Kenntnis der Schulsituation heute. Das Gleiche gilt für den Vorwurf, man versäume es in deutschen Schulen generell, die Kinder so zu unterrichten, dass sie sich selbstbestimmt motivieren. Wie die aus gesellschaftlichen Gründen sehr kompliziert gewordene Lernumgebung sinnvoll zu gestalten sei, darüber kann die Hirnforschung aus ihren Befunden nichts ableiten.
- In *heilpädagogischer Hinsicht* können von der Weiterentwicklung der hirnphysiologischen Forschungen gewisse Verbesserungen der *Diagnostik* in Bezug auf spezifische Erkrankungen oder Störungen des Gehirns, wie z.B. den Autismus (Dalferth 2007; Gyseler 2007), und konkreter *technisch-therapeutischer Hilfen* erwartet werden. Den Auftakt hatte das *Cochlea-Implantat* bei gehörlosen Kindern gebildet. Erfolg verheißende Versuche laufen gegenwärtig zur Ermöglichung des *Sehens* bei bestimmten Arten der Erblindung. In Bezug auf die Anwendung von *Psychopharmaka* erwarten sich Eltern, Kinder- und Jugendpsychiater eine Erleichterung der Erziehung und des Lernens bei ihren Kindern und Jugendlichen mit spezifischen, d.h. medizinisch indizierten Verhaltensproblemen. Dies setzt aber zumindest voraus, dass sich die bedenklichen Nebenwirkungen dieser neurochemischen Behandlungen möglichst ausschalten lassen. Insgesamt ist von einer bloßen Symptombehandlung nicht die Lösung der gegenwärtigen Erziehungsprobleme zu erwarten.

Die *Schwierigkeiten der Umsetzung* neurowissenschaftlicher Grundlagenforschung in die Lebens- und Erziehungspraxis liegen vor allem auch im gegenwärtigen Zustand der *Gesellschaft*. Diese ist zum einen nach der individualistischen Wende und unter dem gestiegenen wirtschaftlichen Druck nach wie vor noch auf der Suche nach neuen, tragfähigen normativen Ordnungen. Zum anderen stellen die bisher vorliegenden neuen Erkenntnisse der Hirnforschung noch keine praktikable Erweiterung der heilpädagogischen Hilfen für Kinder und Jugendliche mit Erschwerungen des Lernens und der Erziehung dar. Im Gegenteil, die Thesen von der Illusion eines Selbst und einer Willensfreiheit führen gegenwärtig eher zu Verwirrungen und Verunsicherungen und können Missdeutungen auslösen. Was Heilpädagogen und Psychotherapeuten vor allem brauchen, sind Erkenntnisse mit praktikablen Umsetzungsmöglichkeiten, die in den weithin normativ chaotisch gewordenen Lebenswelten der Kinder und Jugendlichen wirklich hilfreich sein können. Diese aber hat die Hirnforschung bislang nicht anzubieten. Sie ist *Grundlagenforschung* und als solche kann sie im Wesentlichen nur beschreiben und erklären, was generell im Gehirn vor sich geht, und wie sich bestimmte Lern- und Sozialeinflüsse auf die Gehirne auswirken.

Wünschenswert wäre es, dass auf die bisherige Grundlagenforschung nun *anwendungsbezogene Forschung* im Bereich spezifischer Entwicklungsstörungen und psychischer Erkrankungen folgte. Aufschlussreich wären u.a. Untersuchungen zum kausalen Zusammenhang zwischen bestimmten Belastungen durch die Lebenswelt (Überforderung, Medienkonsum, moralische Verarmung u.a.), individuellen Persönlichkeitsvariablen und heilpädagogisch-therapeutischen Maßnahmen einerseits und der Entstehung erkennbarer Fehlentwicklungen des Gehirns bzw. individuellen Chancen für spezifisches Umlernen andererseits. Jedes Kind und jedes Gehirn ist anders.

2 Notwendigkeit interdisziplinärer Klärungen

Die neuen Befunde der Hirnforschung sind noch jung und zu wenig mit anderen Disziplinen abgeklärt, als dass sie sofort auf allgemeine Zustimmung stießen und umgesetzt werden könnten. Sie haben fachlich gewisse Unklarheiten und Verwirrungen und damit viele Fragen ausgelöst. Der Grund dürfte vor allem in der *sprachlichen Formulierung* der Interpretationen und in der Verwendung von Begriffen liegen, die ihre bisherige Geltung aus anderen Wissenschaften bezogen. Die Folge ist die, dass sich Nicht-Neurobiologen mit den Begriffsinhalten der neurobiologischen Thesen nicht recht anfreunden können, auch wenn sie deren naturwissenschaftlichen Befunde zu respektieren bereit sind. Die notwendige interdisziplinäre Auseinandersetzung hat sich weithin zu einem Streit um Wörter und Begriffe entwickelt. Wenn wissenschaftlich und kulturell zentrale und an sich nicht auswechselbare Begriffe, wie Freiheit, freier Wille, Verantwortung u.a., zu Fiktionen erklärt werden, verlieren sie ihren Wert, auch wenn von Seiten der Hirnforschung versichert wird, dass man eine derartige Entwertung überhaupt nicht im Sinn habe.

Umso notwendiger wäre das *interdisziplinäre Gespräch*. Es könnte und müsste dazu beitragen, dass eingefahrene und unverzichtbare Begriffe nicht uminterpretiert und in andere begriffliche Zusammenhänge transportiert und damit entfremdet werden. Es könnte dabei deutlich werden, dass eine Diskussion, die sich allein auf das Gehirn konzentriert, eine Verkürzung der Wirklichkeit des Menschen nach sich zieht, und dass die neurowissenschaftlichen Erkenntnisse erst dann auch für andere Wissenschaften interessant werden, wenn deren Forschungsfelder und Wirklichkeitssichten angemessen beachtet werden und der Mensch in seiner Ganzheit und nicht nur von seinem Gehirn her betrachtet wird.

Von der *Erziehungswissenschaft* ist zu erwarten, dass sie ihr anthropologisches Wissen um die neuen neurobiologischen Erkenntnisse erweitert, um sie auch in die Praxis übersetzen zu können. Sie wird u.a. zu beachten haben, dass die biologischen Grundlagen der Erziehung in größerem Umfang und real wirksamer sind, als bisher angenommen, dass die daraus zu ziehenden pädagogischen Folgerungen keine Auflösung der abendländischen Grundlagen von Erziehung bedeuten, sondern wichtig sind, wenn es darum geht, pädagogische Prozesse und Situationen heute adäquater zu beurteilen und Kinder und Jugendliche ihrer individuellen biologischen

Verfasstheit entsprechend zu behandeln, sie nicht zu überfordern und ihnen nicht Unrecht zu tun, wenn ihnen ein Verhalten abverlangt wird, das sie auf Grund ihrer neuronalen Verfasstheit nicht leisten können. Diese Einsichten sind von mehr genereller Bedeutung und sind vor allem auf die Grundhaltungen und Einstellungen der Pädagogen zu beziehen. Schwierig bleibt die Frage, individuelle Konsequenzen für das einzelne Kind zu ziehen, also diagnostisch genauer zu belegen, welche neuronalen Konstellationen für sein Verhalten maßgebend sind. Die Vorstellung von einem „gläsernen Schüler" wäre eine Utopie. Im heilpädagogischen Bereich aber wäre eine Unterstützung bei erheblichen Erziehungsschwierigkeiten durch eine neurologische Diagnostik sehr zu wünschen.

Die von den Neurowissenschaftlern in Aussicht gestellte Chance, ihre Befunde könnten zu mehr Humanität, Toleranz, Bescheidenheit und Achtung beitragen, müsste sich als Illusion erweisen,

- wenn das Subjekt nur eine Scheinbedeutung hätte,
- wenn das Biologische, insbesondere chemo-physikalische Eingriffe in den Organismus, für die Lösung pädagogischer Probleme bestimmend würden,
- wenn die lebensweltlichen Bedingungen für Erziehungsprobleme unterbewertet würden,
- wenn sich eine Mentalität durchsetzte, wonach die Änderung menschlichen Verhaltens so gut wie aussichtslos sei, da alles Verhalten naturgesetzlich determiniert sei,
- wenn die Achtung der Würde jedes Menschen durch die individuelle Bewertung der biologischen Kompetenzen des Anderen ersetzt und damit zum Mythos würde.

Für eine Verständigung über Grundfragen der Erziehung wird es sehr darauf ankommen, dass die einzelnen Wissenschaften, hier vor allem die Neuro- und Biowissenschaften, ihre Befunde mehr aus dem interdisziplinären Gespräch heraus weiterentwickeln, und dass die Erziehungswissenschaft sich in dieses Gespräch mehr einschaltet. So könnten irreführende oder verwirrende Formulierungen und Schlussfolgerungen vermieden bzw. ausgeschaltet werden. Wenn nicht der Mensch, sondern das Gehirn, genauer gesagt, das Frontalhirn, als Adressat von Erziehung benannt wird, wenn als Ziel *pädagogischen* Handelns die „Herausbildung komplexer Verschaltungen im kindlichen Gehirn" (Hüther, zit.b. Becker 2006, 213) empfohlen wird, und wenn übereifrige Pädagogen diesen Faden aufnehmen und etwa von „Synapsenpflege" reden oder davon, dass es das Gehirn sei, das auf der Suche nach neuen Erfahrungen und Neu-Erlernbarem sei, um sich über Erfolgserlebnisse „chemisch" belohnen zu lassen, so wird die Handlungs- und Reflexionsebene des Pädagogischen verlassen.

Folgende *Positionen* sind aus pädagogischer Sicht als grundlegend wichtig in das interdisziplinäre Gespräch einzubringen:

- *Selbstbewusstsein*: Was als *Ich oder Selbst* real erfahren wird, hat eine zentrale Bedeutung für jegliche Erziehung, die nicht neutralisiert werden darf, wenn Erziehung zur Selbstbestimmung gelingen soll. Erziehung spielt sich weithin in der Perspektive der ersten Person ab und ist nur bedingt objektivierbar. Die Ungewissheit des gegenseitigen Verstehens ist Ausdruck der Eigenheit der Person und bedingt zugleich die Achtung vor dem Anderen. Der Andere ist mir letztlich nicht voll zugänglich, und das ist gut so. Der Bereich des Konsensuellen auf der Ebene der dritten Person ist begrenzt. Die Stärkung des Selbstgefühls und die Anbahnung der Selbstbestimmung sind im Besonderen bei Menschen mit Behinderungen eine fundamentale Aufgabe.
- *Menschenwürde*: Bei aller wissenschaftlichen Relevanz von Versuchen, Ähnlichkeiten des Menschen mit den Tieren aufzudecken, ist das, was nach allgemeinem Verständnis die *Würde des Menschen* als des evolutionär herausgehobenen Lebewesens ausmacht, unbedingt zu behaupten, wenn Menschlichkeit erhalten bleiben soll. Sie beruht u.a. auf seiner autonomen, d.h. von seiner Vernunft gesteuerten Moralität, durch die er Zweck an sich sein kann. „Autonomie ist also der Grund der Würde der menschlichen und jeder vernünftigen Natur“ (Kant 1977, Bd. VII, 69). Die *Achtung der Würde jedes Menschen* stellt eine unverzichtbare Grundlage menschlichen Zusammenlebens dar. Deren Bedeutung wird im Besonderen bei der Erziehung von *Menschen mit Behinderungen* oder *sozialen Benachteiligungen* erkennbar, für die Selbstbestimmung einen unaufgebbaren Wert darstellt, seien sie noch so schwer behindert. Das sozialdarwinistische Kriterium der Überlegenheit der Starken und der Abwertung und Exklusion der Schwachen sollte eigentlich nicht mehr diskutabel sein.
- *Menschenbild*: Die widersprüchliche Position, die von Seiten der Hirnforscher zur Frage nach dem zukünftigen *Menschenbild* vertreten wird, ist zu klären. Deren Sprache erzeugt bislang eher verwirrende Bilder. In Aussicht gestellt wird ein revolutionierend neues Menschenbild, das den Menschen primär unter naturalistischen Vorzeichen, also als primär biologisch determiniert und abhängig zeichnet und ihn dadurch in seiner Bedeutung als bewusster und verantwortlicher Gestalter seines Lebens in seiner Lebenswelt herabsetzt. Die möglichen Auswirkungen einer solchen Verschiebung des kulturgeschichtlich geprägten Menschenbildes bleiben undiskutiert bzw. werden als überzogen zurückgewiesen, ebenso Warnungen, diese naturalistische Betrachtungsweise könnte zu einer dominanten *Funktionabilität* des Menschen führen.

In der dringend nötigen interdisziplinären Diskussion müsste klar werden, dass Selbstbewusstsein und Selbstbestimmung für den Menschen keine Irrealitäten und *keine* Epiphänomene sind, und dass in einem Menschenbild, in dem an Stelle des subjektiv und geistig freien, d.h. sich selbst bestimmenden Menschen Objektivierbarkeit, Planbarkeit und Machbarkeit gesetzt würden, Gefahren für die Menschlichkeit zu sehen sind. Diese werden zwar (zum Teil) auch von neurobiologischer Seite gesehen, aber, wie es scheint, als weniger wichtig angesehen. Es kann für das Menschenbild nicht ohne Bedeutung sein, ob die Determiniertheit des Verhaltens, das Berechenbare und das Prognostizierbare, bestimmend werden, und das Ungewisse, das Unberührbare, das unauswechselbar Eigene, die unplanbare (freie) Begegnung mit dem Anderen, das Unergründliche, das Geheimnisvolle, zugunsten determinierender Naturgesetze obsolet werden. Die eigene Identität wird allemal verunsichert, wenn das Subjekt, die erste Person, weniger wichtig wird. Die Personalität würde entwertet, wenn der Einzelne sich als das Funktionieren seiner Neuronen zu verstehen hätte. Dem Machen und Manipulieren würde der Weg geebnet. Der Mensch würde nach dem Funktionieren seiner Organismen bewertet; aus psycho-sozialen Problemen würden Psychopathologien. Das Abweichende würde primär Angelegenheit der Medizin oder des Strafrechts. Die probate Methode würde die psychopharmakologische Behandlung.

- *Sinn und Werte*: Neu stellt sich die Frage nach Lebenssinn, den *Lebenswerten* und nach dem, was der Einzelne „eigentlich tun sollte" („ought"). Woran soll dieses abgelesen werden? Woran soll man sich orientieren? Am Natürlichen als dem Normalen, am situativ Gewünschten, am Maximum an Funktionabilität, etwa im Sinne eines maschinenhaften Funktionierens? Die naturalistische Sichtweise gibt hier keine hinreichenden Auskünfte. Die Natur mache nur Vorschläge, formulierte es einmal H. Markl, ein Naturwissenschaftler. Im Gehirn läuft zwar der Bewertungsprozess ab, der einer moralischen Entscheidung vorausgeht. Deren normativen Inhalte aber stammen nicht aus den neuronalen Systemen, sondern aus den Interaktionen mit der Umwelt, d.h. aus der *Kultur* mit ihren Wertsystemen. Diese zu reflektieren ist pädagogisch unverzichtbar. Das einzelne Selbst mit seinem Gehirn wäre zu wenig. Wenn aber Wertsysteme einen Sinn haben sollen, so müssen von ihnen auch Wirkungen auf das moralische Subjekt ausgehen. Sie müssen determinieren können!

Moral oder die Bindung an vernünftige Normen zum Wohle der Menschen und ihres Zusammenlebens ist das Resultat eines dauernden Verständigungsprozesses, der notwendig ist, weil jeder durch sein erfahrungsabhängiges Gehirn nur eine eigene Sicht der Welt und seiner Stellung darin hat. Das gattungstypische Verhalten muss sich der Mensch – im Unterschied zum Tier – *selbst* erarbeiten und zwar im *Miteinander* des Reflektierens und Handelns. Die neurobiologische Sicht auf das Gehirn bedarf nach wie vor der sozialwissenschaftlichen Ergänzung. Das Gehirn ist nicht der Determinator für Wachstum und Reifung schlechthin. Selbstbestimmung und Kooperation auf der Basis gegenseitiger *Achtung* lassen sich nicht auf neuronale Funktionen reduzieren, wie sich auch umgekehrt soziale Beziehungen nicht ohne eine natürliche biologische Basis erklären und gestalten lassen. Im Grunde hat die Hirnforschung indirekt deutlich gemacht, dass es gerade das Soziale und damit auch das Erzieherische ist, von dem es abhängig ist, wie weit Leben gelingt. Das dazu nötige Gehirn ist nicht ein Apparat, der mich steuert und neben mir agiert, sondern es ist „mein" Gehirn, mit dem ich als Person eine Ganzheit bilde; diese aber wird erst durch die Achtung vor der Freiheit und Selbstbestimmung des Anderen bei der Verwirklichung von Moralität zum vollen und gelingenden Leben.

Literatur

Arndt, O. (2007): Der Krieg um die Köpfe. Süddeutsche Zeitung v. 18.06.2007, 13

Bauer, J. (2006a): Warum ich fühle, was du fühlst. Intuitive Kommunikation und das Geheimnis der Spiegelneurone. München

– (2006b): Prinzip Menschlichkeit. Warum wir von Natur aus kooperieren. Hamburg

Becker, G. S. (1999): Der ökonomische Ansatz zur Erklärung menschlichen Verhaltens. Tübingen

Becker, N. (2006): Die neurowissenschaftliche Herausforderung der Pädagogik. Bad Heilbrunn

Bennett, M. R., Hacker, P. M. S. (2006): Philosophie und Neurowissenschaften. In: D. Sturma (Hrsg.), 20–42

Birbaumer, N. (2004): Hirnforscher als Psychoanalytiker. In: Ch. Geyer (Hrsg.), 27–29

– (2006): Der biopsychologische Wissenszuwachs wird die Frage nach der Indikation und Prognose von Psychotherapie revolutionieren. Verhaltenstherapie16, 139–140

Blech, J., Bredow, R. v. (2007): Die Grammatik des Guten. Der SPIEGEL, Nr. 31 v. 30.07.07, 108–116

Bowlby, J. (1935/2005): Frühe Bindung und kindliche Entwicklung.5. Aufl. München/Basel

Buchheim, Th. (2004): Wer kann, der kann auch anders. In: Ch. Geyer (Hrsg.), 158–165

Bundesministerium für Familie, Senioren, Frauen und Jugend (Hrsg.) (2006): Zwölfter Kinder- und Jugendbericht. Bericht über die Lebenssituation junger Menschen und die Leistungen der Kinder- und Jugendhilfe in Deutschland. Berlin

Castel, R. (2005): Die Stärkung des Sozialen. Leben im neuen Wohlfahrtsstaat. Hamburg

Chalmers, D. J. (2004): Das Rätsel des bewussten Erlebens. Spektrum der Wissenschaft, H. 4, 12–19

Conniff, R. (2006): Wie tierische Verhaltensmuster unseren Büroalltag bestimmen. Frankfurt a.M.

Cramer, F. (1993): Chaos und Ordnung. Die komplexe Struktur des Lebendigen. Frankfurt a.M./Leipzig

Dalferth, M. (2007): Spiegelneuronen und Autismus. Geistige Behinderung, H. 3, 215–231

Damasio, A. R. (2006): Der Spinoza-Effekt. Wie Gefühle unser Leben bestimmen.3. Aufl. Berlin

Darwin, Ch. (1859/2004): Die Entstehung der Arten durch natürliche Zuchtwahl. Hamburg

– (1871/2002): Die Abstammung des Menschen. Stuttgart

Dawkins, R. (2004): Das egoistische Gen. 6. Aufl. Reinbek

Dennett, D. C. (1994): Philosophie des menschlichen Bewusstseins. Hamburg

– (2007): Süße Träume. Die Erforschung des Bewusstseins und der Schlaf der Philosophie. Frankfurt a.M.

Descartes, R. (1989): Ausgewählte Schriften. Frankfurt a.M.

Eccles, J. C. (1982): Das Rätsel Mensch. Gifford Lectures 1977–1978 Universität Edinburgh. München

Edelstein, W., Nunner-Winkler, G., Noam, G. (Hrsg.)(1993): Moral und Person. Frankfurt a.M.

Ehlert, B. (2002): Ein Plädoyer für moralische Verantwortung und Willensfreiheit. In: Marburger Forum. Beiträge zur geistigen Situation der Gegenwart. Jg. 3, Heft 6. http://www.philosophia-online.de/mafo/heft2002-06/Willensfreiheit.htm (letzter Zugriff 16.10.2008)

Enzensberger, H. M. (2007): Im Irrgarten der Intelligenz. Ein Idiotenführer. Frankfurt a.M.

Fukuyama, F. (2002): Das Ende des Menschen. Stuttgart / München

Furedi, F. (2002): Die Elternparanoia. Warum Kinder mutige Eltern brauchen. Frankfurt a.M.

Geyer, Ch. (Hrsg.) (2004): Hirnforschung und Willensfreiheit. Zur Deutung der neuesten Experimente. Frankfurt a.M.

Gierer, A. (2005): Biologie, Menschenbild und die knappe Ressource Gemeinsinn. Würzburg

Giesinger, J. (2006): Erziehung der Gehirne? Willensfreiheit, Hirnforschung und Pädagogik. Zeitschrift für Erziehungswissenschaft, H. 1, 97–109

Görres, A., Rahner, K. (1984): Das Böse. Wege zu seiner Bewältigung in Psychotherapie und Christentum. 4. Aufl. Freiburg / Basel / Wien

Goller, H. (2005): Sind wir bloß ein Opfer unseres Gehirns? Stimmen der Zeit, H. 7, 446–458

Goschke, Th., Walter, H. (2005): Bewusstsein und Willensfreiheit – philosophische und empirische Anmerkungen. In: Ch. S. Herrmann, M. Pauen, J. W. Rieger, S. Schicktanz (Hrsg.), 81–119

Gould, S. J. (1994): Der falsch vermessene Mensch. Frankfurt a.M., 2. Aufl.

Grossmann, K., Grossmann, K. E. (2004): Bindung. Das Gefüge psychischer Sicherheit. Stuttgart

Gyseler, D. (2007): Sonderpädagogik und die Neurowissenschaften: Das Beispiel Autismus. Vierteljahresschrift für Heilpädagogik (VHN) 76, 102–113

Habermas, J. (2005): Zwischen Naturalismus und Religion. Philosophische Aufsätze. Frankfurt a.M.

Haggard, P., Eimer, M. (1999): On the relation between brain potentials and the awareness of voluntary movements. Experimental Brain Research 126, 128–133

Hamprecht, B. (2001): Der Dualismus von Willensfreiheit und Determiniertheit menschlichen Handelns. http://www.chemie.fu-berlin.de/fb/diverse/hamprecht010131.html (letzter Zugriff 16.10.2008)

Hauser, M. (2006): Moral Minds. How Nature Designed our Universal Sense of Right and Wrong. New York

Heisenberg, W. (1976): Der Teil und das Ganze. Gespräche im Umkreis der Atomphysik. 3. Aufl. München

Helmrich, H. (2004): Wir können auch anders: Kritik der Libet-Versuche. In: Ch. Geyer (Hrsg.), 92–97

Herder, J. G. (1784 – 1791 / 1985): Ideen zur Philosophie der Geschichte der Menschheit. Wiesbaden

Herrmann, Ch. S., Pauen, M., Rieger, J. W., Schicktanz, S. (Hrsg.) (2005): Bewusstsein. Philosophie, Neurowissenschaften, Ethik. München

Herrmann, U. (2004): Gehirnforschung und die Pädagogik des Lehrens und Lernens: Auf dem Weg zu einer „Neurodidaktik"? Zeitschrift für Pädagogik, H. 4, 471 – 474

Herschkowitz, N. (2007): Was stimmt? Das Gehirn. Die wichtigsten Antworten. Freiburg / Basel / Wien

Herzog, W. (1991): Das moralische Subjekt. Pädagogische Intuition und psychologische Theorie. Göttingen / Toronto

Höffe, O. (2004): Der entlarvte Ruck. Was sagt Kant den Gehirnforschern? In: Ch. Geyer (Hrsg.), 177–182

– (2007): Lebenskunst und Moral, oder macht Tugend glücklich? München

Hüther, G. (2003): Die Evolution der Liebe. Was Darwin bereits ahnte und die Darwinisten nicht wahrhaben wollen. 3. Aufl. Göttingen

– (2006): Die Macht der inneren Bilder. Wie Visionen das Gehirn, den Menschen und die Welt verändern. Göttingen

Illies, Ch. (2006): Philosophische Anthropologie im biologischen Zeitalter. Zur Konvergenz von Moral und Natur. Frankfurt a.M.

Ingensiep, H. W. (2005): Der Primat der Vernunft? Historische und konzeptionelle Anmerkungen zum Unterscheidungskriterium „Bewusstsein". In: Ch.S. Herrmann, M. Pauen, J. W. Rieger, S. Schicktanz (Hrsg.), 135–163

Jonas, H. (1980): Das Prinzip Verantwortung. Frankfurt a.M.

Jantzen, W. (1990): Allgemeine Behindertenpädagogik. Bd. 2: Neurowissenschaftliche Grundlagen, Diagnostik, Pädagogik und Therapie. Weinheim / Basel

Kant, I. (1977): Werkausgabe, Bd. I–XII, hg.v. W. Weischedel, Frankfurt a.M.

KiGGS – Kinder- und Jugendgesundheitsstudie, durchgeführt 2007 v. Robert-Koch-Institut Berlin. In: Bundesgesundheitsblatt, Gesundheitsforschung, Gesundheitsschutz, H. 5 / 6

Klein, G. (2005): Montessori-Pädagogik und Gehirnforschung. Montessori – Zeitschrift für Montessori-Pädagogik 43, H. 3, 97 – 115

Kröber, H.-L. (2004): Die Hirnforschung bleibt hinter dem Begriff strafrechtlicher Verantwortlichkeit zurück. In: Ch. Geyer (Hrsg.), 103–110

Langer, D. (2007): Vernunft, Wille und Erziehung. Warum vernünftige Selbstbestimmung keine Illusion ist. Frankfurt a.M.

Lévinas, E. (1998): Die Spur des Anderen. Untersuchungen zur Phänomenologie und Sozialphilosophie. München

Libet, B. (2004): Haben wir einen freien Willen? In: Ch. Geyer (Hrsg.), 268–288

– (2005): Mind Time. Wie das Gehirn Bewusstsein produziert. Frankfurt a.M.

Linke, D. B. (2005): Die Freiheit und das Gehirn. Eine neurophilosophische Ethik. München

Lüpke, H. v. (2006): Sprachliche Verwirrspiele – nicht nur in der Hirnforschung. Sonderpädagogische Förderung 51, H. 3, 229–241

Lütterfelds, W. (1993): Evolutionäre Ethik zwischen Naturalismus und Idealismus. Hrsg. unter Mitarbeit von Th. Mohrs. Darmstadt

Luhmann, N. (1987): Soziale Systeme. Grundriß einer allgemeinen Theorie. Frankfurt a.M.

Luttwak, E. (1999): Turbo-Kapitalismus. Gewinner und Verlierer der Globalisierung. Hamburg / Wien

Mahlmann, M. (2006): Rationalismus in der praktischen Theorie: Normentheorie und praktische Kompetenz. Baden-Baden

Manifest, Das (2004): Elf führende Neurowissenschaftler über Gegenwart und Zukunft der Hirnforschung. Gehirn & Geist 6, 30–37

Maturana, H. R. (1998): Biologie der Realität. Frankfurt a.M.

Mayer, H. (2004): Ach, das Gehirn. Über einige neurowissenschaftliche Publikationen. In: Ch. Geyer (Hrsg.), 205–217

Meier, M. (2004): NeuroPädagogik. Marburg

Merkel, R., Boer, G., Fegert, J., Galert, T., Hartmann, D., Nuttin, B., Rosahl, S. (2007): Intervening in the Brain. Changing Psyche and Society (Ethics of Science and Technology Assessment), Berlin

Moreno, J. (2006): Mind Wars, Brain Research and National Defense. Chicago

Neuner, P. (Hrsg.) (2003): Naturalisierung des Geistes – Sprachlosigkeit der Theologie? Die Mind-Brain-Debatte und das christliche Menschenbild. Freiburg

Nietzsche, F. (1988): Zur Genealogie der Moral. Stuttgart

Nunner-Winkler, G. (1993): Die Entwicklung moralischer Motivation. In: Edelstein et al. (Hrsg.), 278–303

Oeser, E., Seitelberger, F. (1988): Gehirn, Bewusstsein und Erkenntnis. Darmstadt

Overbye, D. (2007): Debating Free Will: Now You Have It, Now You Don´t. The New York Times, 15.01.2007, 1 u.4

Pauen, M. (2001): Grundprobleme der Philosophie des Geistes und die Neurowissenschaften. In: M. Pauen, G. Roth (Hrsg.), 83–122

– (2004): Illusion Freiheit? Mögliche und unmögliche Konsequenzen der Hirnforschung. Frankfurt a.M.

– (2005): Willensfreiheit, Neurowissenschaften und die Philosophie. In: C. S. Hermann, M. Pauen, J. W. Rieger, S. Schicktanz (Hrsg.), 9–21, 53–80

– (2007): Was ist der Mensch? Die Entdeckung der Natur des Geistes. München

–, Roth, G. (Hrsg.) (2001): Neurowissenschaften und Philosophie. München

Pestalozzi, H. (1801 / 1947): Wie Gertrud ihre Kinder lehrt. Baden-Baden

Popper, K., Eccles, J. C. (1977). The Self and its Brain. Berlin: Springer. (dt. Das Ich und sein Gehirn. München 1984)

Prinz, W. (1996): Bewusstsein und Ich-Konstitution. In: G. Roth, W. Prinz (Hrsg.): Kopfarbeit. Gehirnfunktionen und kognitive Leistungen. Heidelberg, 451–468

– (2004a): Der Mensch ist nicht frei. Ein Gespräch. In: Ch. Geyer, (Hrsg.), 20–26

– (2004b): Neue Ideen tun Not. In: Das Manifest, 35

Rizzolatti, G. u. Sinigaglia, C. (2008): Empathie und Spiegelneurone. Die biologische Basis des Mitgefühls. Frankfurt a.M.
Rösler, F. (2004): Es gibt Grenzen der Erkenntnis – auch für die Hirnforschung. In: Das Manifest, 32
Roth, G. (1997): Das Gehirn und seine Wirklichkeit. Kognitive Neurobiologie und ihre philosophischen Konsequenzen. Frankfurt am Main
– (2003a): Fühlen, Denken, Handeln. Wie das Gehirn unser Verhalten steuert. Frankfurt a.M.
– (2003b): Aus der Sicht des Gehirns. Frankfurt a.M.
– (2004): (Erster Aufsatz:) Worüber dürfen Hirnforscher reden – und in welcher Weise? – (Zweiter Aufsatz:) Wir sind determiniert. Die Hirnforschung befreit von Illusionen. In: Ch. Geyer (Hrsg.), 66–85 und 218–222
– (2007): Persönlichkeit, Entscheidung und Verhalten. Warum es so schwierig ist, sich und andere zu ändern. Stuttgart
–, Grün, K.-J. (2006): Das Gehirn und seine Freiheit. Beiträge zur neurowissenschaftlichen Grundlegung der Philosophie. 2. Aufl. Göttingen

Scheunpflug, A., Wulf, Ch. (Hrsg.) (2006): Biowissenschaft und Erziehungswissenschaft. Beiheft 5 der Zeitschrift für Erziehungswissenschaft. Wiesbaden
Schockenhoff, E. (2004): Wir Phantomwesen. Über zerebrale Kategorienfehler. In: Ch. Geyer (Hrsg.), 166–170
Schramme, Th. (2005): Psychische Krankheit in wissenschaftlicher und lebensweltlicher Perspektive. In: Ch. S. Herrmann, M. Pauen, J. W. Rieder, S. Schicktanz (Hrsg.), 383–406
Searle, J. R. (2004): Freiheit und Neurobiologie, Frankfurt a.M.
Siegel, D. J. (2007): Das achtsame Gehirn. Aus dem Amerikanischen. Freiamt
Singer, W. (2002): Der Beobachter im Gehirn. Essays zur Hirnforschung. Frankfurt a.M.
– (2003): Ein neues Menschenbild? Gespräche über Hirnforschung. Frankfurt a.M.
– (2004): Verschaltungen legen uns fest: Wir sollten aufhören, von Freiheit zu sprechen. In: Ch. Geyer,(Hrsg.), 30–65
–, Ricard, M. (2008): Hirnforschung und Meditation. Ein Dialog. Frankfurt a.M.
Skinner, B. F. (1982): Jenseits von Freiheit und Würde. Reinbek
Spaemann, R. (1973): Natur. In: Krings, H., Baumgartner, H. M., Wild, Ch. (Hrsg.): Handbuch philosophischer Grundbegriffe. Bd. 4, 956–969
Speck, O. (1996): Erziehung und Achtung vor dem Anderen. Zur moralischen Dimension der Erziehung. München / Basel
– (1997): Chaos und Autonomie in der Erziehung. Erziehungsschwierigkeiten unter moralischem Aspekt. 2. Aufl. München / Basel
– (2005): Soll der Mensch biotechnisch machbar werden? Eugenik, Behinderung und Pädagogik. München / Basel
– (2007): Das Gehirn und sein Ich? Zur neurobiologischen These von der Illusion eines bewussten Willens aus heilpädagogischer Sicht. Heilpädagogische Forschung, Bd. XXXIII, H. 1, 2–10
Sperry, R. (1985): Naturwissenschaft und Wertentscheidung. München
Spinoza, B. de (1994): Die Ethik nach geometrischer Methode dargestellt. Hamburg

Spitzer, M. (2004): Selbstbestimmen. Gehirnforschung und die Frage: Was sollen wir tun? Heidelberg

Steinberger, P. (2007): Die Einsamkeit im Wattebausch. Big Mother is watching you: Um ihre Kinder zu beschützen, nehmen Eltern ihnen immer mehr Spielraum. Süddeutsche Zeitung v. 15.06.2007, 15

Stern, E. (2004): Wie viel Hirn braucht die Schule? Chancen und Grenzen einer neuropsychologischen Lehr-Lern-Forschung. In: Zeitschrift für Pädagogik 4, 531–538

Sturma, D. (Hrsg.) (2006): Philosophie und Neurowissenschaften. Frankfurt a.M.

Waal, F. de (2006): Primates and Philosophers. How Morality Evolved. University Presses of CA

Wahl, K., Hees, K. (Hrsg.) (2006): Helfen „Super Nanny" und Co.? Ratlose Eltern – Herausforderung für die Elternbildung. Weinheim / Basel

Weizsäcker, C. F. (1972): Die Einheit der Natur. 4. Aufl. München

Wingert, L. (2004): Gründe zählen. Über einige Schwierigkeiten des Bionaturalismus. In: Ch. Geyer (Hrsg.), 194–204

– (2006): Grenzen der naturalistischen Selbstobjektivierung. In: D. Sturma, 240–260

Winkler, M. (1995): Erziehung. In: H. H. Krüger, W. H. Helsper (Hrsg.): Einführung in Grundbegriffe und Grundfragen der Erziehungswissenschaft. Opladen, 53–69

Wittgenstein, L. (1977): Philosophische Untersuchungen. Frankfurt a.M.

Wolf, J. (2005): Die Verbindung von Gehirn und Elektronik – Mögliche Konsequenzen und ethische Implikationen der Neurobionik. In: Ch. S. Herrmann, M. Pauen, J. W. Rieder, S. Schicktanz (Hrsg.), 355–382

Wuketits, F. (1993): Verdammt zur Unmoral? Zur Naturgeschichte von Gut und Böse. München

Sachregister

Leseprobe

Leseprobe
Otto Speck: Soll der Mensch biotechnisch machbar werden?

1 Aktuelle Problemstellung

„Die Zukunft liegt im Labor." – „Biotechnologie – Deutschlands Zukunft." Solche oder ähnlich lautende Schlagzeilen waren in den letzten Jahren häufig in deutschen Medien zu lesen. Die Biowissenschaften sind zu neuen Leitwissenschaften geworden. Der sich abzeichnende Paradigmenwechsel führt zu grundlegend veränderten Sichtweisen im Hinblick auf das menschliche Leben und Zusammenleben und stellt daher eine bisher nicht da gewesene anthropologische und ethische Herausforderung dar. Im Zeitalter der Biotechnik werden sich der Mensch, seine Konstitution, seine Lebensweisen und seine Orientierung erheblich verändern. Die Biotechnik, in enger Verflechtung mit ökonomischen Interessen, eröffnet ihm einerseits bisher ungeahnte Chancen auf die Verbesserung seiner Gesundheit und die Erhöhung seines Wohlstandes. Sie ruft aber auch Ängste und Widerstände hervor.

Eine neue „Bioethik" soll nun die Hindernisse aus dem Weg räumen, die dem wissenschaftlichen und technischen Fortschritt im Wege stehen. Die (nahezu vollständige) Entschlüsselung des menschlichen Genoms im Jahre 2004 brachte dabei einen starken Schub in diese Richtung mit sich. Sie hat in Forschung, Wirtschaft und Politik das Interesse an Umsetzungs- und Anwendungsmöglichkeiten der neuen Biotechnologien vehement beflügelt. Das Schicksal des Menschen liege nun nicht mehr in den Sternen, sondern vor allem in seinen Genen, verkündete James D. Watson, der führende amerikanische Biochemiker. Das neue Leitmotiv laute: From chance to choice! Der Mensch werde künftig in der Lage sein, nicht nur Krankheiten und die Abhängigkeit von Glücksfällen oder unliebsamen Zufällen zu überwinden, sondern wählen zu können, in welcher biotischen Verfassung er leben wolle.

Während sich die Visionen vom „neuen Menschen“ in manchen Köpfen geradezu bis zu paradiesischen Vorstellungen steigern, formiert sich auf der anderen Seite Abwehr gegen einen „Menschen nach Maß“ (v. d. Daele 1985), gegen einen „operablen Menschen“ (Sloterdijk 2001), gegen ein „Ende des Menschen“ (Fukuyama 2002). In den Hintergrund treten dabei die Fragen, ob denn dies alles tatsächlich machbar sein werde, und ob die Verheißungen auch wirklich für alle Menschen gelten sollen oder nur für einen Teil, nämlich für diejenigen, die auf Grund finanzieller Ressourcen vermögend genug sein werden, um sich die Optimierungen ihrer physischen Lebensgrundlagen zu leisten. Eine weitere, ebenfalls nachrangig behandelte Frage ist, wie sich das Unterfangen, Krankheiten und Behinderungen biotechnisch zu bannen, auf die real lebenden Menschen mit Krankheiten und Behinderungen auswirken wird.

Die Bedeutung dieser Frage wird besonders brisant, wenn für die Tendenzen zu einer Verbesserung der biotischen Ausstattung des Menschen der Terminus Eugenik verwendet wird. Es mag verstiegen klingen, einen Begriff in Deutschland in die Diskussion zu bringen, der doch wegen seiner üblen geschichtlichen Belastetheit eigentlich als Tabu galt und hierzulande auch in auffallender Weise gemieden oder zurückgewiesen wird. So wurde z. B. die Bezeichnung „eugenische Indikation“ für einen straffreien Schwangerschaftsabbruch bei der letzten Revision des § 218 StGB 1995 getilgt. Reale Inhalte eugenischen Denkens und Planens sind jedoch in der Gesellschaft durchaus virulent, machen sich aber freilich in einem unauffälligen sprachlichen Gewand bemerkbar. Im Unterschied zur einstigen negativen und kollektiven (Zwangs-)Eugenik spricht man heute von einer neuen, einer „liberalen“ oder „freiwilligen“ Eugenik.

Leseprobe

Dass durch die neuen Erkenntnisse der Humangenetik, der Molekularbiologie, der Bio- und Reproduktionsmedizin und der Biotechnologie längst eine neue Situation geschaffen worden ist, zeigt sich vor allem im Ausland, im Besonderen in den USA. Der Medizin-Nobelpreisträger James D. Watson hatte schon 1971 im amerikanischen Repräsentantenhaus auf der Basis seiner humangenetischen Forschungsergebnisse für die neuen eugenischen Möglichkeiten geworben und lapidar die Frage gestellt: Wollt ihr das oder wollt ihr das nicht (zit. B. Rösler 1997, 27)?

Der inzwischen eingetretene Wandel wurde von der Öffentlichkeit hierzulande lange Zeit nicht oder zu wenig zur Kenntnis genommen. Einen entscheidenden Umschwung brachte 1994 der Entwurf einer europäischen „Bioethik-Konvention", wobei zu bemerken ist, dass dieser zunächst geheim gehalten worden war und nur durch eine Indiskretion bekannt wurde. Sein Inhalt löste einen Sturm des Protestes aus, der vor allem von den Behindertenverbänden ausging. Man wehrte sich gegen die Zustimmung zu neuen biomedizinischen Versuchen an „nicht einwilligungsfähigen" Personen, also dagegen, behinderte Menschen zu instrumentalisieren. Seitdem ist vor allem im Interessensbereich dieser Menschen die Diskussion der Verhinderung behinderten Lebens und der „Verbesserung" der biotischen Ausstattung des Menschen als Bedrohung von Menschenrechten nicht mehr zur Ruhe gekommen. Die betroffenen Personen sehen ihren Lebenswert und ihre Lebensqualität in Frage gestellt. Sie müssen sich als Menschen fühlen, die demnächst nicht mehr vorkommen sollen. Und sie haben geschichtlich gut belegte Gründe, skeptisch zu sein, wenn ihnen beruhigend versichert wird, niemand denke daran, Menschen wegen ihrer Behinderung demnächst generell schlechter zu stellen.

Die neu entstandene Diskussion wurde anfangs vor allem von Fachleuten geführt. Das Interesse der allgemeinen Öffentlichkeit hielt und hält sich in Grenzen. Dies könnte damit zusammenhängen, dass die neuen biotechnischen

Entwicklungen für den Einzelnen schwer nachvollziehbar sind, dass deren Umsetzungen auf Freiwilligkeit beruhen und für den Einzelnen keine direkten Nachteile zu erwarten sind. Angesichts der Größe der Herausforderung sollten sich aber möglichst viele verschiedene Gruppen an der Auseinandersetzung beteiligen, vor allem solche, die sich direkt oder indirekt betroffen oder angesprochen fühlen. Es wäre unverantwortlich und würde eine einseitige Entwicklung vorantreiben, wenn in erster Linie diejenigen das Wort führten, die ein unmittelbares wissenschaftliches, ökonomisches oder politisches Interesse an der Sache haben. Es ist vielmehr eine umfassende Diskussion notwendig, d. h. dass alle lebensbedeutsamen Zusammenhänge ins Spiel gebracht und ausgeleuchtet werden, geht es doch um allgemeine menschliche und gesellschaftliche Zukunftsdimensionen und um ernst zu nehmende Bedrohungen.

Auffallend ist auch eine gewisse Hilflosigkeit und Verlegenheit bei denjenigen, die für die Gestaltung des Weges zu einem „neuen Menschen" zuständig wären, die Erziehenden. Die Pädagogik fühlt sich kaum angesprochen (Reyer 2003). Das ist umso verwunderlicher, als sich durch die Fortschritte der Biotechnologie ein bedeutender Konkurrent in Sachen besserer Lernbedingungen anmeldet – die neuen Technologien versprechen effektivere Entwicklungsmöglichkeiten für die nachwachsende Generation und eine bessere Bewältigung der gegenwärtig kaum mehr steuerbaren Verhaltensprobleme. Die Biologie meldet sich zu Wort und zeigt Grenzen der Erziehung auf (Rowe 1997).

Anders liegen die Verhältnisse bei der Heilpädagogik. In ihrer advokatorischen Funktion für eine humane Bildung und soziale Eingliederung behinderter Menschen ist sie direkt angesprochen. Immerhin ist sie seit Anfang des 20. Jahrhunderts in Ideen und Praktiken einer negativen Eugenik einbezogen gewesen, und wird nun wiederum von der Frage nach dem Lebenswert und damit dem Bildungsrecht behinderter Kinder tangiert (Antor, Bleidick 2001, 162). Ein Spannungsverhältnis der Eugenik zur Heilpädagogik hatte sich schon rela-

tiv früh gebildet. Seit dem Bekanntwerden der Forschungen von Charles Darwin (1809 – 1882) zur Entwicklungsgeschichte des Menschen und vor allem seit daraus Folgerungen für eine bessere Entwicklung der Völker abgeleitet wurden, war auch die Heilpädagogik in erbbiologische Tendenzen der Gesellschaftswissenschaften einbezogen worden.
Die Unsicherheit ihrer Reaktionen führte u. a. dazu, dass dieses Problemfeld in den gängigen Darstellungen der Geschichte der Heilpädagogik in aller Regel übersehen bzw. unzutreffend verkürzt oder letztlich auf die rassenhygienischen Aktionen während des Nationalsozialismus beschränkt wurde. Im „Enzyklopädischen Handbuch der Sonderpädagogik und ihrer Grenzgebiete", das nach dem Krieg in dritter Auflage erschien, befand sich lediglich ein allgemeiner, rein biologisch informierender Beitrag über „Vererbung und Erbkrankheiten" (Loeffler 1969).

Otto Speck
Menschen mit geistiger Behinderung
Ein Lehrbuch zur Erziehung und Bildung
10. Auflage
HEILPÄDAGOGIK
reinhardt